AF454710

ÉLÉMENTS

DE BOTANIQUE.

La
FLORE DES JARDINS,

ou

CLASSIFICATION ET DESCRIPTION DES PLANTES CULTIVÉES
DANS LES JARDINS DE L'EUROPE

Par N. C. Seringe,

1 volume in-8°, avec planches

paraîtra en 1842.

FAMILLES VÉGÉTALES

ou

FIGURES ET DESCRIPTION DES GROUPES NATURELS

PRÉCÉDÉES DE

DÉVELOPPEMENTS ORGANOGRAPHIQUES.

Par le même Auteur.

La première livraison a paru en Janvier 1841. Chacune contient 4 planches avec le texte nécessaire. Les figures et le texte sont disposés de manière à pouvoir être isolés à volonté.

Se trouve chez les mêmes libraires que ces *Eléments de Botanique.*

LYON.

DUMOULIN, RONET ET SIBUET, IMPR.
Quai St-Antoine 33.

ÉLÉMENTS

DE

BOTANIQUE,

SPÉCIALEMENT DESTINÉS

AUX ÉTABLISSEMENTS D'ÉDUCATION,

(Avec 28 Planches gravées);

Par N. C. SERINGE,

Professeur de botanique à la Faculté des Sciences;
Directeur du Jardin Botanique de Lyon; Membre de l'Académie royale des Sciences
Belles-Lettres et Arts,
des Sociétés royale d'Agriculture et Arts utiles, et Linnéenne, de Lyon;
Collaborateur de M. Decandolle pour plusieurs articles du Prodromus;
Correspondant des Sociétés royale et centrale d'Agriculture
de Paris, impériale d'Agriculture de Moscou,
de Physique et Histoire Naturelle de Genève, Helvétique d'Histoire Naturelle,
de celles de Leipzick, Wetteravie, etc.

PARIS.

CHEZ HACHETTE, LIBRAIRE DE L'UNIVERSITE.

LYON.

GIBERTON ET BRUN, LIBRAIRES DE L'ACADÉMIE,
Petite rue Mercière, N° 7.

1841.

INTRODUCTION

On tend généralement aujourd'hui à regarder l'étude des sciences naturelles comme nécessaire à l'éducation, et c'est à juste titre, car rien n'est plus propre que cette étude à développer la liberté du jugement par l'habitude de l'observation ; elle fournit aux jeunes gens un utile emploi de leurs loisirs ; et, si l'étude des langues et des autres formes de la pensée humaine rend l'esprit ingénieux et actif, celle de la nature l'élève et l'agrandit par la contemplation des œuvres du Créateur.

De toutes les branches de l'Histoire Naturelle, la Botanique est, sans contredit, la plus attrayante pour les jeunes gens, puisque c'est celle qu'ils peuvent le plus commodément cultiver par eux-mêmes. Mais ils manquent de livres élémentaires qui puissent leur servir de guide. Quelques ouvrages, dus à des botanistes distingués, sont trop étendus, e dirais presque, trop complets pour cet usage : d'autres, au contraire , se réduisent à des compilations sans méthode , et souvent fort en arrière de la science.

J'ai tâché de faire un traité simple et méthodique, qui fût à la fois au courant des connaissances actuelles , et convenable pour l'éducation à qui je le consacre. J'ai commencé par décrire succinctement chaque organe des végétaux, et ses fonctions respectives ; d'abord les organes primaires ou élémentaires , puis les composés dans l'ordre naturel de leur apparition ; ainsi tous les principaux phénomènes de la végétation se trouvent exposés à mesure , pour ainsi dire , que les organes se produisent.

A ces faits fondamentaux se rattachent nécessairement les principes généraux de la culture, qui en sont déduits, en sorte que l'élève passe sans efforts de l'analyse élémentaire aux applications pratiques.

Ce plan est précisément celui du cours que je professe à la Faculté des sciences de Lyon : je suis cette marche en présence d'un auditoire instruit , parce que je n'en connais pas de plus philosophique , ni de plus fécond ; je la présente aux commençants parce que je n'en vois point de plus simple , de plus claire , ni de plus intéressante. Mais j'ai réservé pour l'enseigement supérieur toutes les discussions, et les ai bannies complètement de mon traité élémentaire ; car un ouvrage de ce genre ne peut admettre, ce me semble , que des énonciations positives : qu'il me suffise donc de rappeler ici aux élèves que toute assertion précise , faite en l'état actuel de nos connaissances , est toujours subordonnée aux progrès possible de la science.

Le langage a été pour moi l'objet d'un soin particulier : je me suis appliqué d'abord à le purger de tout ce qui l'eût rendu impropre à mon but spécial , ensuite à le décharger d'une foule de mots techniques, qui ont été créés pour de légères modifications des organes, et qui sont une source féconde d'obscurité et d'ennui. Quant aux termes auxquels je me suis borné, j'ai tâché de les rendre parfaitement clairs, soit par des définitions précises, soit par des figures soigneusement étiquetées, qui pourront d'ailleurs initier les élèves à l'anatomie végétale. Enfin, pour faciliter les recherches, je les ai tous rassemblés en un dictionnaire, où se trouve leur traduction latine.

Mon ouvrage contient donc *l'organographie* avec la *physiologie végétale*, le *dictionnaire de la langue botanique, et la concordance des noms français avec leur nom latin.*

Un second travail suivra de près celui-ci, ce sera la FLORE DES JARDINS. On a composé plus d'une flore française, bien des flores provinciales ; mais ces ouvrages estimables, utiles d'ailleurs à l'histoire générale de la science, ne sauraient atteindre le but pratique que je me propose, puisqu'elles excluent, par leur nature même, tous les végétaux étrangers, acclimatés ou entretenus sur notre sol par une culture attentive. La FLORE DES JARDINS, au contraire, fournira au commençant, à l'amateur de botanique, au propriétaire, à l'horticulteur, le moyen de reconnaître toutes les plantes qui ornent leurs jardins ou peuplent leurs orangeries. Les végétaux y seront disposés par familles et subdivisés en genres, espèces et variétés ; je décrirai même les variations principales que la culture nous a données. Cette distribution méthodique sera accompagnée de tableaux de classification, qui rendront facile la détermination de toutes les plantes d'agrément. J'ose espérer que ce travail nouveau ne sera point inutile à la propagation de la science.

Dans les FAMILLES VÉGÉTALES dont la publication commence, je donne une grande série de figures qui, avec le texte caractérisent facilement ces groupes naturels.

Je me suis fait un devoir de vérifier et d'observer par moi-même le plus grand nombre des faits qui servent de base à mon travail, mais je n'en reconnais pas moins toutes les obligations que j'ai aux savants botanistes, qui m'ont aidé par leurs profonds ouvrages ou par leurs précieux entretiens. Il m'a été impossible de les citer dans un traité élémentaire et d'une étendue limitée; mais je rends ici à MM. Decandolle, Rob. Brown, de Jussieu, Richard, Turpin, Mirbel, Brongniard, Goethe, etc. etc., l'hommage qui leur est dû à tant d'égard, et si je puis voir mon livre se répandre avec l'amour de la science, je serai heureux surtout qu'il serve ainsi à populariser les découvertes des illustres observateurs que je viens de nommer.

TABLE DES MATIÈRES.

ÉLÉMENTS

DE

BOTANIQUE.

CHAPITRE PREMIER.

DE L'HISTOIRE NATURELLE EN GÉNÉRAL.

Si, avec G. Cuvier, « Ou entend par nature soit les propriétés qu'un être tient de sa naissance, par opposition à celles qu'il peut devoir à l'art, soit l'ensemble des êtres qui composent l'univers, soit enfin les lois qui régissent ces êtres (1), » on peut dire que l'histoire naturelle est la description de tous les corps de la nature, avec leurs caractères tant extérieurs qu'intérieurs.

Toutefois il est d'usage de réduire son domaine à notre globe, à l'exclusion des corps célestes, qui appartiennent à l'astronomie.

Les corps sont tous composés de molécules inertes, mais ils se partagent en deux grandes sections, les corps inorganisés et les corps organisés.

Dans les corps inorganisés ou minéraux, les molécules sont unies par l'attraction; ils croissent et décroissent en

______

(1) Règne animal, 1. p. 1.

vertu de la même force et restent en conséquence toujours soumis aux lois mécaniques.

Dans les CORPS ORGANISÉS, les molécules sont groupées en organes, c'est-à-dire, en instruments capables d'exécuter diverses fonctions. Les plus essentielles consistent dans l'intus-susception et l'assimilation des molécules extérieures, c'est ainsi que ces molécules croissent et vivent. Dès que les fonctions organiques cessent l'être meurt, et aussitôt ses molécules rentrent sous les lois mécaniques du monde inorganisé.

Les CORPS ORGANISÉS offrent deux vastes séries. Les uns sont doués d'instinct, de sensibilité et de locomotilité, c'est-à-dire, peuvent pourvoir à leurs besoins, sentir la douleur ou le plaisir, et changer de place en leur masse ou quelques-unes de leurs parties, sans cause extérieure : ce sont les ANIMAUX.

Les autres ne possèdent aucune de ces qualités et sont réduits à la vie organique : ce sont les VÉGÉTAUX OU PLANTES.

Les corps inorganisés sont l'objet de la MINÉRALOGIE et leur ensemble celui de la GÉOLOGIE. La ZOOLOGIE s'occupe des animaux, la BOTANIQUE traite des végétaux.

Nous décrirons tous les organes des plantes, en suivant l'ordre successif de leur apparition, leur formation, leur développement, leur forme ordinaire, puis leurs variations, enfin leurs fonctions les plus importantes. Nous terminerons chaque article par les notions de culture, d'industrie, qui se rattachent à chaque organe et par les variations principales de formes, dont les noms font la langue botanique.

Les organes sont *élémentaires* ou il sont *composés*. On nomme *élémentaires* ceux qui sont formés de molécules sans fonctions connues, et *composés* ceux qui renferment eux-mêmes d'autres organes.

CHAPITRE II.

DES ORGANES ÉLÉMENTAIRES DES VÉGÉTAUX.

Les organes élémentaires des végétaux sont les *utricules* et les *fibrilles*.

Les *utricules* forment généralement les parties molles, telles que la moelle du *Tournesol*, du *Sureau*, la chair succulente des AMYGDALÉES (*Pêches*, *Abricots*). On les a observées dans toutes les plantes.

Les *fibrilles*, unies par les utricules, composent les fibres et par suite les parties solides. Elles se trouvent dans la plupart des plantes, mais quelques-unes en sont absolument dépourvues. De là une division générale des végétaux, en VÉGÉTAUX FIBRÉS, ou à fibres composées de fibrilles et d'utricules (*Rosier*, *Chou*, *Lis*, *Palmier*, etc.) et en VÉGÉTAUX UTRICULÉS, ou uniquement composés d'utricules, au moins pendant la première partie de leur existence (*Champignons*, *Algues*, *Mousses*, etc.).

§ 1. DES UTRICULES.

Les *Utricules* (planche I. figures 1 à 6) sont des sacs membraneux, sans ouverture connue, de grandeur et de forme très-variées. Elles sont ordinairement indistinctes à l'œil nu. Le microscope les montre arrondies (pl. I. fig. 1.);

allongées (pl. I. fig. 5.); plus ou moins comprimées (pl. I. fig. 2. 3. 6. 7.); quelquefois en forme de fuseau (pl. I. fig. 4).

L'intérieur de chaque utricule est rempli d'un liquide transparent plus ou moins visqueux, dans lequel flottent des globules de la nature de l'amidon.

Ces globules sont d'abord transparents eux-mêmes, mais bientôt ils se colorent le plus souvent en vert, quelquefois en rouge ou en jaune, suivant la saison.

Dans leur jeunesse les utricules sont assez écartées pour laisser entre elles des vides nommés *Méats* (pl. I. fig. 1. 6. 7.). Mais quelquefois elles sont si rapprochées qu'on ne peut apercevoir ces intervalles (pl. I. fig. 3. 8.); la paroi qui les sépare, semble unique, tandis qu'elle est réellement double.

Les utricules en vieillissant perdent leur transparence; elles acquièrent même une certaine solidité.

Ce sont elles qui constituent la *Cuticule* (pl. I. fig. 5.), l'*Epiderme* et le *Parenchyme* des feuilles.

La *Cuticule* (pl. I. fig. 5.) est une membrane formée d'une couche d'utricules vivantes, qui recouvre toute la surface des jeunes plantes, sur laquelle naissent les poils et s'ouvrent les *Stomates* (pl. I. fig. 5. 6. 7.).

On nomme *Stomates* ou pores évaporatoires (pl. I. fig. 5. 6. 7.), les intervalles que laissent quelques utricules oblongues de la cuticule. Ils occupent les parties vertes des plantes et le plus souvent la surface inférieure de leurs feuilles. Ils sont ouverts à la vive lumière (pl. I. fig. 6. les deux supérieurs), et clos (pl. I. fig. 6. l'inférieur.) dans l'obscurité. C'est principalement par eux que s'opèrent les émanations aqueuses et gazeuses des végétaux. Elles sont toujours en raison directe du nombre des stomates. Les intervalles utriculaires qu'on observe sous les stomates (pl. I. fig. 7. vers le milieu de la figure) sont beaucoup plus grands que ceux que laissent entre elles les autres utricules.

Les plantes à tiges ou à feuilles charnues sont privées de

stomates, et l'émanation aqueuse ne s'y opère probablement qu'à travers les parois des utricules ; aussi l'évaporation est-elle très-lente dans ces plantes, qui ne vivent en général que dans les lieux secs et chauds. Elles ne supportent que des arrosements peu fréquents, et pourrissent dans un milieu humide.

La cuticule se dessèche ordinairement au bout de la première année de son existence. Mais sous elle se trouvent des couches d'utricules, autrement disposées que celles de la cuticule, et qui, lorsque celle-ci est détruite, se dessèchent à leur tour et constituent une nouvelle enveloppe qu'on nomme *Epiderme.*

L'*Epiderme* n'est pas réellement un organe particulier : mais, quoique composé d'utricules mortes et inertes, il sert, comme la cuticule, à isoler pendant les deux ou trois premières années, les parties fraîches des plantes du contact trop actif de l'air et de la lumière. Bientôt il se dessèche et tombe, mais il est constamment remplacé par les utricules placées au dessous, et qui s'affaissent à leur tour.

Le *Parenchyme* des feuilles, des fruits, etc., en est toute la partie utriculaire, celle qui sert à l'union des fibrilles et des fibres. Tout le monde a vu ces feuilles vieilles et sèches, qui sont réduites à leur réseau fibreux ; c'est que les utricules, qui en remplissaient tous les vides, ont été putréfiées par l'humidité ou détruites par des insectes. On peut aussi détacher ces utricules en petites plaques en frappant une feuille sèche sur une surface plane au moyen d'une brosse.

C'est à travers les parois des utricules et les vides qu'elles laissent entre elles que circule la sève.

On croit que c'est dans les utricules déjà formées et dans leurs intervalles que se développent les nouvelles.

§ 2. DES FIBRILLES.

Les fibrilles (pl. I. fig. 8. 9. 10.) sont des filaments extrêmement déliés, indistincts à l'œil nu, de longueur et de ténacité différentes, qui se trouvent abondamment dans presque tous les organes composés des plantes de la première division (VÉGÉTAUX FIBRÉS).

Les unes sont droites (pl. I. fig. 10.), les autres roulées en tire-bouchon (pl. I. fig. 8. 9.), d'autres comme articulées par les étranglements qu'elles présentent. Grossies deux ou trois cents fois, au moyen du microscope, elles apparaissent transversalement *rayées* (fibrilles rayées, pl. I. fig. 10.). D'autres fois les raies sont interrompues et les fibrilles se nomment *ponctuées* (pl. I. fig 10.).

Les fibrilles sont plongées dans des utricules plus ou moins allongées et très-petites, qui les unissent entre elles : de cette union résultent les fibres (pl. I. fig. 10.).

Les fibres forment essentiellement la partie solide des plantes ; elles affermissent les tiges et leurs ramifications, de manière à ce qu'elles puissent résister au choc des corps étrangers. Elles facilitent l'élévation des plantes, le développement des bourgeons, celui des feuilles, et en cela concourent à la santé des végétaux et à leur multiplication. Par la variété de leurs ramifications les fibres constituent les embranchements des plantes et les réseaux persistants des feuilles. Ces différences contribuent à diversifier l'aspect des paysages.

La fibration des feuilles (pl. IV. fig. 1. 2. 3. 4. 5. et en général pl. IX. X. XI et XII.) est constante dans chaque famille, et cette régularité offre d'excellents caractères pour la classification.

Une disposition bien distincte des fibrilles a reçu le nom de *trachée* ou canal spiral (pl. I. fig. 8. 9. 10). La trachée est formée par un faisceau plat de fibres (pl. I. fig. 8.), roulé en spirale conique. Elle est enveloppée d'une gaîne membraneuse extrêmement fine et transparente, qui la tient contractée (pl. I. fig. 9.). Si l'on déchire cette gaîne le faisceau spiral de fibres se déroule et s'élance (pl. I. fig. 8.).

Tels sont les caractères principaux des utricules et des fibrilles. De ces organes élémentaires (pl. I. fig. de 1 à 10.), unis en proportions diverses, sont formés tous les organes composés, que nous allons maintenant examiner, dans l'ordre de leur développement. Ce sont les GRAINES, les RACINES, les TIGES, les FEUILLES, les BOURGEONS, les FLEURS et les FRUITS.

CHAPITRE III.

ORGANES COMPOSÉS.

§ 1. LA GRAINE.

La Graine (pl. II. fig. 1. 2. 3. 4. 5. 8. 9. 10. 11.) est l'embryon végétal enveloppé d'une peau nommée *Derme*.

L'embryon, premier rudiment de la plante, en présente déjà toutes les parties constituantes, c'est-à-dire les organes de la nutrition.

Il se compose essentiellement de la *Racine*, de la *Tige*, ordinairement à peine apparente, et le plus souvent des *feuilles cotylédonaires* ou *cotylédons*. Quelquefois aussi, entre les cotylédons, on trouve les premières feuilles proprement dites (pl. II. fig. 3.)

Mais outre la racine, la tige et les cotylédons, si ces derniers existent, on rencontre quelquefois, dans le derme, un corps qui n'a aucune adhérence avec les organes précités, c'est *l'Albumen* (pl. II. fig. 5. 6 A. 15 A. 16 A.). Cette partie accessoire à l'embryon l'entoure quelquefois (pl. II. fig. 16 A), en est entourée (pl. II. fig. 5. 6 A.), ou elle est placée à côté de lui (pl. II. fig. 15 A.).

Le *Derme*, ou peau de la graine (pl. II. fig. 4.) est une espèce de sac clos, souvent fort mince, quoique toujours formé de trois membranes, souvent fortement appliquées les unes sur les autres et plus ou moins visibles. L'extérieure a reçu le nom d'*Exoderme* (*graine de courge* pl. II. fig. 11. la membrane extérieure), l'intermédiaire celui de *Mésoderme* (pl. II. fig. 11, la moyenne), la dernière enfin celui d'*Endoderme* (pl. II. fig. 11, c'est la plus intérieure qui renferme l'embryon ou amande).

Sur un des points de la surface de l'exoderme on remarque une cicatrice, très-variable de forme et d'étendue (pl. II. fig. 1 H.) nommée *Hile*. C'est à elle qu'aboutissait une extrémité du *cordon alimentaire* dont l'autre allait se continuer dans le bord du carpel. C'est par ce cordon que la graine participe à la nourriture commune, jusqu'à sa maturité complète, époque où elle se détache et où peut commencer pour elle une vie propre.

L'exoderme, malgré l'apparence coriace et lisse qu'il a souvent, dans le haricot par exemple, est très-perméable à l'eau, tandis que le hile (pl. II. fig. 1 H.) qui semble l'être plus que lui, n'en permet pas l'introduction.

Si la graine est tenue hors de l'action simultanée des agents atmosphériques et à l'abri de tout accident, elle conserve pendant un certain temps la faculté de germer. Mais elle la perd si elle est trop humectée, ou trop exposée à l'air sec et très-renouvelé. Enfin, si elle est humectée convenablement, et que l'air et le calorique agissent en même temps sur elle, elle quitte son état léthargique, une certaine chaleur se produit, et l'embryon commence à se développer. Pour que ce premier mouvement s'opère, il est donc indispensable qu'elle soit en contact avec une certaine quantité d'humidité, de chaleur et d'oxigène.

La quantité de chaleur nécessaire pour opérer la germination varie beaucoup. Les graines des pays chauds ont besoin d'une chaleur plus forte que celles des plantes de l'Europe, aussi ne pouvons-nous les faire développer qu'au moyen d'une chaleur artificielle.

La quantité proportionnelle de ces divers agents, indispensables pour la germination, n'a pu encore être appréciée, mais leur réunion est nécessaire. Sans eau, les utricules et les fibrilles, qui constituent la graine, ne peuvent se ramollir et permettre à ces organes de s'accroître. Si elle est privée d'air, quoique entourée de chaleur et d'humidité, elle pourrit. Si elle est exposée à l'air et à la chaleur, sans eau, elle se dessèche. Enfin si elle est privée d'air, elle ne peut être débarrassée du carbone (1) surabondant, et la vie ne saurait commencer en elle.

Si les circonstances de l'atmosphère sont favorables à la graine et qu'elle soit tenue dans la terre humectée et meuble, elle se gonfle, l'embryon par sa dilatation rompt le derme qui l'entoure (pl. II. fig. 4.), et la plante apparaît à nos regards.

Ce qui vient d'être dit sur la graine n'a eu pour but que de faire comprendre la germination ; on trouvera de plus amples développements à la fin de l'article carpel ou fruit.

§ 2. LA RACINE.

La racine (pl. II. fig. 2. 3. 4. 7. 8. 12 et pl. III.) est l'organe ordinairement souterrain qui tient à la base de la tige, et croît de haut en bas, surtout par ses dernières extrémités.

Les vraies racines ne se colorent presque jamais en vert, l'angle de leurs ramifications est en haut, elles ne portent

(1) Il est fixé dans la graine pendant qu'elle se dessèche, pour assurer sa conservation.

jamais de feuilles ; les utricules qui les terminent, étant d'une délicatesse extrême et presque aqueuses, s'insinuent entre les moindres molécules terreuses, et les fissures des rochers. Avec l'âge les racines acquièrent des fibrilles, leur volume s'augmente par l'accumulation de substances solides, et alors elles tendent à écarter ce qui s'oppose à l'augmentation de leur grosseur.

Elles absorbent par le sommet de tous leurs embranchements, qui sont toujours jeunes et hygroscopiques (pl. V. fig. 6 SP.), l'eau et les corps qui s'y trouvent dissouts ou suspendus.

Les racines ne sont pas toutes produites par l'embryon, la tige (pl. III. fig. 2. 7. 12.), les feuilles mêmes, tenues dans un milieu humide, leur donnent aussi naissance.

La racine présente le plus souvent trois parties distinctes : le *collet* (pl. II. fig. 7. 8 coll. 12 coll. et pl. III. fig. 3.), qui est le point de jonction à la tige ; le *corps* (pl. III. fig. 3. 4.) et ses ramifications, qui, lorsqu'elles sont très-fines et très-nombreuses, prennent le nom de *chevelu*, et enfin les *spongioles* les terminent. Ce sont des utricules très-tendres et qui se forment continuellement (pl. V. fig. 6 SP.). Elles se pénétrent très-facilement de l'humidité qu'elles rencontrent, la transmettent au corps de la racine, d'où elle passe ensuite dans la tige, dans ses ramifications et enfin dans les feuilles.

La racine naît souvent à nu (pl. II. fig. 7. 12. pl. III. fig. 1.) ; mais elle est quelquefois enveloppée d'une membrane qu'elle perce (pl. II. fig. 14. pl. III fig. 3.), ou bien quoique se présentant sous une apparence charnue, elle se fend pour donner passage à une seconde racine qui est destinée à nourrir la plante pendant le reste de sa vie, tandis que les débris de la première se remarquent quelquefois sur la base de la racine permanente, comme dans les *Radix longs* ou *ronds* (pl. III. fig. 3.).

La racine est l'organe essentiellement destiné à la nutrition ;

elle absorbe seulement par ses dernières extrémités et sans pouvoir choisir tous les liquides qui les humectent. S'ils contiennent trop de matières en dissolution ou en suspension, la sève n'est pas assez liquide pour pénétrer entre et à travers les utricules, la plante souffre et bientôt meurt. On dit alors vulgairement que la plante a été brûlée, mais en réalité elle a péri faute de nourriture, le liquide étant trop rare ; ou bien elle a été empoisonnée, s'il s'y est trouvé mêlé des substances nuisibles. De là, pour le cultivateur, la nécessité de placer chaque plante dans le terrain qui conserve aux racines l'humidité nécessaire.

Mais elles ne sont pas seulement destinées à absorber le liquide nutritif ; elles exsudent aussi, pendant la nuit, ou à l'obscurité, des liquides de nature différente, qui, déposés en de certaines proportions dans le sol, sont plus ou moins favorables pour les plantes qu'on y placera immédiatement après. On sait que les LÉGUMINEUSES *(Pois, Fève, Trèfles, Luzerne, Lupin, Lentilles,* etc.) déposent dans le sol une matière gommeuse favorable aux GRAMINÉES *(Blé, Orge, Avoine,* etc.). On sait aussi que les PAPAVÉRACÉES *(Pavots, Chélidoine,* etc.) laissent dans la terre un suc gommo-résineux nuisible aux plantes qui leur succèdent immédiatement. Les jardiniers ne placent pas dans la même terre deux fois de suite des *Pêchers,* non que toutes les parties du sol, qui peuvent se dissoudre dans l'eau, soient épuisées, mais parce que les racines ont déposé des sucs impropres à la végétation de la même plante, ou des plantes de la même famille. Dans les cas où l'exposition nécessite la plantation des mêmes espèces d'arbres, qui se trouvaient déjà dans le sol, on n'a donc pas d'autre moyen que de changer la terre, ou bien on laisse aux matières exsudées le temps nécessaire pour que leur décomposition s'opère. Le pépiniériste se garde bien de replanter de jeunes arbres dans la même partie de son jardin d'où il vient de les enlever. Il laisse, dit-il, reposer la terre, ou bien il a le soin d'y substituer des plantes herbacées pendant trois à quatre ans. Cette terre n'est point épuisée, puisqu'elle peut produire du *Blé*, des légumes, de la *Luzerne*, etc. Ainsi toute la *théorie des assolements* est fondée sur l'exsudation des racines. Ces connaissances sont de la plus haute importance pour les personnes qui se livrent à la culture des végétaux.

La *transplantation* fait souffrir sensiblement les racines et conséquemment toute la plante, surtout si l'on ne peut remettre aussitôt en terre des parties aussi délicates. Malgré qu'on prenne la précaution d'humecter le sol quelques heures avant d'opérer l'arrachement, on déchire cependant un grand nombre des fibres de la racine, et beaucoup de spongioles, exposées à l'air, se dessèchent. Si la transplantation se fait avec les soins convenables, la jeune plante pousse bientôt de nouvelles spongioles qui concourent au rétablissement de la circulation, en mettant en équilibre l'absorption par les racines avec l'évaporation par les parties vertes. Mais ce n'est qu'après des arrosements convenables qu'on peut obtenir ces spongioles nouvelles; et, pour les attendre, on a coutume d'enlever la plupart des feuilles du végétal à transplanter, et même de le maintenir pendant quelque temps dans une obscurité qui ralentisse l'évaporation.

D'après tout ce qui précède on conçoit que les végétaux les plus faciles à transplanter sont, toutes circonstances égales d'ailleurs, les plus jeunes, par exemple ceux qui n'ont encore que deux à quatre feuilles; cependant pour la transplantation en grand, où l'on ne peut apporter tous les soins convenables, on attend que les racines aient acquis une certaine force, afin de pouvoir résister quelque temps à la sécheresse et à la chaleur.

Les plantes les plus difficiles à transplanter sont celles dont l'élaboration de la sève est compliquée et produit des sucs propres (laiteux, résineux, etc.), comme les PAPAVÉRACÉES, les CONIFÈRES. On conçoit aussi que le moment le plus convenable est un temps humide et couvert, qui favorise l'humectation des racines et diminue l'évaporation des feuilles.

Les racines présentent à peu de choses près les mêmes ramifications et la même organisation que les tiges; mais habitant un milieu humide et étant privées de lumière, l'écorce est peu distincte de la partie ligneuse et souvent n'est visible que la seconde année. On trouvera conséquemment, au paragraphe qui traitera des tiges, les développements qui compléteront l'article racine.

Beaucoup de racines sont employées comme alimentaires (*Carotte, Navets, Raves, Panais, Betterave, Scorsonère, Salsifix*, etc.), d'autres comme médicinales (*Dent de lion, Chicorée, Rhubarbe*, etc.); d'autres enfin servent à la teinture (*Garance, Orcanette*, etc.).

Les tiges souterraines (pl. III. fig. 2 T. fig 12 T. pl. VI. fig. 6. 7. 8. 9. 10. 11. 12. 13.) ont souvent été confondues avec les racines, dont il est pourtant facile de les distinguer, puisque ces prétendues racines portent des bourgeons. Le tubercule de la *Pomme-de-terre*, celui du *Topinambour* (pl. VI. fig. 8.), la partie employée du *Chiendent* sont de véritables tiges, plus ou moins renflées et étiolées. Les oignons des *Jacinthes* (pl. VI. fig. 11 T.), des *Lis*, etc. sont de véritables bourgeons souterrains, le centre en est la tige, les parties fibreuses, qui partent chaque année de la base de la tige (plateau de l'oignon), en sont les racines, et les écailles sont dues à la partie souterraine et persistante des feuilles (**F**).

Dénominations principales qu'a reçues la racine :

1° **Relativement à sa durée.**

Annuelle, qui vit environ un an (*Epinard, Cerfeuil, Radix.* pl. II. fig. 4. 8. pl. III. fig. 3. 7.).

Bisannuelle, existant deux ans (*Chou, Carotte, Persil.* ORCHI-
DÉES. pl. VI. fig. 9. 10.).

Vivace, qui existe indéfiniment, quoique la plante perde chaque
année toutes ses parties aériennes (*Guimauve, Marguerite*, etc.).

2° Direction.

Pivotante, descendant perpendiculairement, et peu ou point
ramifiée (*Carotte, Persil, Radix.* pl. II. fig. 8. 12. pl. III. fig. 3.).

Horizontale, s'étalant en terre (*Mûrier*).

3° Forme.

Fusiforme, en fuseau (*Radix long, Navet.* pl. III. fig. 3 et 11.).

Rapiforme, en forme de rave (*Rave, Radix rond.* pl. III. fig. 4.).

Tubéreuse, inégalement renflé. Elle peut être TUBÉREUSE-
INDIVISE (*Dahlia*, quelques Orchidées pl. .III fig. 9.), ou TUBÉREUSE-
PALMÉE (pl. III. fig. 10.), TUBÉREUSE-GRUMELÉE (quelques ORCHIDÉES.
pl. III. fig. 8.).

4° Consistance.

Charnue, comme la rave.

Ligneuse, comme celle des arbres.

5° Configuration.

Simple, non ramifiée ou fort peu (*Scorsonère, Carotte*, pl. III.
fig. 3.).

Ramifiée, comme dans la plupart des arbres et des plantes annuelles (pl. III. fig. 6.).

Fibreuse, rameuse dès la base et formée de fibres très-fines et
nombreuses (*Blé, Orge*, pl. III. fig. 5.).

Rongée, comme coupée ou cassée en travers (*Epervière rongée.*).

Fasciculée, ou en faisceau (*Ficaire* et pl. III. fig. 11.).

6° Origine.

Embryonnaire, par opposition à la suivante (toutes les germi-
nations en présentent. pl. II. fig. 4. 8. 12. pl. III. fig. 1. 3. 4.).

Adventives, (pl. III. fig. 2. 7. 9. 10. 12. pl. VI. fig. 6. 7. 9. 10. 11.
12. 13.), celles qui ne viennent pas de l'embryon, mais qni se développent sur l'écorce et même sur le bois de l'année, ou plus souvent des
années précédentes; quelquefois même sur les pétioles (*Oranger*,

Hoya), les lames des feuilles (*Bryophyllum*). Beaucoup de plantes tenues dans un milieu humide tendent à leur donner naissance. C'est sur leur développement qu'est appuyée l'opération du bouturage et du marcottage.

§ 3. LA TIGE.

La tige est la partie de la plante qui part du collet, porte les feuilles, les rameaux, les fleurs et les fruits : elle s'allonge seulement pendant la première année de son existence, de sorte que des marques tracées à sa surface, également distantes d'abord, s'écarteraient ensuite les unes des autres pendant cette année de végétation, tandis que dans les racines la partie formée ne grandit que par son extrémité.

La seconde année, la tige ne s'allonge que par le développement du bourgeon terminal, tandis que ce qui était formé précédemment n'augmente qu'en diamètre mais nullement en longueur.

L'aisselle de chaque feuille présente un bourgeon qui se développe en rameau.

La tige existe toujours, mais elle est quelquefois si courte, que l'on a pensé qu'elle manquait *(Dent-de-lion, Paquerette)*; d'autres fois elle rampe sous terre et a été confondue alors avec la racine *(Fougères de l'Europe)*. Quant aux tiges qui s'élèvent dans l'air, elles ont depuis quelques centimètres jusqu'à 70 mètres de haut *(Palmiers)*.

On a donné à la tige d'un arbre, dénudée de branches jusqu'à une certaine hauteur, le nom de tronc. Mais cette privation de branches n'est pas naturelle, car un arbre abandonné à lui-même et isolé des autres, produit des branches dès le bas et sa tige n'est pas nue, tandis que dans les arbres rapprochés, les branches inférieures s'étiolent, se pourrissent ou se détachent. Alors l'arbre se présente encore dépouillé de branches jusqu'à une certaine hauteur. D'ailleurs, toutes les personnes, qui s'occupent de la culture des arbres, savent très-bien qu'une grande partie du travail du jardinier, surtout pendant les huit à dix premières années de l'existence des arbres, consiste à ébourgeonner et à tailler continuellement tout ce qui tend à se développer sur cette partie que l'on nomme communément tronc.

Les ramifications de la tige offrent la même organisation qu'elle-même ; ainsi ce qui sera dit de celle-ci s'appliquera à ses embranchements.

La tige et ses ramifications sont quelquefois développées en expansions que l'on a rapportées à tort aux feuilles.

Le *Petit-houx*, par exemple, (pl. VII. fig. 6. et 6*) offre des ramifications qui sont prises ordinairement pour des feuilles. Ces rameaux-feuilles portent vers leur milieu (pl. VII. fig. 6*) une à trois bractées très-petites, de l'aisselle desquelles part la fleur et ensuite le fruit.

Quelques *Cierges* (pl. VII. fig. 3. 4.) ont aussi des tiges qui imitent des feuilles, et que l'on a souvent rapportées à ce dernier organe. Ce sont de véritables rameaux, munis d'expansions plus ou moins charnues et qui, portant les fleurs, ne peuvent être que des tiges ; tandis que les feuilles de ces plantes sont ou cylindriques et très-caduques (pl. VII. fig. 1. 2. 3 F.) ou rarement nulles.

Le genre *Phyllanthe* offre aussi dans quelques-unes de ses espèces des rameaux épanouis en feuilles (pl. VII. fig. 4.), ce qui les fait confondre avec ces organes.

Toutes la famille des FOUGÈRES offre aussi des rameaux ailés (pl. VII. fig. 7. 8.) qui sont ordinairement pris pour des feuilles, et sur la surface inférieure desquels s'observent les organes de la fructification (les tiges persistantes de nos FOUGÈRES D'EUROPE sont toutes souterraines et vivaces, leurs rameaux aériens seuls sont annuels.).

Les organes élémentaires nous ont servi à classer tous les végétaux en FIBRÉS et UTRICULÉS. Les tiges des végétaux fibrés, offrant deux modes fondamentaux d'organisation, servent de base à la division des végétaux de cette classe, en deux sous-classes; et comme ces modes correspondent au nombre des cotylédons, on appelle une des sous-classes DICO TYLÉDONÉES, et l'autre MONOCOTYLÉDONÉES.

ARTICLE PREMIER.

TIGES DES DICOTYLÉDONÉS.

Quatre parties bien distinctes constituent les tiges des DICOTYLÉDONÉS, savoir :

1° L'Ecorce.
2° Le Bois.
3° La Moelle.
4° Ses Prolongements ou Rayons utriculaires.

* 1. ECORCE.

Pendant la première année de son existence la tige est toujours herbacée et ordinairement verte. Son écorce est formée en dehors de couches utriculaires et intérieurement d'une lame de fibres unies par des utricules (pl. IV. fig. 1.).

La surface extérieure de l'écorce est constituée par une membrane fraîche, extrêmement mince, transparente et souvent lisse, que l'on a nommée *cuticule* (pl. 1. fig. 5.). Cette membrane perd ordinairement sa vitalité l'année suivante, et avec elle tombent les poils. Cette couche d'écorce a acquis dans sa première année tout son développement en longueur, mais elle doit croître continuellement en diamètre. Elle présente très-souvent des saillies, de forme, de consistance, et de couleur variables, que l'on nomme *Lenticelles*.

Les *Lenticelles* (pl. IV. fig. 3. 4.) sont de petites taches, ou des ponctuations inégales, souvent légèrement subéreuses, d'autres fois raboteuses, qui s'observent sur presque toutes les tiges et les rameaux des DICOTYLÉDONÉS. Elles sont d'abord de forme circulaire ou ovale, mais elles s'élargissent avec les années, et se présentent ensuite sous forme de lignes transversales. Ces lenticelles servent à distinguer les arbres surtout lorsqu'ils sont dépourvus de feuilles. C'est de ces organes que naissent le plus souvent les *Racines adventives*, lorsque le rameau est placé dans un milieu humide. Ils sont donc indispensables pour la réussite des boutures et des marcottes.

La seconde année de l'existence d'une plante qui va devenir ligneuse, il se forme une nouvelle couche d'écorce à la face interne de la première (pl. IV. fig. 1.). Elles s'unissent intimement, de sorte qu'à la longue il est le plus souvent très-difficile de les séparer. Cette seconde couche tapisse non-seulement toute la face interne de la première, mais encore se prolonge au-dessus d'elle. Ce prolongement a sa cuticule, comme l'écorce de la première année, tandis qu'on n'en voit point de trace dans la portion concentrique à la première formation.

Ainsi , chaque année l'écorce augmente en épaisseur d'une nouvelle couche dépassant toujours en longueur la précédente (pl. IV. fig. 1. 2ᵉ année.). Cette formation successive de dehors en dedans force les couches les plus extérieures à se distendre. C'est par une conséquence de cette distension et du non allongement de la couche d'écorce déjà formée, que les lettres gravées sur l'écorce des arbres dicotylédonés ne peuvent que s'élargir sans jamais s'allonger.

Tant que l'écorce conserve son extensibilité, elle reste lisse, mais à mesure que le nombre des couches augmente, les plus anciennes ne pouvant plus supporter la distension, on observe à la surface extérieure d'abord des gerçures, qui bientôt augmentent de profondeur, et deviennent ensuite des crevasses. Alors les plus vieilles couches corticales ont perdu toute leur vitalité, et l'on peut dans ce cas les entamer impunément. Dans cet état elles ne servent plus qu'à protéger les parties intérieures contre les accidents nombreux auxquels la base des tiges surtout est exposée.

Les couches utriculaires de l'écorce, surtout quand les fibres sont peu nombreuses, se boursoufflent quelquefois tellement qu'elles semblent à elles seules une écorce molle et élastique. On peut la remarquer dans notre *Erable champêtre*, mais elle se distingue surtout dans l'espèce de *Chêne* propre aux contrées méridionales et si connue sous le nom de *Chêne liége*. Tous les sept à huit ans on détache des planches de liége de cet arbre sans qu'il en souffre, si cette opération est pratiquée au moment de la plus grande ascension de la sève. Si on attend trop long-temps, l'exfoliation se fait d'elle-même, mais alors les utricules, se contractant irrégulièrement, présentent des concrétions et des vides, et les bouchons qu'on en fabrique sont inégalement élastiques et laissent passer l'air et les liquides.

Les couches les plus intérieures de l'écorce qui, dans quelques arbres, se lèvent en lames assez minces (*Tilleul, Bois dentelle*), ont reçu le nom de *liber*. Celles qu'on enlève du tilleul servent à faire des cordes à puits, des étoffes grossières d'emballages , des liens pour fixer les arbres.

Telle est l'histoire complète de l'écorce, pour les plantes herbacées, qui ne vivent qu'un ou deux ans.

Mais dans celles qui doivent devenir ligneuses, l'écorce subit des modifications importantes. La deuxième année les utricules qui se trouvaient couvertes par celles de la cuticule, étant exposées à l'air, se dessèchent, s'affaissent, et forment l'*épiderme*, membrane inerte qui isole et protége les autres parties de l'écorce.

* 2. BOIS.

On nomme Bois la partie fibreuse et utriculaire placée sous l'écorce. Il se distingue surtout de celle-ci en ce que son tissu utriculaire ou moelle occupe le centre du cylindre fibreux (pl. IV. fig. I. bois).

Prenons, comme pour l'écorce, la plante à sa première année. Nous avons vu qu'elle est herbacée; mais si nous la déchirons, nous remarquerons facilement qu'elle est formée, sous l'écorce, de fibres moins faibles. C'est cette portion que l'on nomme *bois*. Il est formé de fibres plus ou moins parallèles, unies les unes aux autres par des utricules, dont la grosseur est très-variable d'une espèce de plante à l'autre.

Au centre de cette réunion d'organes élémentaires on observe un cylindre d'utricules vertes et humides d'abord, mais qui perdent par la suite cette apparence de vie, en devenant chaque année plus sèches et plus blanches; c'est la *moelle*.

Cette espèce de baguette ligneuse, enveloppée d'une gaîne d'écorce, présente le plus souvent une forme cylindrique légèrement conique. Elle se détache facilement du bois, lorsque la sève les humecte: c'est entre ces deux corps que vont s'organiser (l'année suivante) la nouvelle couche d'écorce à la face interne de la première, et la seconde couche de bois à la face externe de la première couche ligneuse.

La seconde couche ligneuse a absolument la même texture que la première, qu'elle va complètement envelopper; mais plus haut on ne pourra trouver qu'une seule couche qui sera la première de cette portion nouvelle de la tige. Conséquemment si nous coupons en long cette jeune tige de deux ans, nous trouvons deux cônes très-allongés, emboîtés l'un dans l'autre, celui de la première année beaucoup plus court.

On conçoit d'après cela que les deux premiers cônes ligneux, ainsi que ceux qui naîtront par la suite, n'auront pas leurs couches fibreuses appliquées l'une contre l'autre. Celle de la seconde année sera séparée de la première par une espèce d'étui utriculeux, qui constitue la moelle de la seconde année. Ainsi en supposant qu'un *chêne* n'ait, la première année de son existence, que six centimètres de long, vingt la deuxième, quarante la troisième, soixante la quatrième année, et ainsi de suite, l'on comprend qu'une fois la quatrième année révolue, si l'on coupe la tige en travers au-dessous des six centimètres inférieurs, on trouvera quatre couches ou anneaux de bois; au-dessous des vingt centimètres trois couches, au-dessous des quarante centimètres on n'en trouvera plus que deux, et enfin une seule au-dessous du sommet.

Cela une fois compris, et sachant bien que chaque couche ligneuse a sa propre moelle, on concevra facilement comment les couches intérieures des *Saules* ou des *Châtaigniers* (surtout soumis à des tailles fréquentes) peuvent se pourrir, tandis que les extérieures, encore vivantes, donnent une très-belle végétation. Cette destruction devient surtout fréquente, lorque l'on coupe la tige à une certaine hauteur, comme nous le faisons aux bords des rivières, où nous ébranchons tous les trois à quatre ans le *Saule blanc.* La pluie pénètre successivement par les entailles, les utricules et les fibres se corrompent, en commençant par les centrales, dans lesquelles la vitalité tend à perdre insensiblement son énergie. Cependant on trouve toujours le centre des vieux arbres sains humectés de sève; on doit donc croire que la circulation s'y continue quoique faiblement.

La taille des arbres leur est d'autant plus nuisible qu'elle est pratiquée sur des espèces de bois plus mou, et que les entailles sont grandes et nombreuses. De là l'importance de donner à l'arbre dans sa jeunesse la disposition de branches que l'on veut qu'il conserve et de continuer la taille sur les jeunes branches qui se cicatrisent facilement, tandis que si on lui enlève plus tard de grosses branches on l'expose à se pourrir.

Les couches ligneuses des DICOTYLÉDONÉS s'observent

plus facilement sur les arbres qui ont beaucoup d'hydrogène et peu de carbone, et qui ont en conséquence le tissu très-mou; elles se confondent d'autant plus les unes avec les autres que les bois sont plus durs (*Gayac, Bois de fer*).

Les couches fibreuses sont d'autant plus épaisses qu'on les observe dans les bois blancs (*Saules, Peupliers, Orme, Cèdre*); alors elles ont quelquefois jusqu'à quinze millimètres d'épaisseur, et dans ce cas l'arbre a grossi d'environ trois centimètres en diamètre cette année là. On doit concevoir que toutes les années n'étant pas également favorables à la végétation, les couches ligneuses ne peuvent présenter la même épaisseur, l'élaboration de la sève s'étant moins bien opérée.

Une cause de l'inégalité d'épaisseur de la même zône, dans toute la circonférence, est le nombre et la position des racines et des branches auxquelles elles correspondent souvent. La partie de la circonférence où ces deux organes sont moins abondants, est toujours la moins épaisse. De là, lorsqu'on fait des plantations, la nécessité de rejeter des arbres dont les racines sont placées d'un seul côté, et de faire choix de ceux dont les racines principales sont en rapport de position et de force avec les mères branches. Malgré cette précaution on aura quelquefois des arbres dont les troncs ne seront pas circulaires, cela viendra de ce que les racines d'un côté auront rencontré des couches de terre dures, tandis que celles du côté opposé, plongeant dans un sol plus favorable à la végétation, auront fourni plus de sève aux branches qui leur correspondent et qui auront acquis une longueur et une grosseur beaucoup plus considérables. On doit donc veiller à ce que les trous, dans lesquels on plante les arbres, soient d'autant plus grands que le terrain est mauvais ou impénétrable. Il faut avoir soin aussi que l'on mette dans le fond la terre qui a été prise à la surface.

On sait aussi que les arbres non fixés à des murs ou à des

tuteurs, se développent beaucoup mieux que ceux qui sont attachés. Il est donc nécessaire d'enlever les liens des arbres en plein vent aussitôt qu'ils ont acquis assez de force pour résister à la violence des vents.

D'après ce qui précède on se rendra facilement compte de ce qui arrive à un clou à moitié planté dans un arbre. Chaque année il semble s'y enfoncer, mais en réalité chaque couche annuelle vient l'envelopper et bientôt l'entoure tout-à-fait.

On comprend aussi qu'en coupant un tronc d'arbre tout près de terre, on aura le nombre de toutes ses couches ligneuses, et conséquemment de ses années d'existence, et qu'en observant la coupe transversale d'une branche on n'aura que l'indication du nombre d'années qu'elle aura acquises au point mis à découvert.

* 3. MOELLE.

En décrivant le bois nous avons vu que chacun de ces cylindres ou plutôt de ces cônes fibreux, dus à la végétation d'une année, renferme un amas considérable d'utricules, d'abord vertes et très-tendres. Mais peu à peu elles perdent leur transparence, acquièrent une certaine solidité, se dessèchent, et deviennent un corps presque inerte; c'est ce que l'on nomme moelle.

D'après cette définition on conçoit que cet assemblage utriculaire s'observe non-seulement au centre de la première couche ligneuse formée, mais à la face interne de chacune de celles qui successivement s'appliquent en dehors de celle-ci.

La couche médullaire, propre à chaque gaîne ligneuse, remplit une fonction très-importante dans l'ascension et l'élaboration de la sève, pendant la première année surtout; mais les plus anciens cylindres utriculeux et même le central, auquel on applique trop exclusivement de nom de moelle, se desséchant successivement, ne concourent que très-peu à la circulation de la sève. Cela est d'autant plus vrai que les *Saules*, les *Châtaigniers*, etc., auxquels on a fait subir des tailles inconsidérées, sont le plus souvent privés des couches ligneuses du centre et conséquemment de la partie qu'on regarde seule comme la moelle, et cependant ces arbres ne parviennent pas moins à une certaine longévité.

Nous devons en conclure, comme il a été déjà dit, que chaque formation annuelle ligneuse a sa propre moelle placée à la face interne de son long cône fibreux.

* 4. PROLONGEMENTS OU RAYONS UTRICULAIRES.

Nous avons indiqué que le bois est formé par assises longitudinales de couches ligneuses, lesquelles portent chacune à leur face interne leur moelle. Pour compléter la description il reste à décrire les *Prolongements ou Rayons utriculaires.*

Ces rayons sont des lignes d'utricules très-serrées, qui partent de la moelle centrale, établissent une communication d'un anneau de moelle à l'autre, jusques et y compris l'écorce. Les rayons médullaires se voient clairement dans les arbres de dureté moyenne (*Chêne, Hêtre*). C'est sur ces lignes d'une consistance plus ferme que les fibres qui les entourent, que nos bois se fendent, et nous en apercevons souvent des plaques roussâtres sur les parties déchirées (pl. IV. fig. 2).

En résumé, la tige des dicotylédonés, d'abord herbacée, se compose d'une gaîne d'écorce enfermant un cylindre ligneux. L'écorce est formée d'une couche utriculeuse et d'une autre fibreuse. Le cylindre ligneux au contraire enferme un cylindre utriculeux.

Cette disposition se perpétue par les formations de chaque année, qui ne développent jamais les précédentes en longueur, mais qui les emboîtant, allongent la tige et toutes ses ramifications par des cylindres légèrement coniques, dont les fibres et leur moelle s'étendent du bas de la tige jusqu'aux extrémités les plus éloignées des branches.

Enfin les couches utriculeuses et fibreuses de l'écorce et les cylindres fibreux et utriculeux du bois, sont mis en communication par les rayons utriculaires (1).

ARTICLE SECOND.

TIGES DES MONOCOTYLÉDONÉS.

Les tiges des MONOCOTYLÉDONÉS peuvent se reconnaître au premier coup d'œil à leurs feuilles, qui sont ordinairement engaînantes ou embrassantes ; mais ce qui les distingue plus réellement de celles des DICOTYLÉDONÉS c'est l'abondance, la grosseur et l'irrégularité de distribution de leurs utricules.

On dit souvent qu'elles n'ont pas d'écorce : il est vrai qu'elles sont souvent couvertes pendant quelques années par leurs feuilles, et lorsque celles-ci sont tombées, les bases en subsistent encore long-temps et continuent à envelopper la tige. Après la chute des derniers vestiges des feuilles, la tige se montre revêtue de couches utriculeuses, qui en se desséchant, lui font un véritable épiderme. Mais cette espèce d'écorce n'est pas dilatée, comme dans les DICOTYLÉDONÉS, par des formations annuelles d'utricules et de fibres.

Les fibres de la tige n'affectent pas non plus de disposition annuelle par emboîtement, conséquemment leur coupe transversale ne présente point de cercles concentriques ; ces fibres sont accumulées vers la circonférence et beaucoup moins serrées à la partie centrale : d'ailleurs leur disposition précise est beaucoup moins connue que celle des fibres dés DICOTY-LÉDONAS, malgré les travaux de plusieurs naturalistes.

---

(1) Voir à l'article FEUILLE, FLEUR, CARPEL, le complément des caractères des DICOTYLÉDONÉS que la planche IV présente déjà.

M. *Heyland*, après de longues et opiniâtres recherches, faites principalement sur le *Palmier nain*, sur les *Yucca*, explique ainsi, par analogie, l'organisation des MONOCOTY-LÉDONÉS. Les fibres, dit-il, ont une longueur presque déterminée; elles forment de droite à gauche (pl. V. fig. 4.) des spires ascendantes, qui vont se terminer à la circonférence, où plusieurs d'entre elles se réunissent pour donner naissance à une feuille.

A ce point de réunion, chaque fibre produit d'une part une fibre nouvelle, qui s'élève en spirale; de l'autre, un appendice de longueur variable, qui descend dans le tissu utriculaire, dont sont remplis les intervalles des fibres. Cet appendice ressemble assez bien à une racine, et pourrait bien, relativement à cette fibre, en remplir les fonctions.

Ces systèmes de fibres spirales ne sont point éloignés les uns des autres; ils se produisent à de très-courts intervalles, et tous les vides qu'elles laissent entre elles sont remplis d'utricules nombreuses qui ne sont pas disposées en rayons.

L'accroissement des MONOCOTYLÉDONÉS doit donc être considéré comme une addition bout à bout de nouvelles fibres, qui naissent chaque année de celles de l'année précédente, sans se prolonger dans toute l'étendue du tronc. Ainsi s'expliquerait l'uniformité de grosseur des tiges des PALMIERS, ainsi se concevrait le renflement que présente la crue annuelle chez quelques-uns d'entre eux.

Enfin, on voit évidemment pourquoi les fibres paraissent d'autant plus serrées qu'on les observe plus loin du centre.

En appliquant cette théorie aux tiges des GRAMINÉES (*Blé, Maïs,* etc.) et entre autre au *Roseau de Provence*, **M.** *Heyland* pense que les fibres, qu'il a décrites, au lieu de se contourner dès leur origine, courent parallèlement et ne s'entrecroisent qu'à certains intervalles pour former les cloisons transversales, qu'on observe dans ces plantes, et là seulement donnent naissance à la feuille.

Actuellement, en résumant, comme nous l'avons fait pour les DICOTYLÉDONÉS (pag. 24) les caractères des *Monocotylédonés*, nous trouvons que ces derniers : n'ont pour écorce qu'un tissu utriculaire endurci, non disposé par couches concentriques ; que les fibres du bois ne se prolongent pas chaque année depuis le collet de la plante jusqu'aux dernières extrémités des ramifications, mais qu'elles naissent de l'extrémité supérieure des dernières fibres formées, sans constituer de zones concentriques, qu'elles prennent en s'élevant la direction spiralée ou perpendiculaire, qu'à leur naissance chacune d'elles projette une fibre descendante ; et enfin que plusieurs des fibres ascendantes se réunissent et concourent à la formation d'une feuille. Tous les intervalles que ces fibres laissent entre elles sont remplis d'utricules très-nombreuses, disposées sans ordre encore connu, mais qui ne rayonnent pas du centre à la circonférence (1).

ARTICLE TROISIÈME.

DIVERS ÉTATS DES TIGES DES PLANTES
ET DE LEURS BRANCHES.

Les tiges ou leurs branches ont reçu des noms suivant que l'on considère leur *Durée*, leur *Texture*, leur *Forme*, leur *Direction*, leur *Ramification*.

*** 1. Durée.**

Annuelle, qui ne vit qu'une année et souvent que quelques mois (*Soleil des jardins Laitue, Epinards.*).

Bisannuelle, qui vit environ deux ans. La graine germe au printemps, développe la racine, la tige et ses premières feuilles. La seconde année les branches grandissent et se feuillent, la plante fleurit, fructifie et meurt (*Choux, Carotte, Betterave*).

(1) Voir à l'article FEUILLE, FLEUR, CARPEL, le complément des caractères des MONOCOTYLÉDONÉS, que la planche V présente déjà.

* 2. Texture.

Fibreuse, formée de fibres nombreuses plus ou moins serrées (*Chanvre, Arbres*, pl. III. fig. 2. 5. 6. 7. 12, et pl. VI. fig. 6. 7. 8. 9. 10. 11. 12. 13.).

Charnue, d'un tissu en grande partie utriculeux, humide, mais assez ferme (*Cierges*, pl. VII. fig. 1. 2. 3. 4. 5 et pl. VI. fig. 8 T*).

Succulente, tendre et s'écrasant facilement (*Balsamine', Capucine.*).

Pleine, sans cavité au centre (*Chou* et pl. VI. fig. 1. 4. 5. 6. 11. 12. 13.).

Fistuleuse, creuse au centre (la plupart des *Blés*, toutes les *Orges*, et pl. VI. fig. 2.).

Spongieuse, intérieurement lacuneuse et compressible (*Joncs*).

Herbacée, de la consistance du blé et de toutes les plantes annuelles (*Laitue, Epinard*).

Sousligneuse, d'une consistance assez ferme et presque de bois (*Douce-amère*).

Ligneuse, de la texture et consistance des arbres après leur seconde année (*Lilas, Platane*).

* 3. Forme.

Cylindrique, (*Lilas*, et pl. VII. fig. 6; pl. VIII. fig. 1. 3.).

En Plateau, très-courte et en forme de palet (*Jacinthe*, et pl. VI. fig. 11. pl. VIII. fig. 9.).

Ovoïde, en forme d'œuf (quelques *Cierges*).

Turbinée ou en **Toupie**, mince dans le bas et s'évasant en haut (quelques *Mamillaires*).

Triangulaire, présentant trois angles et trois faces (*Papyrus*).

Quadrangulaire, à quatre angles et quatre faces (*Sauge* et pl. VI. fig. 4.). Elle est dite *irrégulièrement quadrangulaire* lorsque les angles et les faces sont plus ou moins dissemblables (pl. VI. fig. 3.).

Cannelée, (pl. VI. fig. 2.) présentant en long des lignes creuses séparées par d'autres en saillie (*Carotte*).

Comprimée, aplatie d'un côté à l'autre (*Paturin comprimé*).

Ailée, bordée de lames foliacées plus ou moins larges (pl. VI. fig. 4. 4* et *Scrofulaire aquatique*).

Renflée, présentant de distance en distance des renflements ail leurs qu'aux articulations (pl. VI. fig. 5, et *Polygonée d'Orient Persicaire*, pl. VI fig. 10. 12. 13. *Safran*.).

Articulée, présentant des points renflés où les fibres s'entrecroisent, et se rompent facilement (*OEillets, Saponaire.* et pl. VI. fig. 10.).

Sarmenteuse, tordue, ligneuse, flexible et noueuse par intervalles (*Vignes, Clématites des haies.*).

* 4. Direction.

Droite, sans flexuosité (*Lin, Chanvre,* et pl. VIII fig. 1.).

Flexueuse, présentant des courbures (*Aconit paniculé.*).

Dressée, dirigée perpendiculairement (*Soleil, Chanvre.*).

Redressée, d'abord un peu inclinée, puis devenant verticale (*Persicaire, Guimauve,* et pl. VI. fig. 6.).

Couchée, étendue sur la terre (*Lierre-terrestre.*).

Souterraine, dont les rameaux, les feuilles, quelquefois même les fleurs sortent de dessous terre (IRIDÉES et pl. VI fig. 6. 9. 10. 11. 12. 13, Tige renflée des *Topinambours,* des *Pommes-de-terre,* et pl. VI. fig. 8 T.).

Rampante, étendue sur terre et y poussant quelques racines (*Fraisiers, Violette odorante,* et pl. VI. fig. 7.).

Spiralée ou en **Vrille,** s'entortillant comme les *Liserons,* les *Haricots,* autour des corps voisins, dans les unes de droite à gauche, dans d'autres de gauche à droite, sans qu'on puisse les faire varier de direction.

Grimpante, c'est la même que la rampante, mais on l'applique aux plantes sarmenteuses, qui, comme la *Clématite des haies,* s'appuient sur les autres plantes, sans s'y entortiller régulièrement.

* 5. Ramification.

La tige est :

Simple, ou ne se ramifiant que peu (la plupart des *Orobanches*).

Rameuse, donnant quelques branches (*Lilas, tous nos arbres*).

Les branches sont :

Pendantes, ou dirigées en bas par faiblesse (*Saule pleureur*).

Fasciculées, présentant des rameaux rapprochés et se dirigeant dans le même sens (*Peuplier d'Italie*).

Etalées, ou divergentes comme celles du *Pommier,* de quelques *Fraisiers.*

Ascendantes, dirigées plus ou moins obliquement en haut *Poirier,* dans sa jeunesse).

* 6. Surface.

Lenticellée, garnie de lenticelles de formes diverses (pl. IV. fig. 3. 4. Voir le mot ECORCE.).

Cicatrisée, présentant par place des cicatrices, dues à la chute de divers organes (*Tilleul*, *Ricin*, et pl. VIII fig. 2 et 5*).

Les tiges, considérées relativement à la plante elle-même, servent au transport et à l'élaboration du liquide nourricier, dans les *Rameaux, les Feuilles, les Fleurs,* les *Carpel,* les *Graines.*

Sous le point de vue industriel nous utilisons les tiges pour les constructions civiles et navales, pour nos meubles, nos instruments ; toutes peuvent servir au chauffage ; on en forme des tissus, etc.

Avec le bois du *Saule-des-chèvres*, on fait les chapeaux blancs, dits de *Buchille*; nos *Graminées* à tige creuse, soit entières, soit divisées par des fendoirs, sont utilisées pour fabriquer des chapeaux de paille. Ces lanières de paille, unies à la soie, servent à confectionner des étoffes pour chapeaux de femmes; l'écorce du *Chanvre*, du *Lin*, de l'*Ortie*, des *Mauves*, du *Genet*, rouie, peignée et filée, sert à faire nos toiles les plus usuelles, qui sont d'une durée plus ou moins longue suivant leur résistance naturelle, leur mode de culture, le degré de rouissage, etc. (1).

Les tiges ou leurs ramifications servent à la nourriture des animaux : le *Chou-rave*, la *Pomme-de-terre* (ses rameaux souterrains renflés, qui n'appartiennent pas aux racines), le *Topinambour* (pl. VI. fig. 8 T*) qui sont dans le même cas que la pomme-de-terre, mais dont la figure a été consi-

---

(1) Si un *fil de soie* tordu d'un volume donné peut porter 17 kilogrammes, celui de *Lin de la Nouvelle Zélande* portera 12 kilogrammes ; celui du *Chanvre* 8 k. 1/6, celui du *Lin* 6 k, et celui qu'on retire des feuilles de l'*Agavé d'Amérique* 3 k. 1′2.

dérablement diminuée, les tiges des *Asperges*, du *Houbon* (à l'état jeune); celles du *Céleri-rave*.

D'autres sont employées comme médicaments : le bois de *Sassafras*, celui de *Gayac*, le *Roseau de Provence*, l'écorce des *Quinquina*, du *Garou*, du *Cannelier* (cannelle).

Quelques-uns servent à la teinture *Fustet*, le *Campêche*, le *Bois-jaune*, le *Châtaignier*, le *Chêne*, etc., etc.

L'écorce du *Chêne-liége* nous donne la matière qui sert sous le nom de liége à faire nos bouchons, nos semelles, etc.

D'autres enfin servent au tannage, tels que l'écorce des *chênes*, des *pins*, etc.

§ 4. BOURGEONS (pl. VIII.).

On nomme BOURGEON (*Gemme ou Œil des jardiniers*) le rudiment d'un végétal, qui naît sur quelque partie de sa tige (ordinairement à l'aisselle d'une feuille) sans floraison préalable et sans racines propres. Il est presque toujours muni d'écailles protectrices.

Les organes qui forment le Bourgeon sont pressés les uns contre les autres et diversement appliqués, roulés, pliés ou plissés. Généralement, ceux qui constituent son enveloppe sont dus à des feuilles rudimentaires déformées. Elles sont disposées en spires tellement rapprochées qu'elles semblent former des cercles concentriques.

Nous avons vu qu'une tige d'arbre, la première année de son existence, souvent ne se ramifie pas, mais qu'à l'aisselle de chaque feuille on remarque un bourgeon. Chacun d'eux, si une cause intérieure ou extérieure ne les détruit pas, se développera en rameau.

Dans certaines circonstances de température et d'humidité les arbres présentent la même année deux évolutions de bourgeons : la première due à la formation de l'année précédente, la seconde produite à l'aisselle des feuilles développées au printemps ; c'est ce qu'on nomme la *pousse d'août*.

Dans les plantes herbacées au contraire , il ne se forme pas de Bourgeons proprement dits, mais aux aisselles des feuilles naissent, presque en même temps qu'elles, des rameaux, qui continuent leur développement. De l'aisselle des feuilles de ces rameaux, poussent encore des ramifications nouvelles qui portent des feuilles ou des fleurs. Cette évolution continue ainsi jusqu'à la fin de leur vie (1).

Les bourgeons s'accroissent non seulement pendant le temps que la feuille met à se développer, mais après sa chute, même pendant l'hiver. C'est surtout au printemps, époque où ils ont déjà acquis un certain volume , qu'on les voit plus distinctement. Leurs enveloppes protégent du froid les jeunes organes qu'elles renferment, les unes par leurs écailles lisses et luisantes, d'autres par la matière gommo-résineuse qui les enduit, (*Marronnier d'Inde*) d'autres par le duvet qui les entoure (*Frêne*), etc.

Les bourgeons diffèrent entre eux : 1° par les organes, qui enveloppent le rudiment de la branche future ; 2° par les parties intérieures qui les constituent ; 3° et enfin par leur position.

*** 1. Organes extérieurs.**

Les Bourgeons sont dits :

Foliacés , lorsque leur enveloppe est de nature foliacée (*Viorne* , *Mancienne* , *Hortensia* , *Daphné*.).

Tuniqués , lorsqu'ils sont formés de la base très-dilatée et persistante des anciennes feuilles (*Jacinthes* , *Narcisses* , *Tulipes* et pl. VI. fig. 11. et pl. VIII. fig. 9.).

Ecailleux , quand ils sont formés d'écailles charnues, débris des anciennes feuilles (*Lis* et pl. VIII. fig. 10.). Souvent on applique, bien

____

(1) On peut encore, rigoureusement parlant, ranger parmi les Bourgeons la graine du végétal, avec cette différence qu'elle a eu besoin d'une floraison préalable, tandis que nous avons vu que les vrais Bourgeons n'en sont pas précédés.

à tort, le même nom à ceux des cerisiers, dont les enveloppes sont dues à la base stipulaire des feuilles, qui seule s'est développée (*Cerisier*, et pl. VIII, fig. 10.).

Pétiolaires, formés par les pétioles seuls, mais dilatés.

Stipulaires, lorsque les stipules seules les forment (*Tulipier de Virginie*, pl. VIII, fig. 6. *Cerisier*, pl. VIII, fig. 1.).

Bractéolés, formés de bractéoles, et accompagnés de quelques feuilles (*Saules, Peupliers*).

* 2. Organes qu'ils renferment.

Les Bourgeons sont:

A Feuilles, (*Bourgeons à bois des jardiniers*) ceux qui ne renferment que des feuilles à l'état rudimentaire. Ils sont minces, allongés et pointus (*Poirier* et pl. VIII, fig. 2. F.).

A Fleurs, (*Bourgeons à fruit des jardiniers*) ceux qui ne renferment que des boutons. Leur forme ordinaire est ovoïde (*Cerisier, Prunier.*).

Mixtes, ceux qui renferment en même temps des boutons et des feuilles. Ils sont d'une forme ovoïde et obtuse, et plus gros que les bourgeons à fleurs (*Poirier*, pl. VIII, fig. 2. FX.).

* 3. Position.

Aériens, ceux que nous voyons sur presque tous les arbres, surtout après la chute des feuilles et auxquels nous donnons presque uniquement le nom de Bourgeons.

Axillaires, ceux qui naissent à l'aisselle d'une feuille ou de tout autre organe foliacé. Si la feuille est tombée on reconnaît toujours la cicatrice qu'elle a laissée et on trouve le bourgeon au-dessus. Dans le *Platane* il est renfermé dans la base du pétiole dilaté qui l'enveloppe complètement (pl. VIII. fig. 3.), ce qui fait qu'il n'est visible qu'à la chute de la feuille.

Extra-axillaires ou Adventifs, ceux qui naissent autour du renflement d'où sort le pétiole. On nomme aussi ces bourgeons **Tardifs**, parce qu'ils ne se développent qu'autant que les bourgeons axillaires sont détruits, surtout si l'on enlève aussi les feuilles. Ils sont beaucoup plus faibles que les bourgeons axillaires, aussi ne produisent-ils que des rameaux minces, mais très-nombreux, que les jardiniers nomment *Brindilles*.

Souterrains, lorsque pendant l'hiver ils sont cachés sous terre (*Liliacées*, pl. VI, fig. 11 et VIII, fig. 9. 10.). C'est ce qu'on nomme oignon. Les diverses modifications des bourgeons souterrains ont été très-peu étudiées.

Le bourgeon à feuilles et celui à fleurs sont long-temps préparés avant que nous puissions les apercevoir. Il est très-probable que d'abord il n'existe qu'une seule espèce de bourgeon ; mais que par des circonstances atmosphériques et terrestres, surtout par l'état plus ou moins humide du sol, la consistance de la sève etc., le bourgeon primitif reste à feuille ou se métamorphose en rameau floral. On sait que si l'été est très-pluvieux, les arbres portent l'année suivante peu de fruits. On sait aussi que les plantes tenues en pleine terre fleurissent plus rarement que lorsqu'elles sont en vase. Par un temps très-pluvieux les arbres fruitiers poussent un très-grand nombre de branches à feuilles, que les jardiniers nomment des *Gourmands*. Dans ce cas ils sont forcés d'abattre beaucoup de ces branches, s'ils veulent, comme ils le disent, *remettre l'arbre à fruit*, ou, autrement dit, le faire fleurir.

Les feuilles rudimentaires du Bourgeon offrent quatre dispositions principales.

Elles sont :

1° **Appliquées**, c'est-à-dire face à face sans aucune plicature (*Amaryllis, Mélèze*, pl. VIII. fig. 11.).

2° **Pliées du sommet à la base**, mais ce mode d'enroulement présente deux modifications (pl. VIII. fig. 12. 13.).

Les feuilles sont :

Repliées ou en **Crochet**, lorsque par une courbure transversale brusque le sommet des feuilles se dirige vers la base (*Aconit*, et pl. VIII. fig. 12.).

Circinales ou en **Crosse**, lorsqu'elles sont roulées du sommet vers la base en formant une spirale plate, comme un ressort (*Drosère*, et comme les rameaux-feuilles des FOUGÈRES, pl. VIII. fig. 8 et 13.).

3° **Pliées en long**. Cette plicature offre cinq modifications.

Les feuilles peuvent être :

Conduplicatives, pliées en long sur le milieu et placées lamelle contre lamelle, avec alternance des dorsales (pl. VIII. fig. 14.).

Demi-enveloppantes, lorsqu'une feuille, pliée sur la dorsale, enveloppe une lamelle de sa voisine (*Saponaire officinale*, et pl. VIII. fig. 15.).

Enveloppantes, si une feuille, pliée sur sa dorsale, enveloppe les deux lamelles de l'autre (*Iris*, et pl. VIII. fig. 16.).

Equitatives, lorsque deux feuilles vis-à-vis l'une de l'autre et demi pliées sur leur dorsale, sont placées oppositivement aux deux précédentes et aux deux suivantes (*Troène*, pl. VIII. fig. 17.).

En Eventail, comme toutes les feuilles à fibres palmées (*Vignes, Mauves*, et pl. VIII. fig. 18.).

4° **Convolutives**, roulées par leur bord.

Cette disposition présente trois états :

En cornet, roulées de manière à ce que l'un des bords soit au milieu de l'enroulement (*Bananier*, et pl. VIII. fig. 19.).

Supervolutives, feuilles dont les bords sont roulées sur leur face supérieure (pl. VIII. fig. 20.),

Révolutives, celles dont les bords sont roulés en-dessous (*Romarin, Saule incane*, et pl. VIII. fig. 21.).

Après avoir étudié les organes composant le Bourgeon, examinons-le physiologiquement, sous le point de vue de l'horticulture.

Tous les horticulteurs savent bien que beaucoup de *plantes exotiques* vivent et fleurissent dans nos serres de l'Europe, mais qu'elles ne fructifient pas. Il a donc fallu employer un moyen de propagation, autre que celui des graines.

Dès long-temps on avait remarqué qu'une tige, couchée sur la terre humide, poussait des racines adventives, près des cicatrices qu'avaient laissées les anciennes feuilles : de là l'idée toute naturelle des MARCOTTES.

D'autres avaient observé que des branches d'arbres, qui, agitées par le vent et ayant frotté l'une contre l'autre, s'étaient excoriées, puis avaient adhéré l'une à l'autre ; de là probablement est née la GREFFE.

Des fragments de branches encore jeunes, mises en terre comme tuteurs à des plantes faibles, auront poussé. C'est ce qui aura sûrement donné lieu à faire des BOUTURES.

Tous ces modes de propagation offrent le grand avantage de conserver les variétés, tandis que par la graine on n'est jamais sûr de les obtenir, sans quelques modifications.

Mais reprenons chacun de ces points importants et voyons le parti que le jardinier a tiré de ces observations.

* 1. Marcotte (Couchage ou Provin).

On sait que les plantes à tiges faibles rampent souvent sur terre, que par des circonstances d'humidité plus ou moins prolongée, elles poussent des racines vers les points, où une certaine quantité de matière nutritive se trouve rassemblée ; c'est ce qui arrive dans les *Fraisiers*, les *Ronces*, les *Clématites*, etc. On a imité la nature, et les plantes, dont les branches peuvent être étendues sur la terre de bruyères, y sont fixées par le moyen de petits crochets en bois. Au bout d'un temps fort variable pour chaque espèce, et selon les soins qu'on prend de ces rameaux, il en pousse des racines, plus ou moins promptement. Lorsqu'elles sont développées on *sèvre* successivement les rameaux, en les incisant partiellement au-dessous du point d'où sont nées les racines. Lorsqu'on croit qu'elles sont assez fortes, on détache les rameaux, que l'on transporte dans une terre appropriée. Les plantes en vases, dont la tige ne peut être courbée, sont étendues sur terre ainsi que le pot. On fixe ces rameaux sur le sol comme il vient d'être indiqué. Lorsque les racines ont poussé, on détache les marcottes ; la plante qui les a fournis est redressée et taillée, afin de lui rendre un embranchement convenable.

D'autres *marcottes* sont dites en *l'air* ; elles se font au moyen de vases en terre cuite ou en métal, dans chacun desquels on engage une branche ; puis on les remplit de terre, qui doit être entretenue constamment humide, si l'on ne veut s'exposer à voir périr les racines qui se seraient déjà formées. Ce mode de multiplication ne se fait que sur des plantes qu'on ne peut coucher, ou dont on veut se procurer quelques marcottes, sans mutiler les individus.

Toutes les tiges ne développent pas facilement des racines adventives; il a fallu chercher un moyen d'assurer leur apparition. On y est parvenu par des ligatures, des incisions partielles, ou des incisions annulaires pratiquées au-dessous du point que l'on veut marcotter. Par ces procédés on ralentit la circulation de la sève descendante dans le rameau, et l'on facilite l'apparition des racines.

* 2. Greffe.

Un second moyen de *multiplication par rameaux* ou *bourgeon* est ce que l'on nomme *Greffe, Ente, ou Ecusson.* Il consiste à transporter un ou plusieurs bourgeons, ou des jets herbacés, sur d'autres plantes, avec lesquelles ils ont de très-grandes ressemblances.

On nomme *Sujet* la plante sur laquelle se place le ou les bourgeons de l'année précédente ou le rameau herbacé, et *Greffe* le rameau transporté. Ce mot de *greffe* est aussi appliqué au résultat de l'opération.

Quelque procédé que l'on emploie pour la pratiquer, il faut que l'écorce fraîche et tendre de la greffe soit en contact immédiat avec le jeune bois du sujet. C'est probablement par les utricules des rayons médullaires du sujet, mis en contact avec ceux du nouveau rameau, que l'adhérence et la communication de la sève commencent. Ce qui tendrait à le prouver c'est que la greffe en écusson, par exemple, réussit mieux lorsqu'on place la base du bourgeon, que porte cette écorce, sur un point semblable du sujet.

Tous les organes des plantes dont on a mis le tissu utriculaire à nu, ou bien ceux qui, encore jeunes, sont pressés les uns contre les autres, pourraient se greffer (*se cicatriser l'un avec l'autre.*). Mais on n'a tiré parti de cette remarque que sous le point de vue de la multiplication des rameaux.

C'est par la sève ascendante que la greffe est nourrie, car les matières colorantes passent du sujet au bourgeon implanté. Ces greffes prennent souvent mieux lorsque la branche sur laquelle on a opéré est enlevée au-dessus de l'insertion, ou qu'on l'a étranglée par un lien, qui gêne la descente de la sève élaborée. D'autres fois cependant on ne coupe la branche qui surmonte la greffe que lorsqu'elle a attiré, par le commencement de l'évolution de ses feuilles, une certaine quantité de sève, qui facilite le développement du ou des bourgeons transportés.

Il faut, avons-nous dit, qu'il y ait des rapports intimes entre les plantes pour que la greffe réussisse ou, autrement dit, qu'il y ait analogie anatomique et physiologique. Ainsi des arbres produisent des fruits à noyaux (*ou* AMYGDALÉES) greffés les uns sur les autres; il en est de même pour les POMMACÉES, etc. L'analogie anatomique réside essentiel-lement dans la structure des utricules, mais cette structure est si difficile à observer que nous nous contentons de l'apprécier d'après les rapports des familles.

Tout ce que les anciens ont écrit sur les greffes hétérogènes ne s'est point vérifié, quoique les procédés de greffes se soient perfectionnés et très-multipliés. Ainsi, il est faux que l'on puisse greffer le *Rosier* sur le *Houx*, pour obtenir des Roses vertes; du *Jasmin* sur l'*Oranger*, pour avoir des fleurs de jasmin très-odorantes; l'*Oranger* sur le *Grenadier*, pour produire des *Oranges rouges*, la *Vigne* sur le *Noyer*, etc.

Cependant la nature nous présente quelques exceptions dans les plantes parasites; ainsi le *Gui* se trouve sur des arbres de familles qui n'ont aucun rapport entre elles.

Il ne suffit pas que les plantes soient de la même famille.

pour que la greffe réussisse ; il faut encore que les deux plantes soient en végétation à la même époque ; car, pour que les utricules puissent s'unir, il faut qu'il y ait une humectation égale entre le sujet et la greffe. Les arbres à feuilles persistantes ne peuvent être greffés sur ceux à feuilles caduques. Il faut aussi qu'il y ait quelques rapports entre la grandeur que peuvent acquérir les espèces ou les variétés. Des sucs homogènes contribuent aussi beaucoup à la réussite ; les arbres à suc résineux ne peuvent se greffer sur ceux à suc gommeux ou aqueux. Il en est de même pour ceux à suc laiteux.

Pour pratiquer la greffe il faut choisir le moment où les végétaux sont bien en sève : trop de chaleur dessécherait les utricules, trop d'humidité les empêcherait aussi de s'unir avec celles du sujet.

Les greffes pratiquées au printemps se développent de suite et ont reçu le nom de greffes à *bourgeon poussant* ou *œil poussant*. Celles d'août sont appelées *bourgeon dormant* ou *œil dormant*, parce que les bourgeons ne se développent qu'au printemps suivant.

Le sujet influe sur la grandeur des arbres ; ainsi le *Pommier ordinaire*, greffé sur *Paradis*, forme des *Pommiers nains* ; sur *Doucin* il produit des *Minains* ; sur *Franc*, des arbres de haute taille. Le *Prunier du Canada* ou *Ragouminier*, qui, dans son état naturel, est rampant, devient un arbre droit quand il est greffé sur notre *Prunier*. Le *Lilas* greffé sur le *Frêne*, prend le port d'un arbre. Quelques espèces résistent mieux à la gelée lorsqu'elles sont greffées, d'autres présentent le contraire.

Greffe par approche.

La greffe par approche consiste à enlever une portion d'écorce correspondante à deux branches d'un même arbre ou de deux arbres bien enracinés, et à les tenir quelque temps rapprochées au moyen d'une ligature. Cette greffe est souvent employée par les jardiniers pour les végétaux recherchés et délicats.

Pratiquée sur des haies vives elle leur donne une grande solidité. Elle est utilement employée dans les *Pêchers*, si un rameau de fruits est sans feuille au-dessus; car sans la greffe il laisserait ceux-ci sans moyen de nutrition, etc.

Greffe par rameaux ou scions ligneux.

Cette greffe consiste à transporter, sur un arbre ou un arbuste bien enraciné, un ou plusieurs rameaux de l'année précédente, munis de bourgeons à feuilles. Pour cela on engage le rameau dans des entailles correspondantes pratiquées sur le *sujet*, dont une branche de peu d'années a été coupée en travers. Ou bien, après avoir taillé la branche, comme dans le cas précédent, on la fend longitudinalement et l'on y engage un rameau découpé en coin; c'est la greffe en fente. On a soin de faire correspondre exactement les écorces; on fixe au moyen d'un lien, et l'on enduit la plaie avec la cire des jardiniers, ou à greffer.

Greffe par Bourgeons (en écusson, en flûte ou en sifflet).

Elle consiste à prendre un écusson d'écorce, munie d'un Bourgeon, et à le placer sous les deux lambeaux triangulaires de l'écorce du sujet coupé en T; on fixe, au moyen d'un lien en laine, les parties opérées. Cette greffe est fréquemment pratiquée sur les *Rosiers*.

La greffe en flûte consiste à enlever un cylindre d'écorce au sommet d'une branche du sujet, coupée transversalement, et de la remplacér par un anneau d'écorce semblable quant au diamètre et à la longueur, afin de recouvrir la portion de bois dénudée. On pratique quelquefois cette espèce de greffe sur les mûriers, mais en la modifiant légèrement; au lieu d'enlever un cylindre d'écorce au sommet d'une branche coupée en travers, on déchire l'écorce en lanières qu'on laisse sur place ; puis on recouvre, comme dans le procédé opératoire précédent, la portion dénudée de rameau avec un cylindre d'écorce portant quelques Bourgeons.

Greffe herbacée.

Dans les trois espèces de greffes indiquées, on place des rameaux ou des écorces munies de bourgeons de l'année précédente, tandis que dans celle-ci on implante sur le sujet un rameau tendre et vert taillé en coin, ou bien une feuille avec son bourgeon et une petite portion de tige, dans une incision en long, pratiquée à l'aisselle d'une feuille. On fixe avec un léger lien en laine de manière à ce que le vent ne puisse déplacer les parties. Cette greffe se pratique sur les arbres verts, sur les conifères. Elle réussit très-bien pour les *Tomates* greffées sur les *Pommes de terre*.

Bouture.

La Bouture consiste à mettre en terre ou dans un milieu humide un rameau jeune et frais, et à le tenir humecté. Ce rameau vit pendant quelques jours de sa propre sève, mais bientôt il absorbe celle du sujet par son entaille et développe l'organe qui lui manquait, la racine.

Il est des plantes, telles que les *Saules*, *Peupliers*, *Platanes*, etc., qui se bouturent sans autres précautions, mais les plantes à tissu compact présentent plus de difficultés pour le développement de leurs racines adventives. Dans ce cas on les soumet à la chaleur humide ; c'est ce que l'on nomme *Boutures étouffées*. Il suffit de les placer dans de très-petits pots, de les couvrir d'une cloche en verre, et de les soumettre à une température et à une humidité convenables. C'est de cette manière que l'on obtient celles des *Camélia*, de quelques *Rosiers* et surtout des *Dahlia* ; ces dernières fleurissent la même année. On emploie aussi très-avantageusement la mousse mouillée au lieu de terre. Mais la chaleur humide est souvent indispensable.

Taille des arbres.

Nous avons vu que la plupart des arbres présentent deux espèces de Bourgeons, le plus souvent faciles à distinguer, les uns sont dits *Bourgeons à fleurs*, les autres *Bourgeons à feuilles*. Dans les grands arbres on abandonne à la nature le soin d'entretenir un certain équilibre, et alors chez eux la taille n'est guère pratiquée que pour enlever les branches mortes et écheniller. Mais dans les arbres en éventail, ceux en espalier, que l'on peut aborder facilement, on cherche à faire produire le plus de fruit dans un petit espace. Pour cela il faut, avons-nous dit, établir un certain équilibre entre les organes de la nutrition (les feuilles) et ceux destinés à la fructification. C'est donc en laissant vers le haut de chaque branche à fruit un certain nombre de feuilles qui puissent exciter l'ascension de la sève, qui, élaborée par elles, descend ensuite aux fruits et les nourrit.

La taille doit s'opérer aussitôt que les bourgeons sont assez bien formés pour reconnaître ce qu'ils doivent produire. Mais elle ne peut se borner à la saison printanière, elle doit être continuée à plusieurs reprises pendant la maturation, soit pour détacher les fruits trop serrés, qui se nuiraient, ou qui ne pourraient tous se développer, sans épuiser beaucoup l'arbre, soit pour enlever les branches feuillées qui seraient en trop grand nombre.

§ 5. FEUILLE.

On donne le nom de Feuille (pl. IX. X. XI. XII.) à l'organe ordinairement membraneux, fréquemment aplati, plus ou moins coriace et très-souvent vert, qui naît sur les parties latérales de la tige ou sur ses ramifications, et qui s'allonge particulièrement par sa base.

La feuille est ordinairement formée d'une *Lame* (pl. IX. fig. 1.) et d'un support qu'on nomme *Pétiole* (pl. IX. fig 1.).

La LAME est la partie de la feuille, formée par l'épanouissement des fibres du pétiole (pl. IX. fig. 2), et dont les intervalles sont comblés par les utricules (pl. IX. fig. 3.).

Cette lame présente ordinairement deux faces, l'une exposée à la lumière directe, c'est la face supérieure, qui ordinairement est plus foncée; l'autre est la face inférieure, qui est destinée à ne recevoir que la lumière diffuse. Elle est ordinairement munie d'organes évaporatoires nommés stomates (pl. I. fig. 5. 6. 7.) La feuille est d'autant plus sèche qu'elle présente un plus grand nombre de ces stomates.

Si on tourne une feuille, de manière à exposer à la lumière directe sa face inférieure, elle reprend sa position naturelle par une torsion de son pétiole, si sa lame n'est pas fixée. Ce renversement s'opère plus vite dans les feuilles à tissu délicat, que dans celles des arbres. Mais si la feuille est rendue immobile elle se fane et périt bientôt.

Dans le *Saule pleureur* les rameaux sont descendants, conséquemment les feuilles pour n'avoir point la face inférieure de leurs feuilles en haut, ont été obligées de se tourner.

Beaucoup de plantes aquatiques manquent de cuticule et conséquemment de stomates, mais dans ce cas les feuilles hors de l'eau se dessèchent très-promptement.

La lame est ordinairement divisée par un faisceau de fibres, qui la partage en deux parties le plus souvent semblables. Ce faisceau se nomme DORSALE ou fibre médiane.

Les deux moitiés de la feuille portent le nom de LAMELLES.

Toutes les fibres qui s'étendent de diverses manières dans la lame, ainsi que leurs nombreuses divisions et subdivisions, vont former le réseau fibrilleux (pl. IX. fig. 2.). Les fibres des feuilles sont ordinairement en relief en dessous et en creux sur la face supérieure (*Grande Ciguë*); plus rarement elles sont en relief en dessus et en dessous (*Petite ciguë,*

Persil.). Les intervalles qu'elles laissent sont comblés par les *utricules* ou parenchyme (pl. IX. fig. 3.). Elles ne sont pas disposées en une seule couche, mais superposées les unes aux autres, de manière à faire varier beaucoup l'épaisseur de la lame. Les utricules sont d'un blanc jaunâtre et on pense qu'elles sont colorées en vert par l'union du jaune pâle et du noir bleu, du carbone, déposé par la désunion des deux principes constituants de l'acide carbonique.

Le PÉTIOLE (pl. IX. fig. 1.) est un faisceau de fibres, qui, en s'épanouissant, forment, avons-nous dit, la partie la plus fréquemment plane que nous avons nommée *Lame*.

Lorsque les fibres s'épanouissent immédiatement en quittant la tige ou ses prolongements, sans former de pétiole apparent, la feuille est dite *Sessile*.

Le pétiole se dilate quelquefois à sa base de manière à entourer une partie de la tige (OMBELLIFÈRES); d'autres fois à cette dilatation se joint une prolongation telle qu'il forme une *gaîne* (GRAMINÉES, pl. X. fig. 3.), où est enveloppée une portion plus ou moins étendue de la tige.

Au point de jonction de cette gaîne avec la lame on observe souvent une membrane transparente que l'on nomme LIGULE, dont on tire de bons caractères.

Le pétiole affecte diverses formes; il est :

Cylindrique,

Comprimé, aplati d'un côté à l'autre (*Peuplier*).

Canaliculé, creusé en dessus d'un sillon.

Ailé, bordé d'une lame foliacée (*Oranger*, pl. XII. fig. 6.).

Nu, dépourvu de cette lame (*Lilas*).

On nomme STIPULES deux petits appendices foliacés, qui souvent accompagnent la base du pétiole. Ces organes sont si fixes qu'ils concourent par leur présence, à caractériser des familles (LÉGUMINEUSES, RUBIACÉES, pl. IX. fig. 4. 5 7.

pl. X. fig. 7.), par leur absence (LABIÉES, pl. IX. fig. 1. et pl. X. fig. 4. 6. 10.).

Elles sont :

Libres, c'est-à-dire qu'elles ne sont ni unies entre elles, ni au pétiole (MALVACÉES, GÉRANIACÉES, PASSIFLORÉES et pl. IX. fig. 4. 7.).

Unies entre elles à l'aisselle du rameau et de la feuille, comme dans le *Mélianthe élevé*.

Unies au pétiole, comme dans les *Rosiers*, les *Trèfles* (pl. IX. fig. 5.).

Semblables entre elles, comme dans les *Pois*, les *Pensées* (pl. IX. fig. 7.), les *Trèfles* (pl. IX. fig. 5.).

Dissemblables, comme dans le genre *Vesce*.

Engainantes, comme dans les POLYGONÉES (pl. VI. fig. 5.).

Découpées et imitant quelquefois parfaitement les feuilles et alors disposées en rayons, comme dans les RUBIACÉES DE L'EUROPE et surtout le genre *Gaillet* (pl. X. fig. 7.) (1).

La FEUILLE est dite SIMPLE (pl. X. ainsi que la pl. XI.), quelque profondément divisée qu'elle se présente, lorsqu'elle n'offre aucune articulation dans ses fibres. Ainsi les *Carottes, Panais, Céleri, Persil, Cerfeuil*, ont des feuilles simples. Leurs parties ne se désarticulent à aucune époque de leur vie.

La FEUILLE COMPOSÉE au contraire (pl. XII. fig. de 6 à 20.) présente une ou plusieurs articulations dans sa longueur, comme dans le *Robinier faux-acacia*, les *Rosiers*. Les *Orangers* et les *Citroniers*, quoique en apparence à feuilles simples, ont cependant une articulation au sommet du pétiole, qui permet à la foliole de se désarticuler; ils ont donc des feuilles composées.

On nomme FOLIOLES les parties qui à la fin de la vie de la feuille peuvent se désarticuler (*Rosiers*, et toutes celles des fig. de 7. à 20. pl. XII.).

(1) Les dénominations données aux feuilles peuvent s'appliquer aux stipules et à tous les organes de la nature de la feuille.

Lorsque dans une feuille composée, chacune de ses parties articulées ou folioles est portée sur un faisceau de fibres, imitant un petit pétiole, on lui donne le nom de PÉTIOLULE (pl. IX. fig. 6.). On se sert aussi par extension de cette expression pour désigner les supports des lobes des feuilles extrêmement divisées.

On nomme STIPELLES (pl. IX. fig. 6. *Sainfoin oscillant.*) les petits appendices que l'on observe quelquefois à la base des pétiolules ou des folioles.

Les fonctions principales des feuilles sont l'élaboration de la sève, qui comprend l'évaporation de la partie aqueuse en excès, la décomposition de l'acide carbonique, le dégagement de l'oxigène qui en résulte, l'absorption des vapeurs aqueuses et des gaz de l'atmosphère (1). Ces fonctions s'exécutent toutes sous l'influence de la lumière, soit solaire, soit artificielle. Elles ont pour agent principal les *Stomates* (pl. I. fig. 5. 6. 7.), qui sont ouverts (pl. I. fig. 6, les deux supérieurs) pendant que la plante est éclairée, et fermés (pl. I. fig. 6. l'inférieur) pendant l'obscurité.

NUTRITION DES PLANTES.

Nous connaissons les RACINES et les TIGES, nous avons poursuivi l'ordre du développement de ces organes composés; nous avons pris une idée générale des FEUILLES; nous avons indiqué leurs principales fonctions; il nous reste à exposer l'ensemble de la nutrition des végétaux.

Mais auparavant nous devons prendre quelque connaissance des milieux dans lesquels les plantes croissent.

Ces MILIEUX sont la *terre*, où s'étendent leurs racines et quelquefois une partie de leur tige; l'*air*, où tout le reste de la plante se développe, et enfin l'*Eau.*

(1) Voir pour les développements l'article NUTRITION.

La TERRE CULTIVABLE est un mélange pulvérulent de *carbonate de chaux* (1), de *sulfate de chaux* (2), d'*argile impure* (Silicate d'Alumine), (3) de *silice* (Oxide de Silicium), (4) de quelques autres minéraux en très-petites proportions, et de matières animales et végétales en décomposition (Terreau et Humus). Ces diverses matières, en proportions plus ou moins favorables à tel ou tel végétal, constituent notre sol. Il est entretenu et augmenté sans cesse par les molécules de substances minérales, et organiques que la percussion, le frottement, ou diverses autres causes réduisent en poudre. La plupart de ces substances sont insolubles ou très-peu solubles ; elles constituent un milieu dans lequel les plantes peuvent végéter, quand ces corps terreux et ceux qui forment l'atmosphère se trouvent en proportions convenables.

On dit qu'on AMENDE la terre lorsqu'on y ajoute une substance minérale qui s'y trouvait en trop petite quantité ou qui manquait totalement. Ainsi on amende un terrain calcaire en y ajoutant de l'argile ; on amende un sol siliceux en y mêlant de l'argile, de la chaux ; enfin on amende le sol argileux en y dispersant du sable.

(1) Aussi nommée *Pierre à chaux*, *Pierre à bâtir*, elle fait effervescence avec les acides, et calcinée forme la chaux vive, qui avec le sable constitue nos mortiers.

Les terres calcaires sont très-favorables à la végétation.

(2) Ou *Pierre à plâtre*; c'est elle qui au moyen de la calcination et de la pulvérisation forme le plâtre.

(3) Connue aussi sous les noms de *Terre à poterie*, *Terre à briques*, *Terre grasse*. Elle forme une pâte onctueuse mêlée avec l'eau, qu'elle abandonne difficilement et en se fendillant ; à une haute température elle prend une demi vitrification.

(4) C'est le sable de nos rivières ; de toutes les substances composant notre sol, c'est le terrain qui est le moins fertile ; il est insoluble à l'eau, ne peut se mouiller qu'à sa surface, tandis que l'eau pénètre les autres substances qui constituent nos terres arables.

On FUME la terre lorsqu'on ajoute aux diverses matières pulvérulentes que nous avons indiquées, des débris végétaux ou animaux plus ou moins décomposés ou bien suspendus dans l'eau.

Le sol a besoin en outre d'être convenablement divisé pour être rendu perméable à l'eau et à l'air.

L'AIR est un mélange de gaz oxigène et de gaz azote, tenant en suspension une quantité variable d'eau et d'acide carbonique, et en outre les vapeurs diverses qui peuvent s'y rencontrer accidentellement.

Le *gaz oxigène* est un corps simple qui, oxide les métaux ; donne l'âcreté à la plupart des acides ; il est indispensable à la respiration des animaux, il constitue un peu plus d'un cinquième de l'air, et se rencontre dans toutes les molécules végétales.

L'*azote* est un corps simple, impropre à la combustion, ne troublant pas l'eau de chaux ; il forme en grandes proportions les matières animales, même quelques substances végétales, il entre surtout dans les CRUCIFÈRES (*Chou, Moutarde*), et pour près des quatre cinquièmes dans l'air.

L'EAU se présente à nous dans trois états principaux. A celui de vapeur et de brouillard, elle humecte le sol et les feuilles, et est absorbée par elles. A l'état liquide, elle mouille la terre et la surface des végétaux, s'introduit particulièrement par leurs spongioles pour servir à la nutrition. A l'état de glace, elle ne peut agir que par le froid qu'elle produit, et qui souvent leur est nuisible.

Elle est formée d'hydrogène et d'oxigène dans un état de combinaison. Mais par sa décomposition dans la plante elle fournit l'hydrogène qu'on y trouve souvent en de grandes proportions, ainsi qu'une partie de l'oxigène.

Le *gaz acide carbonique* est impropre à la respiration et à la combustion, trouble l'eau de chaux, etc. ; il fournit aux plantes le carbone dont se composent toutes leurs parties solides. Il est formé d'oxigène et de carbone, se produit dans la respiration des animaux, qui le rejettent incessamment. On l'obtient aussi par la calcination du carbonate de chaux, par la fermentation, la putréfaction animale et végétale. Ce gaz est l'un des plus lourds, conséquemment il tend à occuper la partie la plus basse de l'atmosphère. Autant il est nuisible aux animaux, autant il est indispensable pour la vie végétale. Cependant il nuirait aux plantes s'il entrait dans l'air en proportion de plus de huit pour cent.

Ce gaz se produit aussi par le contact des plantes vivantes ou mortes avec l'oxigène.

Après cet aperçu sur le sol et sur l'atmosphère, qu'arrive-t-il aux végétaux qui leur sont confiés?

Nous avons vu, à l'article *Germination*, que la graine, placée dans la terre humide, en absorbe l'eau; qu'une partie de l'oxigène de l'air s'unit au carbone de la graine et forme de l'acide carbonique. Ainsi la graine fraîche, qui contient moins·de carbone que l'ancienne, germe beaucoup plus facilement et plus sûrement, n'ayant pas besoin de se décarboniser.

La racine tend à descendre perpendiculairement dans la terre, elle se couvre souvent d'un duvet de nombreuses et très-petites racines, qui s'anéantissent aussitôt que la racine primitive s'est manifestement ramifiée. L'eau, imprégnée de gaz et chargée de substances solubles ou extrêmement divisées, qu'elle tire soit de l'humus, soit de la terre, s'insinue à travers la peau de la graine, y détermine la germination, concurremment avec l'oxigène et le calorique, et sous le nom de *sève*, circule entre et à travers les utricules; le liquide nourricier est alors extrêmement aqueux et s'appelle *lymphe*.

A mesure que la racine s'enfonce dans la terre, ses nombreuses spongioles absorbent ce liquide. La tige et les feuilles se développent dans l'air : la sève y monte en se chargeant successivement des substances diverses qu'elle y rencontre.

Arrivée aux feuilles, sa portion la plus aqueuse devenant presque entièrement inutile, s'évapore, et il n'en reste plus dans la plante que les parties substantielles, que les forces vitales ont commencé à organiser. Cette portion de la sève, devenue plus ou moins épaisse, même visqueuse, prend le nom de *cambium*. La lymphe était montée par les couches annuelles de moelle et de bois nouveaux, le *cambium* redescend aux racines, principalement par l'écorce. Il forme toutes les parties nouvelles de la plante et consolide les anciennes. Si l'on fait une section circulaire à l'écorce d'un *arbre dicotylédoné*, un bourrelet se forme à la lèvre supérieure, tandis que l'inférieure n'augmente pas de volume; ce qui est une preuve évidente de la marche du cambium.

On a mis à profit cette observation pour hâter la maturité des fruits sur telle ou telle branche, en forçant la sève élaborée à s'y arrêter en plus grande quantité. Pour cela, après ou même pendant la floraison, on fait à l'écorce des incisions circulaires pour arrêter la marche descendante du cambium, mais la plante en souffre. Il ne faut donc le faire que lorsque l'année suivante on veut sacrifier l'arbre ou quelques-unes de ses branches. Ainsi la sève, introduite par les spongioles sous le nom de lymphe, s'élève par les utricules et entre elles, s'évapore en grande partie par les feuilles, et la partie organisée redescend sous le nom de *cambium*.

La sève est en mouvement toute l'année, mais d'une manière si peu sensible en hiver, qu'on la dit arrêtée.

La température des plantes semblerait devoir être égale à celle de l'air qui les entoure; mais en réalité elle est en rapport avec celle de la terre qui les nourrit. Ainsi en hiver lorsque l'air est à 6 ou 8 degrés sous 0, les arbres vivants, dans le tronc desquels on introduit la boule d'un thermomètre, indiquent plusieurs degrés au-dessus. La cause en est connue. Les racines plongent dans la terre à une profondeur souvent fort grande. Là, elles trouvent une chaleur bien supérieure à celle de la surface du sol. L'eau liquide monte dans le tronc, et y maintient sa température : la circulation de la sève, quoique faible, agit sur le développement des bourgeons, et il est facile de s'assurer qu'ils croissent de novembre à février.

Dans les contrées chaudes, où vivent les cocotiers, les naturels du pays en cueillent les fruits, qui, avant leur maturité, contiennent une grande quantité d'une espèce d'émulsion, nommée *Lait de Coco*. Ce liquide leur paraît toujours frais, car il conserve la température du sol, qui est de beaucoup inférieure à celle de l'atmosphère, par la même raison qu'elle lui est supérieure en hiver dans nos contrées.

Une autre cause qui fait que la température des arbres tient plus de la terre que de l'air ambiant, c'est que, chez eux, la communication du calorique a lieu facilement dans le sens des fibres, et très-difficilement dans le sens transversal, du centre à la circonférence, ou de la circonférence au centre, comme on le voit chaque jour dans le bois qui brûle au foyer.

Il est probable que la sève circule par les méats, et à travers les utricules qui les ont formés par leur adossement. Ces organes élémentaires sont extrêmement minces et très-perméables, et ils existent dans toutes les plantes.

Outre ce premier travail, il s'en opère encore un second. Le liquide, introduit dans la plante, contient de l'acide carbonique, qui, arrivé aux feuilles avec les autres parties de la sève, et mis en contact avec les rayons directs de la lumière, soit solaire, soit artificielle, se décompose : le carbone se dépose dans la plante, la colore, lui donne une partie de sa consistance; tandis que l'oxigène est versé dans l'atmosphère. Ce phénomène ne peut se passer qu'à la lumière, la décomposition de l'acide carbonique ne pouvant avoir lieu dans l'obscurité. Aussi privons-nous de lumière la *Chicorée,* le *Céleri*, les *Cardons*, pour les étioler (*blanchir*), et comme dans ce cas il n'y a pas de décomposition de cet acide, la plante reste blanchâtre. Le même phénomène a lieu dans nos *Choux*, nos *Laitues pommées*, etc. On trouve une quantité notable de carbone en brûlant la feuille très-verte d'une plante, tandis qu'on en aperçoit à peine quelques traces dans la feuille de la même plante lorsqu'elle est étiolée. D'après ce qui vient d'être dit, on doit s'attendre à trouver le plus de carbone dans l'organe où la décomposition de l'acide carbonique a lieu en plus grande quantité; aussi un demi kilogramme de feuilles sèches donne-t-il plus de calorique en brûlant qu'un poids égal de bois du même arbre également sec.

Tout le monde a remarqué (1) que les branches des plantes élevées dans les serres ou dans les appartements sont dirigées vers les croisées, que les rameaux des arbres des forêts tendent vers les clairières, que les jeunes pousses des plantes qui croissent à côté des murs s'en écartent, et qu'en général les végétaux semblent se diriger vers la lumière. Les anciens naturalistes et la plupart des agriculteurs ont attribué cet effet à ce que les plantes cherchent l'air libre. M. *Tessier* a démontré la fausseté de cette opinion par une expérience simple et ingénieuse. Il a placé des plantes vivantes dans une cave qui avait deux ouvertures: d'un côté, des soupiraux fermés par des vitrages donnaient passage à la lumière, et non à l'air; de l'autre, des soupiraux ouverts dans un hangar vaste et obscur donnaient passage à l'air, non à lumière. Si les plantes eussent cherché l'air, elles se seraient dirigées vers ces dernières ouvertures; mais elles se sont au contraire, toutes tournées du côté des soupiraux clos mais éclairés. Il est donc bien certain que, quand les plantes sont dirigées vers les croisées des maisons, ou les clairières des forêts, c'est la lumière et non l'air qui influe sur elles.

_____

(1) DECAND. phys. reg. 830.

Quelle est, en effet, la position d'une branche jeune et verte inégalement éclairée ? Du côté le plus exposé à la clarté, elle décompose plus d'acide carbonique, fixe plus de carbone dans son tissu, et conséquemment doit se solidifier plus vite. Au contraire, du côté le moins éclairé, elle décompose moins d'acide carbonique, fixe moins de carbone, et se solidifie moins promptement. Cet effet principal est encore corroboré, en ce que l'exhalaison aqueuse s'exécute beaucoup plus du côté éclairé, et il se dépose du côté de la lumière plus de matières terreuses, qui concourent davantage à solidifier les rameaux. Par conséquent, sous ce double rapport, les fibres doivent s'allonger davantage du côté le moins éclairé. Or, comme les deux côtés d'une branche sont inséparables, sa sommité doit se courber du côté qui s'allonge le moins, c'est-à-dire du côté de la lumière, et sa courbure doit être d'autant plus intense que l'inégalité des deux côtés sera plus grande. On peut reconnaître la vérité de cette explication sous deux rapports :

1° Elle est confirmée par toutes les lois connues de l'étiolement, et en particulier chacun sait que dans les espaliers, et généralement dans les végétaux adossés contre un corps opaque, le côté éclairé de chaque branche est plus coloré et le côté opposé plus pâle.

2° Elle se confirme encore par la nature des végétaux susceptibles d'être dirigés par la lumière. Ainsi, cette direction n'existe point dans les végétaux qui ne sont pas verts, tels que les CHAMPIGNONS, les *Cuscutes*, les *Orobanches*, et parmi ceux où elle est sensible, elle ne l'est que dans les jeunes branches encore susceptibles d'étiolement, et cesse de l'être dans les branches âgées.

La théorie aussi bien que l'observation démontre donc clairement que la direction des branches vers la lumière est un cas particulier des phénomènes de l'étiolement.

C'est à cette cause qu'on doit rapporter, outre les faits généraux cités :

1° La déclinaison des branches inférieures des arbres, qui est d'autant plus grande, que celles qui sont au-dessus d'elles sont plus touffues et plus étalées.

2° Les courbures extraordinaires que prennent certaines branches des forêts pour atteindre la clarté.

RÉSUMÉ DE LA NUTRITION.

En résumant ce que nous avons dit sur les organes de la nutrition et sur leurs fonctions, nous voyons :

1° Que les racines absorbent, au moyen de leurs spongioles, l'eau contenant en solution ou en suspension des matières terreuses, des substances végétales et animales, des gaz, et surtout l'acide carbonique, indispensable à la vie végétale.

2° Que ce liquide, nommé sève ou lymphe, parcourt la plante par les intervalles des utricules et à travers leurs parois, en se chargeant d'une partie des molécules nutritives qu'elle y trouve déposées.

3° Que arrivée aux parties vertes, l'excès d'humidité qui n'avait été nécessaire que pour l'extrême division et l'introduction des matières terreuses, s'évapore.

4° Que cette évaporation est en raison directe du nombre des stomates, qui occupent les organes verts.

5° Que les feuilles servent, non seulement à l'émanation aqueuse et gazeuse, mais que dans d'autres circonstances, et surtout de nuit, elles absorbent les liquides et les gaz.

6° Que l'acide carbonique est introduit par les racines, ou par les feuilles, ou bien formé par l'oxigène absorbé, qui se combine dans la plante avec le carbone.

7° Que ce gaz est décomposé dans les parties vertes par

l'action directe de la lumière; que le carbone est fixé, qu'il produit la coloration et la solidification du végétal, tandis que l'oxigène se dégage dans l'atmosphère.

8° Que si l'acide carbonique n'est pas décomposé, la plante est étiolée.

9° Qu'après l'élaboration de la sève par les parties vertes, elle a acquis de la consistance, qu'elle descend principalement par l'écorce et va consolider et créer les tissus.

10° Enfin, que, arrivée aux extrémités des racines, celles-ci exsudent les parties qui leur sont nuisibles.

Mais revenons aux feuilles, et, après avoir étudié leurs fonctions, entrons dans quelques détails sur leurs diverses modifications, leur position, leurs fibres, leurs formes; en un mot, mettons-nous en état de nous rendre compte des différences qu'elles présentent entre elles, et cherchons à en tirer des caractères distinctifs.

Nous avons vu que la *feuille simple* (pl. IX. fig. 1. 2. 3. 4. 7, pl. X. XI et pl. XII. fig. 1 à 5.), est formée d'une lame et d'un pétiole plus ou moins visibles, mais qui ne peuvent pas se séparer l'une de l'autre.

La *feuille composée* (pl. IX. fig. 5. 6. et pl. XII. fig. de 6 à 20.), au contraire, est formée d'une ou de plusieurs folioles susceptibles de se désarticuler du pétiole à la fin de la végétation.

Les feuilles peuvent être distinguées selon:

1° Le milieu qu'elles occupent.
2° Leur point de départ.
3° Leur disposition relative.
4° Leur fibration.
5° Leur direction.
6° Leur consistance.
7° Leur durée.
8° Leur forme.

9° Leur bord.
10° Leur base.
11° Leur sommet.
12° Leur expansion.
13° Leur surface.
14° Leur composition.

1° Milieu.

Les feuilles sont.

Aériennes, les feuilles ordinaires.

Aquatiques, celles qui sont constamment en contact avec l'eau. Parmi elles on distingue les feuilles : *Submergées* (*Potamogeton*) et les feuilles *Flottantes* (*Nymphée*).

Souterraines, certaines feuilles cotylédonaires (*Pois*, *Vesce*) et quelques feuilles de tiges rampantes (*Chiendent*).

2° Point de Départ.

La feuille ne prend jamais naissance que des parties latérales de la tige ou de ses ramifications, elle ne part jamais de la racine.

On nomme :

Inférieures, celles qui naissent au nivean de la terre ou peu au-dessous. Alors elles forment souvent une rosette sur le sol (*Paque-rette*, *Dent-de-lion*).

Moyennes, celles qui naissent au-dessus de la terre sur la longueur de la tige.

Des rameaux, celles qui partent des ramifications de la tige.

3° Disposition relative.

La disposition des feuilles présente l'un des caractères les plus stables, et conséquemment les plus importants.

Elles peuvent être :

Alternes, ne naissant pas sur le même plan horizontal, ou, autrement, dit n'étant pas placées l'une vis-à-vis de l'autre (pl. IX. fig. 4. 5. 7. pl. X. fig. 1. 2. 4. 5. 19. 20.).

Distiques, lorsque les feuilles sont disposées alternativement sur deux rangs opposés, ou quelquefois, quoique spiralées par leur point de départ, elles sont déjetées sur deux rangs (*Sapin*. pl. X. fig. 5.).

Opposées, ou *en vis-à-vis*, lorsque deux feuilles naissent des deux côtés de la tige ou des rameaux, mais sur le même plan horizontal.

Cette position est souvent propre à des familles entières (pl. X. fig. 6. 7. 8. 13. 14. 15. 16. 17. 18.).

Opposées-croisées, lorsque les deux feuilles qui sont au-dessus d'elles et au-dessous se croisent à angles droits (LABIÉES, *Sauge*, *Mélisse* et pl. X. fig. 8* 9.).

Verticillées, disposées comme les rayons d'une roue, autrement dit, s'il naît plus de deux feuilles sur le même plan horizontal (pl. X. fig. 10.). Cette disposition qui semble toujours exister dans les parties florales n'y est jamais qu'apparente; tandis qu'elle existe réellement dans certaines feuilles (*Laurier-rose*), mais elle est rare. Dans bien des cas on prend pour verticillées des feuilles opposées, sur les côtés desquelles naissent des stipules, qui ont la même forme et la même grandeur qu'elles-mêmes (RUBIACÉES d'Europe, telles que *Garance*, *Gaillet*.). Dans ces cas embarrassants il n'y a de feuilles réelles que celles à l'aisselle desquelles naissent des ramifications. Les autres sont des *stipules* découpées, souvent aussi grandes que des feuilles. En cas qu'un seul rameau parte de l'une des aisselles de vraie feuille, l'organe foliacé placé vis-à-vis est la feuille opposée. Il n'y a jamais d'incertitude que lorque l'un des rameaux avorte dans nos RUBIACÉES EUROPÉENNES. Il est bon d'indiquer le nombre des feuilles qui constituent le verticille, et dans les cas où il serait variable on doit indiquer les nombres extrèmes.

Imbriquées ou **entuilées**, appliquées les une sur les autres, de manière à couvrir les feuilles placées au-dessus (*Genèvrier-Sabine*, *Thuya* et pl. X. fig. 12.).

Fasciculées ou **en faisceau**, plusieurs feuilles naissant très-près les unes des autres, de manière à former une espèce de pinceau (Rameaux non vigoureux du *Mélèze* pl. X. fig. 11.).

4° Fibration.

Nous avons vu que les fibres du pétiole, parvenues à la base de la feuille, s'écartent ordinairement les unes des autres. Dans les *Dicotylédonés* (pl. IX. fig. 1. 2. 3. 4. 5. 6. 7. etc.), elles se divisent plusieurs fois, puis se rapprochent en courbes diverses et forment un réseau très-élégant (pl. IX. fig. 2.), souvent visible par transparence dans l'état frais, et qui dans la feuille morte peut être mis à nu au moyen de la macération ou de la percussion. Par le premier de ces procédés les utricules se trouvent décomposées; par le second on les enlève en petites lames.

Les caractères tirés de la fibration des feuilles sont beaucoup plus importants pour la classification que ne l'est leur forme; telle ou telle fibration signalant souvent une famille.

Les feuilles peuvent être à fibres :

Ramifiées, disposition qui caractérise les *Dicotylédonés*, mais qui présente plusieurs modifications importantes (pl. IX. fig. 1. 2. 3. etc. *Lilas*, *Pommier*.).

Pennées, Le pétiole se prolonge en dorsale jusqu'au bout de la lame et donne successivement des fibres à droite et à gauche (*Poirier* et pl. X. fig. 1. et pl. XII. fig. 1. 3. 4. 5. 6. 13. 14. 15. etc.).

Rayonnantes, lorsque les fibres se dirigent de tous les côtés en rayonnant du sommet du pétiole (*Capucine*, *Ricin*.). Dans ce cas le pétiole se perd dans la face inférieure de la feuille, et ses fibres ne rayonnent pas du bord (pl. XI. fig. 3. 15. 32.).

Palmées, si les fibres se dirigent de manière à imiter une main, dont les doigts seraient étalés. Dans ce cas le sommet du pétiole épanouit ses fibres vers le bord de la feuille (*Erable*, *Vigne*, et pl. [IX. fig. 1. 4. pl. XI. 31.).

Pédalées, lorsque les fibres se divisent d'abord au sommet du pétiole en deux branches, d'où partent plus ou moins parallèlement toutes les autres (*Hellébore*, pl. XI. fig. 5.).

Convergentes, les fibres courent dans un même sens en lignes plus ou moins courbées, mais sans se ramifier. Cette disposition caractérise les MONOCOTYLÉDONÉS (*Blé*, *Orge*, *Maïs*, pl. X. fig. 3. et pl. XI. fig. 1.).

5° Direction.

Les feuilles sont :

Dressées, ou ascendantes (pl. X. fig. 17.).

Horizontales, de manière que le sommet ne soit pas plus élevé que la base (pl. X. fig. 6. 7. 9. 10. 19.).

Étalées, tenant le milieu entre les deux positions précédentes (pl. X. fig. 2. 5. 8* 18.).

Infléchies, courbées en haut et en dedans (pl. X. fig. 15).

Réfléchies, dirigées en bas, souvent avec une certaine rigidité (pl. X. fig. 8.).

Pendantes, de manière à présenter de la souplesse, qui permette au sommet de se diriger en bas (pl. X. fig. 20.).

Obliques, presque toujours la feuille présente une face supérieure et l'autre inférieure; mais quelquefois elle est placée plus ou moins obliquement de manière que l'un des bords est plus élevé que l'autre (*Cigue vireuse.*).

6° Consistance.

Les feuilles sont dites :

Herbacées, faibles, minces (*Blé*).

Membraneuses, minces et transparentes.

Scarieuses, minces, sèches, et bruyantes sous les doigts.

Coriaces, d'une consistance ferme et un peu épaisse (*Laurier*).

Molles ou **oléracées**, faciles à déchirer vu le peu de résistence des fibres et du tissu utriculé (*Capucine*, *Epinard.*).

Charnues, épaisses et remplies de suc (*Joubarbe*, *Aloès.*).

7° Durée.

Tombantes, n'existant que quelques mois sur la plante, se désarticulant aux gelées (*Poirier*, *Mûrier*, *Mélèze.*).

Marcescentes, persistantes (quoique sèches) jusqu'au moment où les nouvelles se développent (*Chêne*, *Charme.*).

Persistantes, restant vertes sur la plante pendant deux ou trois ans, et ne tombant que successivement lorsque les nouvelles paraissent (*Oranger*, *Buis*, *Pin,*).

8° Forme.

Par ce mot on entend seulement la circonscription générale, abstraction faite des diverses découpures des bords de la feuille.

Orbiculaire, ou arrondie (*Capucine* pl. XI. fig. 15.).

Réniforme ou **en Rein**, large, courte et échancrée à sa base (*Lierre terrestre* et pl. XI. fig. 4.).

Cordiforme ou **en Cœur**, plus longue que large, échancrée à sa base et se rétrécissant vers le sommet (*Violette velue* et pl. XI. fig. 7.).

Obcordée, plus longue que large, plus étroite à la base qu'au sommet qui est échancré (pl. XII. fig. 9. foliole et pl. III. fig. 3. cotyl. pl. IV. fig. 7. foliole.).

En Croissant, lorsque la forte courbure des bords rend le sommet très-voisin de la base (pl. XI. fig. 8.).

En Flèche, lorsque la base offre deux lobes pointus et écartés l'un de l'autre (*Sagittaire* pl. XI. fig. 10.).

Ovale, obtuse aux deux extrémités, mais un peu plus étroite au sommet (pl. XI. fig. 11 et 22.).

Obovale, plus large au sommet qu'à la base (pl. XI. fig. 12.).

Oblongue, plus allongée que l'ovale et plus étroite (pl. XI. fig. 13.).

Lancéolée, ovale avec un sommet plus pointu (pl. XI. fig. 14.).

Spatulée, étroite vers le bas, et s'élargissant vers le sommet, qui est obtus (pl. XI. fig. 16.).

En Coin, finissant insensiblement en pétiole par deux lignes presque droites, qui viennent se rencontrer (pl. XI. fig. 17.).

Linéaire, extrêmement étroite et allongée (pl. XI. fig. 18. et *Linaire commune*.).

En Alène ou **Subulée**, étroite, rigide et très-pointue (pl. XI. fig. 19.).

Sétacée, extrêmement étroite et roide (pl. XI. fig. 20 et *Pin du Lord*.).

Filiforme, très-étroite et très-longue, mais sans rigidité.

En Faux, étroite et courbée sur les bords (pl. XI. fig. 21.)

A Lamelles égales, (*Lilas* et pl. XI. fig. 7. 11. 12. 13. 14. 17. 25. 26 et pl. XII. fig. 3. 4. 6.).

A Lamelles inégales (*Tilleul*, *Orme* et pl. XI. fig. 22.).

Triangulaire (pl. XI. fig. 23.).

Quadrangulaire (pl. XI. fig. 24. *Châtaigne-d'eau*.).

En Violon, ovale et présentant sur les côtés deux échancrures, arrondies, de manière à imiter le corps d'un violon (*Oseille élégante*, pl. XI. fig. 25.).

Lyrée, lobée latéralement et terminée par un lobe plus large que les latéraux (pl. XI. fig. 26.).

Palmatilobée, dont les fibres sont palmées, et la lame découpée, de manière à imiter la main ouverte (pl. XI. fig. 3. 29. 31.).

Palmatifide, fibres et découpures de la précédente, mais plus profondes (pl. XI. fig. 32.).

Palmatipartie, très-profondément découpée et fibrée comme les deux précédentes, mais de manière à imiter une feuille composée. Chacun des lobes peut lui-même être diversement découpé (pl. XI. fig. 33.).

Pédalée, présentant deux découpures principales, desquelles partent un certain nombre de lobes presque parallèles, de manière à imiter la disposition des orteils. Suivant la profondeur des découpures, la feuille peut recevoir les dénominations de PÉDATILOBÉE, PÉDATIFIDE et de PÉDATIPARTIE (pl. XI. fig. 5. *Hellébores.*).

Pennatilobée, découpée de manière à présenter des lobes marqués, disposés sur deux rangs (pl. XI. fig. 34.).

Pennatifide, découpée de la même manière que la précédente, mais plus profondément (pl. XI. fig. 35.).

Pennatipartie, découpée latéralement et si profondément qu'on la prendrait pour une feuille composée (*Pennée*, pl. XI. fig. 36.).

Roncinée ou **en Serpe**, anguleusement lobée, et dont les sommets des découpures sont recourbées vers la base (*Dent-de-Lion*, pl. XI. fig. 27.).

9. Bord.

Entière, sans aucune découpure, ni dents (*Lilas*, et pl. XI. fig. 1. 7. 8. 10. 11. 12. 13. 14. 16. 18. 19.).

Roulée en dessus, (pl. X. fig. 13.).

Roulée en dessous (*Romarin* et pl. X. fig. 14.).

Érodée, inégalement et faiblement entamée (pl. XI. fig. 6.).

Lobée ou **Sinuée**, découpée en lobes arrondis, qui n'atteignent pas une grande profondeur (pl. XI. fig. 28. 29. 30. 31).

Festonée ou **Crénelée**, comme découpée en lobes égaux entre eux (*Mauves* pl. XI. fig. 4. et pl. XII. fig. 1). Ces lobes sont quelquefois eux-mêmes festonnées et alors la feuille est nommée DOUBLEMENT FESTONNÉE OU DOUBLEMENT CRÉNELÉE.

Dentée, garnie de dents à angles droits, et qui ne sont dirigées ni vers le sommet, ni vers la base de la feuille (pl. XI. fig. 17. 24.).

Denticulée, bordée de dents très-fines et nombreuses (pl. XI. fig. 23.).

Serretée, ou **en Scie**, à dents inclinées vers le sommet de la feuille (pl. XI. fig. 3.).

Obserretée, garnie de dents inclinées vers la base de la feuille.

Doublement Serretée, à dents inclinées, et elles-mêmes serretées (pl. XII. fig. 3.)

Serrulée, en scie à dents miscroscopiques dirigées vers le sommet (pl. XI. fig. 3.).

Frangée, découpée en lanières étroites.

10. Base.

Entière, sans échancrure (pl. XI. fig. 1. 12. 13. 14. 16.).

Échancrée (pl. XI. fig. 3. 4. 7. 10. 25. 31. 32. 33 et pl. XII. fig. 3.).

Entourante, sans pétiole et dont la base enveloppe une portion du rameau (pl. X. fig. 2.).

Engaînante, servant de gaîne à la tige ou au rameau (GRAMINÉES pl. X. fig. 3.)

Perfoliée, qui semble traversée par le rameau que la base entoure complètement (pl. XI. fig. 9.).

Unie, sans pétiole et accolée à la feuille opposée (*Chèvrefeuille-des-jardins*, pl. X. fig. 8.).

Décurrente, dont la lame de la feuille se prolonge sur la tige au-dessous de l'angle formé par le rameau et la feuille (pl. X. fig. 8*).

11. Sommet.

Obtuse, arrondie au sommet (pl. XI. fig. 11. 12. 16. 25. 26.).

Pointue, terminée insensiblement en pointe, par la rencontre de deux lignes inclinées presque droites (pl. XI. fig. 17. 18. pl. XII. fig. 4.).

Acérée, finissant en pointe dure et piquante (pl. XI. fig. 19.).

Acuminée, terminée par une pointe plus ou moins longue, occasionnée par la courbure rentrante des deux bords, et non par la rencontre de deux lignes droites (pl. X. fig. 1. pl. XI. fig. 7. 14.).

Mucronée, terminée brusquement par une pointe courte et ferme. Ce caractère peut appartenir aux feuilles légèrement pointues ou obtuses.

Rétuse, ou échancrée, présentant au sommet une très-légère échancrure (pl. XI. fig. 22.).

Bilobée, lorsque l'échancrure du sommet présente deux lobes bie prononcés (Pl. XI. fig. 6. 28.).

Bifide, lorsque l'échancrure du sommet s'étend plus profondément.

12. Expansion.

Plane, celle qui présente deux faces sans aucune flexion (*Lilas.*).

Concave, ou creuse en dessus.

Convexe, bombée en dessus.

Carénée, pliée sur la dorsale en forme de navire.

En sabre, celle dont les deux lamelles sont unies l'une à l'autre, si ce n'est à la base (*Iris.*).

Triquêtre, à trois faces et trois bords, et dont la coupe transversale présente un triangle (quelques FICOÏDES.).

Demicylindrique, dont la coupe transversale est demi circulaire.

Cylindrique, dont la coupe transversale est circulaire (*Jonc*, quelques FICOÏDES.).

Striée, présentant des lignes longitudinales en creux et en saillie.

Cannelée, creusée de sillons plus larges et plus profonds que les Stries.

Ridée, dont la surface est relevée de boursoufflures nombreuses (les feuilles des *Sauges*, les graines des *Aconits*.)

Rugueuse, relevée de très-petites inégalités, souvent invisibles à l'œil nu, et produites par de très-petits replis ou poils, ou enfin par des glandes microscopiques.

Bullée ou cloquée, relevée de bullations bien prononcées (*Laitue-Pommée, Rosier à feuilles cloquées.*)

Ondulée, dont les bords surtout présentent des flexuosités imitant des ondes.

13. Surface (1).

Lisse, sans aucune inégalité, ni poils, ni protubérances, ni sillons (*Lilas, Jacinthes.*).

Luisante, comme vernie (*Laurier-cerise, Magnolia.*).

Glabre, sans poils (*Lilas, Jonquille.*).

Veloutée, couverte de très-petits poils droits, serrés, doux au toucher, mais sans éclat.

Velue, parsemée de poils écartés plus ou moins longs. (C'est le mot opposé à glabre, mais non à lisse.)

Soyeuse, présentant des poils fins, serrés, brillants et appliqués (*Saule Osier.*).

(1) Toutes les dénominations de cette division s'appliquent aux divers organes des plantes, et plusieurs d'entre elles peuvent être réunies dans la même phrase, ainsi une feuille peut être (en même temps) lisse, glabre et luisante, ou bien rugueuse, glabre et luisante.

Incane, couverte de poils fins courts, d'un blanc mat (*Saule incane*.).

Cotonneuse ou tomenteuse, recouverte de poils fins, longs et entrelacés (*Saule des chèvres*.).

Laineuse, à poils longs et grossiers (*Molène*.).

Barbue, garnie de longs poils raides et gras.

Ciliée, portant des poils sur les bords.

Furfuracée, revêtue de lames écailleuses, minces, presque transparentes, sèches (quelques rameaux-feuilles de FOUGÈRES.).

Hispide, présentant des poils raides, minces, et un peu piquants.

Aiguillonnée, hérissée d'appendices piquants, droits ou crochus, qui, en se détachant, laissent une cicatrice sur la surface qu'ils occupaient. Les aiguillons sont des prolongements utriculeux de l'écorce (*Rosiers*.).

Épineuse, hérissée sur les bords ou la surface, de piquants qui font corps avec l'organe qui les porte, et dont ils ne peuvent se détacher sans en rompre les fibres (les feuilles du *Houx* pl. XII. fig. 5. de *l'Épine Vinette*, le fruit des *Datures*, les rameaux du *Prunier épineux*, du *Poirier sauvage*,).

Ponctuée, garnie de petits points. Il est nécessaire d'indiquer si ces points sont en creux ou en saillie.

Glanduleuse, portant des glandes soit à la surface, soit enfoncées dans le tissu. Ces glandes peuvent être sessiles comme dans les LABIÉES, ou pédicellées comme dans les *Rosiers*. Il est aussi souvent nécessaire de décrire leur forme. Quelquefois ces glandes sont demi transparentes et font paraître les feuilles trouées (*Millepertuis*, *Orangers*.).

Verruqueuse, lorsqu'une surface est relevée de saillies plus ou moins grosses, relevées elles-mêmes d'autres petites inégalités, comme les verrues (écorce de l'*orange*, du *citron*, celle des tiges du *Fusain verruqueux*.).

Trouée, lorsque le réseau fibreux d'une feuille n'est pas complètement comblé par les utricules. Ce cas est très-rare, mais on l'applique improprement aux feuilles présentant dans leur épaisseur des glandes transparentes, qui les font paraître trouées (*Millepertuis*, *Orangers*.)

Visqueuse, couverte d'une exsudation gluante (*Robinier visqueux*, *Silène*, *Atrappe-Mouche*.).

Glaucescente, recouverte d'une exsudation cireuse, que l'on

nomme le *glauque* (*Prune* , *Raisin* , *Ricin* , *Cirier de la Louisiane.*
On extrait de cette dernière plante la cire verte de la Louisiane.).

Colorée , d'une couleur autre que le vert , qui est si fréquent dans la nature qu'on ne le mentionne pas. Nous ne croyons pas devoir désigner ici toutes les couleurs , elles sont assez connues.

Tachetée , présentant de petites taches diversement colorées.

Panachée , bigarrée de couleurs inégalement étendues (*Pied-de-Veau d'Italie.*). Beaucoup de cas de panachures sont produits par un état maladif des utricules (*Sureau* , *Chèvrefeuille* , etc.). On ne peut conserver ces états accidentels que par la *greffe* , la *bouture* ou la *marcotte.*

Rubanée , peinte de lignes colorées , probablement par un état maladif. Cet état ne s'observe que dans les MONOCOTYLÉDONÉS , qui ont des utricules disposées parallèlement entre les fibres.

DE LA FEUILLE COMPOSÉE.

Nous avons vu que la *feuille* est *simple ,* lorsque, soit entière , soit lobée , ou même profondément divisée , ses fibres sont continues dans toute leur longueur, c'est-à-dire, qu'aucune partie ne peut s'en détacher naturellement (*Poirier , Persil*).

La *feuille composée* , au contraire , est celle qui présente un ou plusieurs points où les folioles peuvent se désarticuler (*Rosiers* , *Robinier faux-Acacia , Sensitive*). Ces points sont des nœuds utriculaires que l'on reconnait à un renflement presque toujours apparent du pétiolule , et sur lequel la foliole se fléchit au coucher et au lever du soleil.

Il n'est pas toujours facile dans la pratique de décider si une feuille , à divisions profondes , est simple ou composée ; mais avec un peu d'habitude dans l'observation on se trouve guidé par l'analogie ; car il est des familles entières dont les espèces ont pour la plupart des feuilles composées , comme les LÉGUMINEUSES (*Haricots* , *Sensitives*), les HIPPOCASTANÉES (*Maronier d'Inde*); tandis que d'autres les ont simples , quoique extrêmement découpées, mais sans articulations, telles que les OMBELLIFÈRES (*Carotte*, *Persil*).

Les feuilles composées ont, comme les simples, leurs fibres soit *pennées* (*Robinier faux-Acacia*, et pl. XII, fig. 13. 14. 15.), soit *palmées* (*Trèfle*, pl. XII, fig. 9.); soit *rayonnantes* (*Lupin.*). On n'y a pas encore observé la disposition *pédalée*.

La foliole terminale pétiolulée, tandis que les latérales sont sessiles, indique que la feuille présentant trois folioles appartient aux feuilles à *fibres pennées*. Les *Luzernes* sont dans ce cas, quoiqu'elles n'aient que trois folioles : ce qui le prouve, c'est une déformation de la *Lupuline*, où cette plante avait cinq *folioles pennées*; ainsi s'est réalisée l'idée qu'un naturaliste eut d'après la seule théorie sur la foliole terminale pétiolulée.

Si la foliole terminale, au contraire, est sessile, comme dans les *Trèfles*, il faut ranger la feuille parmi celles à *fibres palmées*, car c'est cette disposition qu'affectent les folioles du *Trèfle* lorsqu'elles présentent une quatrième ou une cinquième foliole.

Nous devons donc aussi considérer la fibration comme caractère de première importance dans les feuilles composées, et les ranger sous trois divisions.

1. Feuilles composées, à fibres pennées.

On nomme la feuille :

Pennée, lorsque sur un pétiole commun se trouvent immédiatement des folioles placées latéralement (*Rosier*, *Robinier faux-Acacia*, et pl. XII. fig. 13. 14. 15.).

Bipennée, lorsqu'un pétiole commun se bifurque et que les deux rameaux secondaires portent chacun des folioles (*Sensitive*, pl. XII. fig. 18.).

Tripennée, lorsque le pétiole se bifurque deux fois et que la dernière ramification porte les folioles.

Les feuilles diversement pennées peuvent aussi être :

Pennée avec impaire, lorsque le pétiole est terminé par une foliole (Rosier, Haricot, et pl. XII. fig. 8. et 15.).

Pennée avec vrille, lorsque la foliole terminale, étant réduite à ses fibres sans parenchyme, elles se contournent en spirales sur les corps voisins (*Gesse, Pois*).

Pennée sans impaire, lorsque la feuille composée est brusquement terminée (*Casses*, et pl. XII. fig. 13. Les MIMOSÉES pl. XII. fig. 18 et 20.).

D'ailleurs ces folioles peuvent être dans la plupart des cas cités ou opposées (pl. XII. fig. 18.), et alors on indique souvent le nombre de paires de folioles, ou alternes (pl. XII. fig. 15.).

Pennée trifoliolée, la foliole terminale est alors petiolulée (*Haricot* pl. XII. fig. 8. et *Luzernes*.).

Pennée bitrifoliolée, lorsque le pétiole commun, trifurqué, porte trois folioles à chaque extrémité.

Pennée tritrifoliolée (pl. XII. fig. 19.), lorsque le pétiole commun, deux fois trifurqué, porte à chaque extrémité trois folioles, dont la terminale est plus manifestement pétiolulée que les deux autres.

* 2. Feuilles composées à fibres palmées.

Palmée trifoliolée, comme dans les *Trèfles* (pl. XII. fig. 9.).

Palmée quinquéfoliolée, plusieurs *Potentilles*.

Palmée septemfoliolée, quelques espèces de *Potentilles* (pl. XII. fig. 12.).

* 3. Feuilles composées à fibres radiées ou peltées.

Peltée quadrifoliolée (pl. XII. fig. 10.).

Peltée quinquéfoliolée, à cinq folioles naissant du sommet du pétiole en rayonnant (*Marronnier d'Inde.*).

Peltée multifoliolée (quelques *Marronnier d'Inde* et surtout les espèces du genre *Lupin*.).

Il est quelques feuilles composées à deux folioles, qui sont alors vis-à-vis l'une de l'autre (pl. XII, fig. 7.). Dans quelques genres de LÉGUMINEUSES ces deux folioles s'unissent en partie et ne paraissent plus qu'une feuille bilobée (*Bauhinia*). L'union est plus intime encore dans le genre *Gainier* ou *arbre de Judée*, car les deux folioles ne forment plus qu'une large feuille en cœur.

D'autres exemples bien marqués d'union s'observent dans le genre *Gleditschia* (pl. XII, fig. 16. 17.), dont les jeunes pieds sont ordinairement les feuilles doublement pennées et n'offrent que des unions partielles de folioles, tandis que dans les individus âgés, les feuilles sont simplement pennées.

Les folioles ne sont pas accompagnées ordinairement d'appendices ou stipelles, cependant le *sainfoin oscillant* (pl. IX, fig. 6.) en présente. Ces cas sont rares, et ne se rencontrant pas dans nos plantes européennes.

SOMMEIL DES FEUILLES.

Dès le seizième siècle on avait remarqué que, dans certaines plantes à feuilles composées, telle que la *Réglisse* et le *Tamarin*, les folioles se repliaient le soir sur le pétiole et se rouvraient le matin. *Linné* fit sur ce phénomène de nouvelles observations, et, dans son style poétique il lui donna le nom de *Sommeil des feuilles*.

Les mouvements de sommeil et de réveil des feuilles ont été observés dans tous les états hygroscopiques de l'air; ils ont eu lieu dans les serres, où les changements de température et d'humidité sont presque nuls, ils ont été constatés même sous l'eau.

C'est sur les articulations des folioles, et quelquefois sur celle de la base du pétiole, que la flexion s'exécute. Une foliole coupée en deux s'incline et se redresse comme celles qui n'ont point été blessées, pourvu que l'articulation soit intacte.

Ces articulations présentent une grande quantité d'utricules placées bout à bout, et il parait que ce sont elles qui jouent le rôle principal dans ces mouvements.

La lumière en est probablement la cause la plus directe ; car, au moyen de la lumière naturelle ou artificielle, et de sa privation, on peut à volonté faire veiller ou dormir les plantes (voir l'article éclosion des fleurs).

Les excès de température, en agissant sur la santé des végétaux, peuvent seuls empêcher ce phénomène d'avoir lieu.

Voici la position que prennent les folioles de quelques feuilles composées, que l'on peut facilement observer dans nos jardins.

Le *Trèfle blanc* et *celui des prés,* les *Oxalis*, baissent le sommet de leurs folioles dès l'approche de la nuit ; celles des *Mélilots*, au contraire, s'élèvent ; le *Baguenaudier* tend à les appliquer l'une contre l'autre, par leur face supérieure ; le *Robinier faux-Acacia*, les *Casses*, la *Réglisse* les baissent de manière à mettre en regard les faces inférieures ; la *Sensitive* les imbrique sur le pétiole.

On signale aussi certains mouvements opérés sur la base du pétiole de quelques feuilles simples.

EXCITABILITÉ DES FEUILLES.

Plusieurs plantes offrent un autre phénomène non moins remarquable, c'est l'espèce d'excitabilité que le contact et les agents chimiques produisent sur quelques unes de leurs parties. C'est encore dans l'intéressante famille des LÉGUMINEUSES, l'une des plus impressionnables par la lumière, que nous trouvons ces symptômes apparents de sensibilité.

La *Sensitive*, au moindre choc, au moindre mouvement de l'air, entuile ses folioles et se fléchit brusquement sur la base tuméfiée de son pétiole. Si on la laisse immobile, et qu'une chaleur et une lumière convenables l'entourent, ses molles et gracieuses folioles se redressent et s'étendent de nouveau.

La *Sensitive* peut, jusqu'à une certaine limite s'accoutumer au mouvement (1). Ainsi, M. DESFONTAINES ayant mis un vase de cette plante dans une voiture, la vit fermer et abattre toutes ses feuilles dès que la voiture commença à rouler sur le pavé : peu à peu la plante releva les feuilles et rouvrit les folioles, quoique le mouvement de la voiture continuât. On arrêta, et après quelque temps de repos on la remit en mouvement : alors la *Sensitive* se referma comme la première fois, pour se rouvrir pendant la marche : on obtint le même résultat, chaque fois qu'on interrompit le mouvement.

Les excitations chimiques peuvent suppléer aux excitations mécaniques, mais avec danger pour la plante. Lorsqu'on est parvenu à placer une goutte d'eau sur une feuille de *Sensitive* sans exciter aucun mouvement, si l'on substitue à l'eau une goutte d'*acide azotique* ou d'*acide sulfurique*, les folioles se ferment, le pétiole s'abaisse, et graduellement les autres feuilles, supérieures à la feuille touchée, s'appliquent les unes sur les autres, sans que les feuilles placées au-dessous en aient éprouvé le moindre effet. Ainsi l'action irritante de l'acide se communique de la feuille à la tige, et suit une direction ascendante. La feuille et la partie de la tige placées au-dessus, ainsi que les autres feuilles qu'elle porte, périssent après cette opération.

On peut ralentir les mouvements de la *Sensitive* et de la plupart des organes mobiles des plantes, en leur faisant absorber soit des poisons narcotiques, comme l'opium, soit des poisons irritants. Il est difficile de ne pas voir dans cette série de faits, la preuve manifeste de la force vitale des végétaux.

La *Dionée attrape-mouche,* plante des marais de l'Amérique boréale, et qui appartient à la famille des DROSÉRACÉES, a des feuilles disposées en rosette sur le sol, elles sont bordées de longs cils, leur surface supérieure, qui est lisse et glabre,

____

(1) Decand. physiol. végét. p. 863.

est tellement excitable que le moindre contact, la seule marche d'un insecte fait appliquer l'un contre l'autre les deux lamelles de la feuille ; et chaque mouvement de l'animal fait resserrer sa prison. C'est seulement lorsqu'il reste immobile que les lamelles s'écartent, et s'il est assez adroit pour s'élancer rapidement il est sauvé.

Un phénomène non moins inexplicable de mobilité, s'observe sur le *Sainfoin oscillant* ou *Desmodie oscillante* (pl. IX. fig. 6.). Ici les mouvements sont continus et sans cause connue. Cette singulière LÉGUMINEUSE du Bengale, que nous voyons végéter quelquefois dans nos serres, présente des feuilles à trois folioles, une terminale grande et et deux latérales opposées très-petites. Lorsque la plante est placée dans une température élevée, les folioles latérales sont dans un mouvement presque continuel, qui s'exécute par petites saccades, analogues à celle de l'aiguille des montres à secondes. L'une s'élève au-dessus du pétiole, tandis-que l'autre descend : elles sont ainsi dans une oscillation continuelle. Si l'on arrête l'une des deux, l'autre n'en continue pas moins son balancement ; et lorsque la première redevient libre, elle ne tarde pas à se remettre à alterner avec l'autre foliole. La foliole terminale se meut aussi en portant alternativement ses bords en haut et en bas, mais le mouvement est plus lent que celui des petites folioles. Ce singulier mécanisme dure pendant toute la vie de la plante, jour et nuit, pendant la sécheresse comme pendant l'humidité, et ne paraît modifié que par les températures extrêmes, et la santé générale des plantes. On assure que dans l'Inde on a vu ces folioles exécuter jusqu'à soixante petites saccades par minute ; il est très-rare que dans nos serres elles offrent un mouvement aussi rapide.

§ 6. LA BRACTÉE.

On appelle BRACTÉE (pl. XIII.) une feuille plus ou moins altérée qui porte à son aisselle un rameau de plusieurs fleurs.

Si l'on ne regardait comme Bractées que celles qui sont diversement colorées, et d'une forme spéciale, qui entourent certaines fleurs, on serait tenté de croire que ce sont des organes tout-à-fait différents des feuilles. Mais en considérant plusieurs espèces et l'ensemble de la plante, on voit difficilement par fois la transition des feuilles aux Bractées. A mesure que les feuilles s'élèvent sur la tige, elles deviennent en général plus étroites, plus pointues, les pétioles se raccourcissent, et la lame prend une nature ou plus écailleuse ou plus colorée, suivant les genres ou quelquefois les espèces.

L'analogie de la Bractée et de la feuille est démontrée :

1° Par l'identité de leur position à l'égard de la tige ou de ses ramifications, puisque l'une et l'autre ont à leur aisselle un rameau;

2° Par les plantes qui offrent un passage gradué des feuilles parfaites aux Bractées proprement dites, par une succession de feuilles de plus en plus altérées.

Les Bractées sont généralement plus petites que les feuilles et souvent de la même couleur qu'elles.

L'altération des feuilles dans le voisinage des fleurs est facile à expliquer, surtout si l'on considère qu'elle consiste presque toujours à amoindrir et à simplifier leur forme.

Lorsque les fleurs se développent en grand nombre les Bractées sont à peine visibles, comme dans les OMBELLIFÈRES, les CRUCIFÈRES, les *Jacinthes* etc. Quelquefois elles manquent complètement, comme dans les CRUCIFÈRES. Dans le genre *Ail* la Bractée est assez grande pour envelopper toutes les fleurs.

D'un autre côté, lorsque les fleurs avortent, les Bractées

prennent un grand développement, comme dans la *Sauge Hormin*, où elles se colorent en bleu ou en rose.

Les Bractées, n'étant que des feuilles modifiées, en affectent les formes variées. Quelquefois on ne peut les distinguer des feuilles que par leur dimension. Dans certaines plantes elles sont diversement colorées; dans la *Sauge éclatante* elles sont d'un rouge briqueté, ainsi que les sépals et les pétals.

Elles sont blanches et presque charnues dans la *Calla*, presque foliacées dans le *Pied-de-veau*, membraneuses dans les *Ognons*, le *Porreau*, les *Narcisses*.

La Bractée qui porte à son aisselle un rameau à une seule fleur, prend le nom de *Bractéole*.

Dans les SYNANTHÉRÉES chacune des fleurs du capitule est ordinairement munie de sa Bractéole, et le capitule entier est enveloppé de Bractées, souvent libres (*Artichaut*), plus rarement unies entre elles (*Œillet d'Inde.*).

Dans les DIPSACÉES (*Scabieuse*), les Bractées présentent encore de grandes déformations. Elles sont unies autour de chaque fleur, de manière à former une espèce de tube, qui imite celui des Sépals. Ce tube singulier est diversement creusé dans sa circonférence. Les excavations ont des formes particulières dans chaque espèce.

Lorsque la lame de la feuille avorte, les Bractées sont constituées seulement par la base du pétiole et ses deux stipules (*Rose.*); d'autres fois les stipules seules existent comme bractéole (*Violette.*); et enfin une seule des stipules paraît, sans aucune trace de la feuille (*Hélianthèmes.*). La feuille dans ce dernier cas est placée comme s'il y avait deux stipules, c'est-à-dire alternativement à gauche et à droite de l'une d'elles. Voir d'ailleurs la planche XIII et ses explications, qui compléteront l'article Bractée.

§ 7. LA FLEUR.

La fleur (pl. XIV à XXIII.) est la partie du végétal la plus connue, parce qu'elle frappe les yeux la première, par l'éclat de ses couleurs. Elle est caractérisée par les organes de la fructification, qu'elle porte toujours, et parce qu'elle ne produit aucun autre rameau que des embryons. Ses parties constituantes sont des feuilles diversement modifiées.

Le rameau floral naît, comme tout autre, à l'aisselle d'une feuille de forme particulière, que l'on nomme BRACTÉE. Sous le point de vue le plus général, il présente un pédicel de longueur variable, qui supporte un appareil composé de :

SÉPALS (pl. XIV. fig. 1. 2. 3. 4. S. et XVII. — XX.)
PÉTALS (pl. XIV. fig. 1. 2. 3. 4. P. et XVII. — XX.)
ÉTAMINES (pl. XIV. fig. 1. 2. 3. 4. E. et XXII.)
CARPELS (pl. XIV. fig. 1. 2. 4. C. et XX. III.)

Si les organes constitutifs de la fleur ne sont que des modifications de la feuille, on doit en retrouver le mode de croissance et la disposition sur l'axe de la fleur. C'est effectivement ce qui s'observe ; et malgré qu'ils se présentent ordinairement sous l'apparence de cercles très-rapprochés les uns des autres, en réalité ils décrivent autant de spires souvent très-courtes, mais d'autrefois distantes les unes des autres.

La nature nous présente par fois le retour des organes de la fleur à leur première destination ; car nous voyons souvent toutes les parties qui la constituent redevenues feuilles. *Anémone sylvie* pl. XIV. fig. 5, l'*Œillets* pl. XIV. fig. 6. 7. les *Rosiers* pl. XIX fig. 20. et nombres d'autres, reprennent leur première forme et leur disposition, par des causes que nous ne pouvons apprécier et que nous ne sommes pas surs de produire.

On sait qu'un jet simple d'une année porte un certain nombre de feuilles, le plus souvent disposées en spirale. Supposons qu'il en existe vingt, qu'elles soient rangées par spires de cinq. Les cinq feuilles inférieures deviendront les *Sépals* (pl. XIV. fig. I. Sépals); les cinq suivantes les *Pétals* (pl. XIV f. 1 Pétals); les cinq suivantes formeront les *Étamines* (pl. XIV. f. I. Etamines), et enfin les cinq supérieures les *Carpels* (pl. XIV. fig. 1 Carpels.)

Supposons maintenant que l'axe de chaque spire se contracte fortement, tandis que la portion qui se trouve entre chacune d'elles conserve un certain allongement, alors les quatre spires se réduisent à des apparences de verticilles espacés (pl. XIV. fig. 2.).

Enfin, que l'intervalle des spires se raccourcisse, et nous avons l'appareil floral avec son aspect ordinaire (pl. XIV. fig. 3. 4 et pl. XVII à XXII.).

Ce qui vient d'être présenté comme idéal, se confirme dans un grand nombre de cas : ainsi dans le genre *Silène* (pl. XVIII. fig. 2, 3.), les sépals sont séparés des pétals par l'axe prolongé de la fleur; dans les *Cléomes* (pl. XVII. fig. 7.) les étamines naissent à une distance marquée des pétals. Les CAPPARIDÉES (pl. XVII. fig. 7,) présentent leurs carpels à une longue distance des étamines (1). Des dispositions semblables se retrouvent, par monstruosités, dans plusieurs genres. On est donc conduit à regarder les parties constituantes de l'appareil floral comme produites successivement par un axe commun qui se *termine immédiatement au-dessous de la base du dernier Carpel.*

On peut concevoir maintenant que, la contraction croissant, les éléments de chacune des spires florales viennent à

---

(1) Je me contente de citer et de figurer pour le moment un petit nombre d'exemples je donnerai plus tard un travail spécial sur cet objet.

s'unir entre eux ; de là, par exemple, les *Sépals* unis plus ou moins complètement. Il peut en être de même des *Pétals*, des *Etamines* et des *Carpels*.

Enfin si le rapprochement continue encore les spires adhèreront les unes aux autres, les *Pétals aux Sépals*, les *Etamines* et les *Carpels aux Pétals et aux Sépals*. C'est ainsi que les contractions successives de l'axe floral, jointes à un état particulier du tissu utriculaire, suffisent pour se rendre compte de la disposition générale des organes floraux, de leur union et de leur adhérence.

Quant à la couleur de la fleur, elle est souvent si variable qu'on ne doit s'en servir que très-accessoirement, lorsqu'on veut distinguer des espèces entre elles.

Dans le moment de la floraison, quelques plantes, et surtout les Aroidées développent une chaleur qui excède quelquefois de 8 à 12 degrés celle de l'atmosphère. C'est à l'axe des fleurs, et par suite à la grande bractée, qui l'enveloppe, dans les *Gouets*, que cette chaleur est appréciable au toucher. Cette plante est très-commune ; il est facile de s'assurer de cette élévation de température. La cause de ce phénomène est inconnue.

DE LA FLEURAISON EN GÉNÉRAL.

Nous ignorons presque complettement encore qu'elle est la cause prédisposante qui détermine dans les plantes la transformation en fleur de l'organe foliacée. Nous nous bornerons donc à rapporter quelques faits sur la fleuraison relativement :

1° A l'age des plantes ;

2° A l'époque de l'année.

3° A l'heure de la journée.

4° Aux agents atmosphériques.

· 1° **Fleuraison relativement à l'age des plantes.**

Il n'y a rien de fixe sur l'âge auquel les plantes fleurissent; on sait seulement que la chaleur influe sensiblement sur elles : ainsi une même espèce fleurit plus jeune dans les pays chauds que dans les pays froids.

Cette première loi (1) est souvent combinée avec une autre qui la combat quelquefois : c'est que, comme nous l'avons déjà dit, les plantes trop arrosées, ou trop abondamment nourries, tendent à pousser en bois et en feuilles et fleurissent plus tard. Ce fait sans être universel est assez fréquent pour qu'on puisse le regarder comme inhérent à la texture végétale. C'est que dans les années très-humides, ou dans les terrains très-fertiles, on voit souvent les arbres fruitiers pousser en branches et non en fruits. C'est par la même cause que nos arbres fruitiers et nos légumes, transportés entre les tropiques, portent des feuilles en abondance, mais difficilement des fruits, c'est probablement par la même raison que les boutures tendent à fleurir plutôt que si elles étaient encore fixées à la tige principale.

Les jardiniers forcent aussi la fleuraison des arbres en leur enlevant quelques racines. Les Pervenches fleurissent et fructifient plus abondamment en pot qu'en pleine terre. Dans les Indes-Orientales, on déchausse les racines des arbres fruitiers, pendant la grande chaleur lorsqu'on veut les faire fructifier. Les plantes qu'on a transportées fleurissent aussi mieux la première année de leur arrivée que les autres. Il est probable que la diminution de nourriture aqueuse en est la cause.

(1) DECANDOLLE. phys. végét. 1832. p. 469.

* 2. Fleuraison relativement à l'époque de l'annnée.

Lorsqu'un végétal, dont la vie dure un certain nombre d'années, a commencé à fleurir, il continue annuellement à développer ses fleurs si la fructification est assez précoce pour lui laisser le temps de préparer les produits de l'année suivante. Mais lorsqu'un arbre a porté beaucoup de fruits, ou qu'ils sont tardifs, il arrive fréquemment qu'il soit l'an d'après stérile ou presque stérile. Car pendant le peu de temps écoulé depuis la récolte jusqu'à la fleuraison du printemps suivant, il n'a pu accumuler la matière alimentaire propre à la transformation des très-jeunes bourgeons. On sait que dans le nord de l'Europe la cueillette des Olives se faisant tard, la récolte manque l'année suivante et se trouve ainsi bisannuelle. Les *Poiriers* et les *Pommiers* sont à peu près dans le même cas; tandis que les *Cerisiers*, les *Groseillers*, dont les fruits se recueillent de bonne heure, en produisent presque également chaque année. Il parait que, pour que la fleuraison puisse s'opérer; il doit y avoir une certaine quantité de nourriture accumulée, ce qui exige un temps plus ou moins considérable. Jusqu'à ce que le dépôt ait eu lieu, la plante ne fleurit pas, quoique exposée à une température supérieure à celle qui détermine la fleuraison ordinaire.

Il est d'autres cas où la fleuraison se présente deux fois dans un an, mais on ne l'observe que dans les années à la fois chaudes et pluvieuses. Il en résulte aussi une fleuraison peu abondante le printemps suivant. Les *Mûriers*, effeuillés de bonne heure, présentent quelquefois aussi une seconde fleuraison.

La température est l'une des causes bien connues du développement des fleurs, car celles de nos climats se montrent plutôt dans les années chaudes que dans les années froides;

les plantes mises en serre y fleurissent plutôt qu'en plein air ; portées dans un climat plus chaud, leur fleuraison est encore accélérée ; dans un climat plus froid elle est retardée. M. Aug. St-Hilaire a vu le 1ᵉʳ avril 1816 les *Péchers* encore sans fleurs à Brest, le 8 ils étaient entièrement fleuris à Lisbonne ; le 25 les Pêches étaient formées à Madère ; le 29 à Ténériffe elles étaient mures. M. Schubler a constaté un fait semblable sur l'*Amandier* qui fleurit dans la première moitié de février à Smyrne ; dans la seconde moitié d'avril en Allemagne, et à Christiania dans les premiers jours de juin.

Par suite des observations faites sur les époques de ces fleuraisons diverses, Linné et plusieurs autres auteurs ont dressé des *Calendriers de Flore* pour diverses contrées ; mais les considérations précédentes peuvent faire juger du degré de confiance qu'ils peuvent mériter. Toutefois on en trouvera un ci-dessous qui peut s'appliquer à nos climats.

Il est probable qu'un certain état électrique de l'atmosphère influe puissamment sur la fleuraison.

Lors même qu'on supposerait connues toutes les causes météorologiques, qui modifient l'apparition des fleurs, il faudrait encore tenir compte de la nature propre des individus, laquelle n'est point étrangère à l'accomplissement de ce phénomène. Ainsi des *Marroniers d'Inde* se feuillent et fleurissent régulièrement chaque année quinze jours avant d'autres. Cette disposition se perpétue par les boutures et par la greffe.

Parmi les causes inhérentes aux espèces et qui peuvent modifier l'époque des fleuraisons, il faut surtout pour les végétaux cultivés, compter la durée et l'abondance plus ou moins grande des fruits sur l'arbre. Tant qu'ils y restent ils attirent à eux la sève, et les bourgeons des fleurs futures sont mal nourris. C'est par ce motif qu'on détermine la fleuraison plus abondante des rosiers, en coupant les jeunes fruits immédiatement après la fleuraison. C'est peut-être aussi parce qu'on cultive plus de *Dahlia* doubles et qui portent rarement des fruits, que la fleuraison de ces plantes s'est avancée depuis qu'on les cultive en Europe. En effet dans les *Dahlias* simples, la plante est occupée pour ainsi dire, toute l'année à nourrir les graines et ne peut pas déposer beaucoup d'aliment dans ses racines, tandis que l'inverse a lieu dans les *Dahlias* doubles.

Comme il s'établit chaque année une certaine moyenne de température pour chaque mois de l'année dans tous les lieux, il en résulte qu'en général chaque espèce de plante fleurit à une époque assez déterminée.

CALENDRIER DE FLORE.

FÉVRIER.

Noisetier.
Aune incane.
— glutineux.
Erophile printanier.
Gagée jaune.

MARS.

Violette odorante
Lamier pourpre.
Holostée en ombelle.
Primevère à grande fleurs.
Pulmonaire à feuille étroite,
Ficaire renoncule.
Peuplier tremble.
Véronique des champs.
— Lierre.
— à trois feuilles.

Scille à deux feuilles.
Amandier commun.
Cardamine velue.
Tussilage Pas d'âne.
Saules de chèvres.
— incane.
— cendré.
— à une étamine.
Orme champêtre.
Primevère officinale.
— élevée.
Violette des ombrages.
— velue.
Anémone Sylvie.
— des prés.
Thlaspi perfolié.
Jacinthe d'Orient (simple). *
Fumeterre officinale.
Corydalis burbeuse.

(1) Les espèces suivies d'un * sont cultivées.

Cornouiller en arbre.
Paquerette.
Pervenche petite.
Stellaire Mouron.
Saxifrage tridactyle.
Isopyre pygamon.
Erodie à feuille de ciguë.
Abricotier.
Pétasite commune.
Buis commun.
If.
Giroflée jaune.
Carex printanier.
Capselle Bourse à pasteur.

AVRIL.

Groseiller à gros fruit.
    — doré. *
Muscari ambré.
Romarin officinal. *
Jacinthe d'Orient (double). *
Pêcher.
Genèvrier commun.
Prunier épineux.
Ornithogale penchée.
Lamier entourant.
Bourrache officinale.
Groseiller rouge.
Anémone coronaire. *
    — renoncule.
Cerisiers.
Ail des ours.
Fraisier commun.
Potentille printanière.
    — fraisier.
    — à petites fleurs.
Luzule des champs.
    — de Forster.
    — poilue.
    — élevé.

Fritillaire impériale. *
Orobe tubéreux.
Frène élevé.
Saxifrage granulée.
Carex raide.
    — grèle.
    — glauque.
    — élevé.
Lierre terrestre.
Saule à trois étamines.
Euphorbe cyprès.
    — de Gérard.
Arabette de Thalien.
Gaillet croisette.
Céraiste commun.
    — visqueux.
Rénoncule dorée.
Lamier blanc.
    — tacheté.
    — hybride.
Alliaire officinale.
Chou Colza.
Lathrée écailleuse.
Hippophaé faux Nerpun.
Charme.
Poirier.
Pommier.
Prunier.
Galéobdolon jaune.
Cardamine des prés.
Genêt d'Angleterre.
    — d'Allemagne.
    — poilu.
Narcisse. Faux narcisse
    — Odorant.
Polygale commun.
Ajonc commun. *
Réséda Raiponce.
Carex blanc.
Erable Plane.
Saule fendu.

Saule osier.
— blanc.
Peuplier d'Italie.
— noir.
Iris nain.
Primevère Auricule. *
— élevée. *
— à grande fleurs. *
Séneçon commun.
Négondo à feuille de frène. *
Kerrie du Japon. *
Sureau à grappes. *
Noyer commun. *
Thuya d'Orient. *
Menyanthe Trèfle d'eau.
Bugle rampante.
— de Genève.

MAI.

Maronnier d'Inde. *
Lilas commun. *
— varin. *
— Charles x. *
— de Perse. *
— de Marly. *
Coignassier commun. *
— du Japon. *
Grémil propre.
— des champs.
Tulipe sauvage.
— de Gessner. *
Fritillaire damier.
Mâche cultivée. *
— dentée.
Viorne commun.
— boule de neige.
Narcisse de poètes. *
Muguet des bois.
— multiflore
— sceau de Salomon.

Mayanthème à deux feuilles.
Paris à quatre feuilles.
Renoncule rampante.
— acre.
— aconit.
— — à fl. doubl.
Cytise à balais.
Coronille sénébatard.
Réséda Gaude.
Fragon piquant.
Ibéride à tige nue.
Pin sylvestre.
Véronique germandée.
— Beccabongue.
— petit-chêne.
Globulaire commune.
Aspérule odorante.
Cardamine amère.
Orchis brun.
— brûlé.
Ophrys araignée.
Carex digité.
Hippuris commun.
Linaigrette commune.
Iris faux-acorus.
— d'Allemagne. *
Consoude grande.
— étalée.
Hottonie des marais.
Lychnis fleur du coucou.
Euphorbe à verrues.
Renoncule scélérate.
Pédiculaire des marais.
Orchis rouge.
Carex à vessie.
— puce.
Sauge des prés.
Raiponce à épi.
Sanicle d'Europe.
Anthyllide Vulnéraire.
Nerprun cathartique.

Fusain d'Europe.
Phalangère fleur-de-lis.
Potentille argentée.
Vesce à bouquet.
— des haies.
Trèfle incarnat.
Epervière douteuse.
— Piloselle.
Orchis vert.
— à odeur de bouc.
Carex de montagne.
— écarté.
Dactyle pelotoné.
Brome stérile.
— des toits.
Gaillet blanc.
Cornouiller sanguin.
Œillet des Chartreux.
Rosiers des chiens.
Esparcette sainfoin.
Seigle.
Jusquiame noire.
Silène conique.
— penchée.
Géranier disséqué.
Salsifix des prés.
— à gros pédoncules.
Orchis à larges feuilles.
Genêt à flèche.
Liseron de Biscaye.
Melitte à feuille de Mélisse.
Ibéride pennatifide.
Géranier sanguin.
Arrête-bœuf natrix.
Vesce cultivée.
— jaune.
Brize amourette.
Paturin nageant.
Grémil officinal.
Campanule agglomérée.
Angélique sylvestre.

Lin purgatif.
Stellaire holostée.
Renoncule laineuse.
Trèfle de montagne.
— jaune d'ocre.
Epervière des murs.
Rosier rouillé.
Rhinanthe glabre.
— velue.
Valériane officinale.
Campanule Raiponce.
Prismatocarpe miroir.
Cerfeuil vélu.
Silène d'Italie.
Anarrhine à feuil. de marguerite.
Muflier grand.
Potentille des rochers.
Euphraise officinale.
Cresson de fontaine.
Barbarée commune.
Gesse cultivée. *
— sans feuille.
— des prés.
Lotier cornu.
Mercuriale vivace.
Euphorbe épurge.
— des bois.
— pourpre.
— des marais.
Murier blanc (et variétés). *
Broussonétie à papier. *
Saule à cinq étamines.
— à oreillettes.
Hêtre des bois.
Chêne pubescent.
— rameux.
— sessile.
Platane d'Orient.
— d'Occident.
Sapin en peigne
Ophrys ové.

Ophrys homme pendu.
— mouche.
— abeille.
— fausse-araignée.
Orchis à deux feuilles.
— pyramidal.
— bouffon.
— tacheté.
-- mâle.
Epipactis nid d'oiseau.
— rouge.
Limodore avorté.
Asperge officinale.
Muscari à toupet.
— monstreux. *
Cytise faux-ébénier.
— sessile. *
Gainier arbre de Judée. *
Luzerne Lupuline.
— tachetée.
Mélilot des champs.
Trèfle incarnat.
— des prés.
— flexueux.
— alpestre.
Lotier cornu.
Tétragonolobe siliqueux.
Robinier faux-acacia. *
Baguenaudier arbrisseau. *
Vinetier commun.
Erable Sycomore.
— champêtre.
Marronnier d'Inde double. *
— rouge. *
Pavie jaune. *
— rouge.*
Géranier sanguin.
Pois cultivé. *
Gléditschie fèvier. *
Benoite commune.
Ronce bleue.

Potentille rampante.
— des rochers.
Potérie Pimprenelle.
Rosier des champs.
— tomenteux.
— rouillé.
Amélanchier commun.
Nèflier d'Allemagne.
Tamarix à petites fleurs. *
Seringat odorant.
Groseiller Cassis.
Mercuriale vivace.
Linaigrette à plusieurs épis.
Scirpe des marais.
Vulpin des prés.
— des champs.
— genouillé.
Mélique uniflore.
— ciliée.
Avoine fromentale.
— houlque laineuse.
— molle.
Blé commun. *
Seigle céréal. *
Ivraie vivace.
— enivrante.
Egopode Podagraire.
Cerfeuil enivrant.
— velu.
Scandix peigne.
Chevrefeuille des haies.
Sureau noir.
Cornouiller sanguin.
Knautie des champs.
Doronic mort-aux-panthères.
Centaurée Bleuet.
— de montagne.
Scorzonère d'Espagne. *
Porcelle tachetée.
Barkhausie dent-de-lion.
Campanule à feuille de pêcher.

Jasmin ligneux.
Pervenche grande.
Cynanque dompte venin.
Onosme vipérine.
Myosote des marais.
Buglosse d'Italie.
Lycopside des champs.
Cynoglosse officinale.
— panachée.
— ombiliquée.
Lyciet de Chine.
Linaire Cymballaire.
— De Barbarie.
Scrofulaire des chiens,
Euphraise printanière.
Mélampyre à crête.
— des prés.
Bugle Ivette.
Sauge des prés.
Lysimachie des bois.
Hottonie des marais.
Epinard sans épines.
Véroniqne mouron.
Oseille commune.
Orchis lâche.
— casque.
— rouge.
Lemne à trois lobes.
Ancolie commune.
Ortie brulante.
Tamarix de France. *

JUIN.

Adonis d'automne.
Dauphinelle pied d'alouette. *
Moutarde blanche.
Hélianthème tacheté.
— commun.
— fumana.
— pulvérulent.

OEillet barbu.
— des chartreux.
— de la Chine.
— giroflé. *
— deltoïde.
— sylvestre.
Silène enflée.
— otitès.
Lychnis visqueux.
— de Calcédoine. *
— dioique.
— sylvestre.
— coronaire. *
— Nielle.
Spergule des champs.
— noueuse.
Stellaire des bois.
Vigne vinifère.
Géranier herb. à Robert.
— colombin.
— mollet.
— fluet.
Oxalide droite.
Cytise à tête.
Luzerne en faucille.
— cultivée.
Trèfle rouge.
— des champs.
— filiforme.
Renoncule Petite douve.
Nymphée blanche.
Nuphar jaune.
Pavot Coquelicot.
Malcomie maritime.
Julienne.
Mathiole incane.
Ibéride ombellée.
— pennatifide.
Caméline cultivée.
Neslie paniculée.

Passerage Cresson-alenois.
Pastel cultivé.
Chou oléracé.
— rave.
Lin commun.
— à feuill. étroites.
Mauve Alcée.
— musquée.
— sylvestre.
— à feuill. rondes.
Guimauve hérissée.
— rose. *
Tilleul à grandes feuilles.
— à petites feuilles.
Millepertuis perforé.
Houx commun.
Nerprun Alaterne.
— Bourgène.
Genêt très-épineux.
Psoralée bytumineuse.
Astragale réglisse.
Coronille naine.
— variée.
Sainfoin d'Espagne. *
Fève commune. *
Ers lentille. *
— velu.
— ervilie. *
Aristoloche Clématite.
Euphorbe à larges feuilles.
Réséda glauque.
— odorant. *
Figuier commun.
Ortie dioïque.
Pariétaire officinale.
Potamot nageant.
— graminée.
— entourant.
Fluteau nageant.
Orchis punaise.
— des marais.

Orchis sureau.
— à long éperon.
— blanchâtre.
Ophrys à un tubercule.
Epipactis des marais.
— en lance,
— fétide.
Narcisse des poètes.
Avoine cultivée.
Festuque roseau.
— des brebis.
— rouge.
— durette.
— ciliée.
Tame scéau Notre-Dame.
Muguet verticillé.
Lis blanc. *
— Martagon.
Phalangère rameuse.
Ornithogale des Pyrenées.
— en ombelle.
Ail poireau. *
— rocambole. ?
— oignon. *
— civette. *
Aphyllanthe de Montpellier.
Luzule blanc de neige.
Jonc aggloméré.
— épars.
— glauque.
Carex ovale.
— fauve.
— faux souchet.
Scirpe ovoïde.
— en gazon.
— des lacs.
— faux Carex.
— maritime.
— des bois.
Phléole noueuse.
Phalaris des sables.

Phalaris des Canaries. *
Agrostis jouet des vents.
— des chiens.
— traçante.
Calamogrostis colorée.
— terrestre.
Stipe pennée.
Paturin aquatique.
— rude.
— des bois.
Doradille des murs.
Brome seigle.
— mollet.
— rude.
— dressé.
Cynosure à crête.
Nard barbu.
Elyme d'Europe.
Orge commune. *
— distique. *
— queue de souris.
— à six rangs. *
Nayade vulgaire.
Chara commune.
Pilulaire à globules.
Gesse à larges feuilles.
— des prés.
— odorante. *
Orobe noir.
Haricot d'Espagne. *
— commun. *
Cerisier Laurier-cerise. *
Spirée à feuilles de saule.
— barbe de chèvre.
— Filipendule.
Ronce Framboise.
— arbrisseau.
— tomenteuse.
Aigremoine Eupatoire.
Achillée commune.
Alchémille des Alpes.

Rosier de France.
— à cent feuilles. *
— de Damas *
— blanc. *
Lythraire Salicaire.
Miricaire d'Allemagne.
Bryone dioïque.
Crassule rouge.
Sédum blanc.
— âcre.
Anthérisque sylvestre.
— cerfeuil. *
Berle à feuilles larges.
Carotte.
Persil. *
Ache Céleri. *
Fenouil commun.
Panais.
Chèvrefeuille à fruit noir.
Aspérule herb. à l'esquinancie.
Garance. *
Valériane officinale.
— à trois ailes.
— de montagne.
Centranthe rouge.
Scabieuse pourpre. *
— colombaire.
Matricaire Camomille.
Leucanthème Marguerite.
Séneçon des marais.
— roquette.
Gnaphale Pied de chat.
Xéranthème annuel.
Cirse des champs.
Centaurée scabieuse.
Chardon penché.
— à petits capitules.
Sylibe chardon marie.
Onoporde acanthe.
Epervière staticé.
Jasione de montagne.

Campanule Carillon.
Airelle myrtil.
— Vigne de Judée.
Monotrope sucepin.
Villarsie fausse nymphée.
Chlore perfoliée.
Chironie Centaurée.
Liseron des champs.
— des haies.
Vipérine commune.
Molène Blattaire.
Jusquiame noire.
Coqueret Alkékenge.
Morelle Douce-amère.
Linaire striée.
— alpine.
— commune.
Scrofulaire noueuse.
— aquatique.
Digitale pourpre.
— à grandes fleurs.
— à petites fleurs.
Mélampyre des champs.
Orobanche bleue.
— rameuse.
Toque en fer de lance.
Basilic commun.
— nain.
Brunelle commune.
Thym commun.
Marrube commun.
Ballote fétide.
Epiaire des bois.
— des Alpes.
— crapaudine.
— annuelle.
Lavande vraie.
Hyssope officinal. *
Sariette des jardins. *
Germandrée botryde.
— petit-chène.

Sauge officinale.
— Sclarée.
Lysimachie nummulaire.
Plantin lancéolé.
— des chicns.
— des sables.
Chénopode Bon-Henry.
Polygone bistorte.
— amphibie.
— Poivre d'eau.
— Persicaire.
— d'Orient.
- des oiseaux.
Oseille élégante.
— des marais.
— à écusson.
Avoine folette.
— pubescente.
— cultivée. *
- d'Orient.*
— jaunâtre.
Polypode commun.
— phégoptère.
— allongé.
— à trois pointes
— aiguilloné.
— mâle.
— dilaté.
Aspidie fragile.
Ptéris aigle impérial.
Sauge glutineuse.

JUILLET.

Renoncule aconit.
Aconit Napel.
— Tùe-loup.
Cresson de fontaine.
Moutarde des champs
Radix cultivé. *
Ravanelle.
Rossolis rond,

Rossolis d'Angleterre.
Saponaire officinale.
Lychnis sylvestre.
Guimauve officinale.
Géranier des bois.
Erodie musquée.
Capucine commune. *
Balsamine des jardins. *
Impatiente ne me touchez pas.
Tribule couché.
Rue fétide.
Genêt des teinturiers.
Mélilot blanc.
Trèfle fraise.
— brunissant.
Astragale pois chiche.
Gesse tubéreuse.
Rosier musqué. *
— à feuilles rouges.
— des Alpes.
Epilobe osier St-Antoine.
— à feuille de romarin.
— des Alpes.
— velu.
Onagre bisannuel.
Circée parisienne.
— des Alpes.
Pourpier.
Pavot somnifère. *
Glaucier jaune.
Sénebière corne de cerf.
Gypsophile des murs.
OEillet Arméria.
— superbe.
Cucubale baccifère.
Silène Arméria.
Millepertuis quadrangulaire.
— couché.
— velu.
— de montagne.
Jujubier commun. *

Spirée Ulmaire.
Ronce velue.
Potentille Comaret.
Lagénaire Calebasse. *
Courge Potiron.
Concombre Melon. *
— cultivé.
Sédum sexangulaire.
— à pétals étroits.
— réfléchi.
Impératoire sauvage.
Myrrhis odorant.
Aethuse petite-Ciguë.
OEnanthe Ciguë aquatique.
— fistuleuse.
Archangélique officinale.
Méum athamante.
Ciguë grande.
Buplèvre à feuilles rondes.
Panicaud des champs.
Sureau Yèble.
Chanvre cultivé.
Châtaigner.
Potamot luisant.
— serré.
— crépu.
Fluteau étoilé.
— plantin d'eau.
Sagittaire en flèche.
Butome en ombelle.
Troscart des marais.
Néotie d'été.
Epipactis à larges feuilles.
— en cœur.
Malaxis de Loisel.
Ail caréné.
— anguleux.
Jonc des Landes.
— rude.
— bulbeux.
— des crapaux.

Rubanier rameux.
— simple.
Carex jaune.
Scirpe pointu.
Choin Marisque.
Phléole des prés.
Paspale sanguin.
Cynodon pied de poule.
Paturin comprimé.
Brome géant.
Blé chiendent.
— glauque.
Maïs commun.
Lycopode à massue.
— genévrier.
Botrychie en croissant.
Cétérach des boutiques.
Aspidie femelle.
Doradille d'Allemagne.
Scolopendre officinale.
Blechne en épi.
Gaillet à feuilles rondes.
Cardère sylvestre.
— des bonnetiers. *
Bident à trois lobes.
Achillée sternutatoire.
Camomille des champs.
— romaine.
Armoise Aurone.
— commune.
— Estragon.
— Absinthe.
Tanaise commune.
Arnique de montagne.
Séneçon doria.
Solidage tardive.
Aunée de montagne.
— velue.
— grande.
Vergette âcre.

Conyze squarreuse.
Elychryse à bractées. *
— Staechas.
Pétasite blanche.
— blanc de neige.
Carline commune.
— caméléon.
Cirse laineux.
— à tige courte.
— lancéolé.
— des marais.
Leuzée à cône.
Artichaut cardon. *
— commun. *
Centaurée Chaussetrape.
— paniculée.
Crupine commune.
Carthame des teinturiers.
Chicorée sauvage.
— Endive.
Barkhausie fétide.
Epervière ombellée.
— de Savoie.
Laitron de Plumier.
— des marais.
— oléracé.
— rude.
Laitue vivace.
— vireuse.
— cultivée. *
— romaine.
Prénanthe pourpre.
Lapsane commune.
Campanule fausse raiponce.
Pyrole petite.
— à feuilles rondes.
Jasmin officinal.
Gentiane jaune.
— croisette.
— pneumonanthe.
— des champs.

Cuscute petite.
— grande.
Molène bouillon blanc.
— lychnite.
— pulvérulente.
— noire.
Lycopersique comestible.
Morelle noire.
— velue.
— tubéreuse.
— Mélongène.
Piment annuel.
Véronique à épi.
Mélampyre des bois.
Toque tertianaire.
— naine.
Brunelle laciniée.
— à grandes fleurs.
Mélisse officinale.
Thym Serpolet.
— laineux.
— à grandes fleurs
Origan commun.
Agripaume cardiaque.
Epiaire des bois.
— des champs.
— d'Allemagne.
Galéopsis à fleurs jaunes.
— ortie royale.
Menthe sylvestre.
— à feuilles rondes.
— poivrée. *
— velue.
— des champs.
— Pouillot.
Sidérite à feuilles d'hyssope.
Népète Cataire.
Scorodonie Sauge des bois.
Germandrée aquatique.
— de montagne.
Lycope d'Europe.

Verveine officinale.
— à trois feuilles. *
Utriculaire commune.
Anagallis des champs.
Lysimachie commune.
Nychtage Belle de nuit. *
Amaranthe blette.
Arroche étalée.
Oseille à feuilles de Gouet.

AOUT.

Clématite des haies.
Raifort sauvage.
Parnassie des marais.
Gypsophile saxifrage.
Ketmie de Syrie. *
— vésiculeuse. *
Lupin blanc. *
Sédum orpin.
Joubarbe des toits.
Boucage saxifrage.
— à grandes feuilles.
Lierre en arbre.
Cardère poilue.
Hélianthe Topinambour. *
— soleil des jardins. *
Armoise des champs.
Pyrethre Menthe coq. *
— Matricaire.
Chrysanthème à bouquet. *
Souci cultivé.
Tagète OEillet d'Inde. *
— étalé. *
Séneçon Sarrazin.
— aquatique.
— jacobée.
— visqueux.
Solidage verge d'or.
Aunée à feuille de saule.
— grande. *

Aunée pouillot.
— dysentérique.
— britannique.
Aster de Chine. *
— amellus.
Vergette du Canada.
Eupatoire d'Avicenne.
Centaurée solstitiale.
Kentrophylle laineux.
Serratule des teinturiers.
Bardane à petites têtes.
Porcelles à longues racines.
Crépide verdâtre.
Nicotiane rustique.
— — Tabac.
Pomme épineuse.
Euphraise dentée.
— jaune.
Galéopsis ladane.
Amaranthe recourbée.
Betterave.
Chénopode hybride.
— ambroisie. *
Houblon grimpant.
Lampourde glouteron.
Massette à larges feuilles.
— à feuilles étroites.
Scirpe de Micheli.
Souchet brun.
— jaune.

Souchet long.
— de Monti.
Leersie à fleurs de riz.
Tragus en grappe.
Millet verticillé.
— vert.
— glauque.
— d'Italie. *
— pied de coq.
Panic Millet. *
Paturin à longs épis.

SEPTEMBRE.

Nielle des champs.
Sanguisorbe officinale.
Scabieuse Succise.
Pyrèthre de l'Inde. *
Gentiane ciliée.
Callune commune.
Thym Calament.
— népéta.
Sauge des prés (2ᵉ fleuraison.)
Polygone Sarrazin.
Colchique d'automne.
Scirpe couché.
Roseau à balais.
— de Provence.
Dauphinelle consoude.
Adianthe capillaire.

*** 3. Fleuraison relativement à l'heure de la journée.**

L'époque de la fleuraison, relativement à l'heure de la journée, présente quelquefois des phénomènes variés et dignes d'attention. Le plus grand nombre des végétaux fleurit à toute heure; la chaleur et la lumière la hâte ; mais cependant des plantes, appartenant à des familles différentes, sont évidemment soumises à quelque influence diurne : c'est ce que LINNÉ, dans son style métaphorique, a nommé l'HORLOGE DE FLORE.

Ces phénomènes, compliqués par ceux de la durée de la fleuraison, ont fait distinguer les végétaux à fleuraison périodiques en deux classes. On a nommé :

ÉPHÉMÈRES ceux qui s'ouvrent à une heure déterminée, et dont les pétals tombent ou se ferment pour toujours à une heure à peu près fixe. Il est des ÉPHÉMÈRES DIURNES, telles que les *Cistes,* les *Lins,* etc., dont les fleurs s'épanouissent le matin vers cinq ou six heures, et périssent avant midi ; et des ÉPHÉMÈRES NOCTURNES, tel que le *Cierge à grandes fleurs,* qui épanouit ses fleurs à sept heures du soir et les ferme environ à minuit.

On nomme fleurs ÉQUINOXIALES celles qui s'ouvrent à une heure déterminée et se ferment le même jour à une heure fixe, puis se rouvrent et se referment le lendemain, et quelquefois plusieurs jours de suite aux mêmes heures. Il y a, comme dans le cas précédent, des ÉQUINOXIALES DIURNES qui s'ouvrent plusieurs jours de suite à onze heures du matin (*Ornithogale en ombelle*) et qui se referment à trois heures de l'après-midi ; et des ÉQUINOXIALES NOCTURNES qui s'ouvrent plusieurs jours de suite à sept heures du soir, et ne se referment que vers six ou sept heures du matin.

Les fleurs soit *Ephémères,* soit *Equinoxiales* s'ouvrent sous l'eau aux mêmes heures qu'à l'air ; leur épanouissement a également lieu à l'air libre et dans les serres ; ainsi la température ne détermine pas ce phénomène. Des *Belles de nuit,* placées dans un lieu éclairé la nuit, et dans l'obscurité pendant le jour, ont présenté d'abord une fleuraison très-irrégulière, puis elle se sont accoutumées et ont fini par s'épanouir le matin, qui pour elles commençait la nuit, et se fermer le soir au moment où elles recevaient les premiers rayons de lumière (artificielle.)

On a depuis long-temps rapporté à l'action de la lumière

l'épanouissement des fleurs et celui de quelques feuilles com·
posées, sans faire des recherches microscopiques pour tâcher
d'apprendre sur lequel des deux organes élémentaires elle
agit. M. DUTROCHET, auquel la physiologie doit déjà beaucoup
de recherches, s'est chargé de ce soin. Nous extrayons d'un
fragment de mémoire, publié par ce physiologiste sous ce
titre : *Du réveil et du sommeil des plantes* (1), les passages
nécessaires pour faire comprendre les idées de l'auteur.

Les observations ont été faites sur la *Belle de nuit ordinaire
des Jardins* et sur celle *à longues fleurs* (2). C'est sur la côte
ou dorsale de chacun de ces organes pétaloïdes que se sont
portées les investigations de ce physiologiste.

Chaque organe pétaloïde libre ou uni à ses voisins présente ordinairement vers le centre une ligne longitudinale,
que nous connaissons déjà sous le nom de *dorsale*. Elle est
formée sur sa face externe d'un tissu utriculaire, dont les
utricules, disposées en séries longitudinales, décroissent de
grandeur du côté interne vers l'externe ; en sorte que lors
de la turgescence de ces utricules le tissu qu'elles forment
doit se courber de manière à diriger sa concavité en dehors.
C'est donc lui qui doit opérer l'épanouissement des Pétals
(ou leur réveil) :

Le côté intérieur ou supérieur de chaque dorsale est formé
d'un tissu fibreux, transparent, extrêmement fin et entremêlé
de globules disposées en séries longitudinales. Ce tissu fibreux

(1) Comptes rendus des séances acad. scienc. tom. 3ᵉ de juillet à
décembre 1836. p. 561 et suivantes.

(2) On doit probablement rapporter aux Sépals la partie colorée
des *Belles de nuit*. Mais comme la même organisation a été trouvée
dans les *Belles de nuit* et dans *le Liseron pourpre*, on pourrait en conclure (pour le moment) que la disposition organique que nous allons
décrire serait identique dans les organes pétaloïdes des végétaux
quelque nom qu'on leur donne.

est situé entre un plan de trachées d'une part , et d'un autre d'utricules superficielles remplies d'air , en sorte qu'il est placé entre deux plans d'organes pneumatiques.

L'auteur a séparé par une section longitudinale le tissu utriculaire du tissu fibreux , qui composaient la dorsale; il les a plongés dans l'eau aérée, le tissu utriculaire s'est courbé en dehors, le tissu fibreux en dedans. Ces deux courbures inverses se sont maintenues. Il en conclut que le tissu utriculaire de chaque dorsale de pétal produit l'épanouissement de la fleur , tandis que le tissu fibreux, par son inflexion , produit son sommeil ou occlusion.

M. Dutrochet a isolé ensuite une dorsale de *Belle de nuit* en bouton prête à s'épanouir , il l'a plongée dans l'eau , elle s'y est fortement courbée sur sa face externe (sens de l'éclosion); il l'a transportée ensuite dans du sirop de sucre , elle s'y est courbée en sens inverse (sens du sommeil des fleurs). Cela prouve, continue l'auteur, que dans le premier cas , il y avait turgescence des utricules, l'eau extérieure se portant alors, par l'effet de l'endosmose , vers le liquide unique , qui existait dans les utricules; tandis que, dans le second cas, il y avait déplétion des utricules, parce que leur liquide organique, moins dense que le sirop extérieur , se portait alors vers lui.

On pourrait penser d'après cette expérience , continue l'auteur , que l'épanouissement des pétals , étant dû à la turgescence du tissu utriculaire des dorsales , leur clôture ou sommeil serait dû à la déplétion de ce même tissu utriculaire; mais l'expérience prouve que telle n'est pas la cause de l'occlusion des pétals.

Il isola une dorsale pétaloïde prête à s'épanouir , elle fut plongée dans l'eau. Cette dorsale, légèrement infléchie, étant dans son état de bouton , se courba fortement en dehors (ou dans le sens de l'épanouissement). L'endosmose déterminait alors la turgescence des utricules. Au bout d'environ six heures d'immersion la dorsale quitta sa courbure du réveil, et commença à se courber en dedans ; bientôt elle fut entièrement roulée en spirale dans ce nouveau sens (sommeil).

Cette succession de positions, dans l'expérience qui vient d'être citée, était indépendante de la lumière. Ainsi l'une des dorsales de l'organe pétaloïde de la *Belle de nuit*, prend dans l'eau la direction de l'éclosion ou réveil, et au bout d'un certain temps la courbure du même organe s'opère dans le sens inverse. Si donc, c'est la turgescence du tissu utriculaire des dorsales qui produit l'épanouissement des fleurs, ce sera dans une autre cause qu'il faudra rechercher son occlusion.

En réfléchissant à ce singulier phénomène, l'auteur fut porté à penser qu'il était dû aux organes respiratoires de la plante.

Il plongea dans l'eau non aérée une dorsale de l'organe pétaloïde de la *Belle de nuit* ; elle y prit, et y conserva invariablement son état d'étalement ou reveil.

Une fleur épanouie, qui, plongée toute entière dans l'eau aérée, y prend au bout de quelques heures l'état de sommeil, reste ouverte lorsqu'elle est plongée dans l'eau non aérée, et elle y conserve invariablement son état d'épanouissement.

On pourrait penser que l'air, contenu dans les organes respiratoires des dorsales, agirait en vertu de son élasticité pour produire l'occlusion et non en vertu de l'action chimique de l'oxigène qu'il contient ; de là viendrait que l'inflexion du sommeil n'aurait point lieu en plongeant les pétals dans l'eau non aérée, qui dissout l'air contenu dans les organes respiratoires et qui prend sa place ; mais l'expérience a prouvé que ces organes envahies par l'eau (chez les végétaux qui sont tenus submergés) ne peuvent plus être pénétrés de uonveau par l'air. Cela n'empêche pas une dorsale isolée ou des pétals unis de prendre l'état de sommeil après deux ou trois jours, lorsqu'on laisse l'eau non aérée dans laquelle elle avait été plongée épanouie, s'aérer par le contact de l'air. C'est donc indubitablement par l'action chimique de l'oxigène, dissous dans l'eau, que le tissu fibreux acquiert la force d'inflexion (état de sommeil). Ainsi dans la fleur de la *Belle de nuit* l'épanouissement et l'occlusion des pétals résultent de l'action alternativement prédominante de deux tissus organiques situés dans les dorsales des organes pétaloïdes, et qui tendent à se fléchir dans deux sens inverses, savoir :

1° Le tissu utriculaire, qui tend à se courber vers le dehors de la fleur, par la réplétion des utricules extérieures.

2° Le tissu fibreux, qui tend à se porter vers le dedans de la fleur par l'oxigénation.

Les fleurs du *Liseron pourpre* présentent la même organisation dans les dorsales des organes pétaloïdes que dans les *Belles de nuit*, mais celles de la *Belle de nuit* s'épanouissent le soir et se ferment le matin ; tandis que les *Liserons* épanouissent les leurs vers le milieu de la nuit, et ne se ferment que l'après-midi qui suit leur éclosion. Ainsi les fleurs de ces deux genres sont également nocturnes par l'époque de leur épanouissement, mais il paraîtrait, continue l'auteur, que celles du *Liseron* seraient plus lentes à oxigéner leurs dorsales sous l'influence de la lumière et de la chaleur.

Les pétals de la *Dent-de-Lion* offrent inversement l'organique de ceux des *Liserons*, des *Belles de nuit* ; la couche essentiellement utriculaire est au-dessus au lieu d'être en dessous. Malgré cette différence de position, qu'on devrait regarder comme très-importante, l'auteur du mémoire donne les mêmes explications pour l'épanouissement et l'occlusion de ces fleurs. La voie est ouverte, mais il faudra encore multiplier les observations et constater la disposition des organes élémentaires par des dessins exacts avant de pouvoir trancher une question aussi compliquée.

Voici l'indication de l'heure à laquelle quelques plantes épanouissent leurs fleurs.

HORLOGE DE FLORE.

LE MATIN.

3. — 4.	Liseron nil.
	— des haies.
4. — 5.	Salsifix des prés.
	Matricaire odorante.
	Beaucoup de Chicoracées.
5.	Pavot à tige nue.
	Beaucoup de Chicoracées.
5· — 6	Momordique Concombre d'âne.
	Lapsane commune.
	Liseron tricolor.
6.	Porcelle tachée.
	Liseron de Sicile.
	Quelques Morelles.
6, — 7.	Les Laitrons.
	Les Epervières.
7.	Nymphée blanche.
	Nuphar jaune.
	Laitues.
	Caméline.
	Prénanthe des murs.
7. — 8.	Mesembryanthème barbu.
	Spéculaire miroir.
	Concombre angurie.
8.	Mouron des champs.
8. — 9.	Nolane couchée.
9.	Souci des champs.
9. — 10.	Glaciale.
10. — 11.	Mésembryanthème à fleur noueuse.
11.	Ornithogale en ombelle.
	(dame d'onze heures.)
	Tigridie Pavonie.
12.	La plupart des Ficoïdes ou
	Mésembryanthèmes.

LE SOIR.

2.	Scille de l'après midi.
5. — 6.	Silène noctiflore.

Beaucoup d'autres Silènes.

6. — 7.   Belles de nuit.
7. — 8.   Cierge à grandes fleurs.
              Ficoïde noctiflore.
              Onagres.

LA NUIT.

10 h. du soir.   Liseron pourpre.

L'heure de la journée paraît encore agir sur quelques fleurs relativement à l'émanation de leur parfum. Le *Pélargonium triste*, le *Glayeul triste*, répandent une odeur remarquable à l'approche du coucher du soleil.

Quelques unes changent aussi de couleur: ainsi la *Ketmie changeante* qui est blanche, prend une teinte rosée vers le soir. Le même phénomène s'observe sur plusieurs *Onagraires*.

4. Fleuraison relativement aux divers états de l'atmosphère.

On nomme MÉTÉORIQUES les plantes dont la fleuraison est modifiée par l'état de l'atmosphère. Ainsi le *Laitron de Sibérie* ne se ferme pas le soir, dit-on, quand il doit pleuvoir le lendemain. Le *Souci pluviatil* se ferme à l'approche de la pluie (peut-être plutôt à la diminution de l'intensité de la lumière). Les Cistes conservent leurs Pétals plus long-temps fermés quand le ciel est couvert.

La position que certaines fleurs prennent pendant la nuit paraît appartenir à la même classe de faits, liés à la fois à la clarté et à l'humidité. Plusieurs MALVACÉES courbent leurs pédicelles et penchent leurs fleurs pendant la nuit. Plusieurs SYNANTHÉRÉES penchent leurs capitules de fleurs le soir pour les relever le matin. *L'Impatiente ne-me-touchez-pas* cache ses fleurs sous ses feuilles pendant l'obscurité.

Le *Soleil des Jardins* penche son capitule de fleurs vers l'orient le matin, vers le sud à midi, vers l'occident le soir. Il est probable que cette direction variée, est due au raccourcissement des fibres desséchées par la lumière.

Aïnsi la fleuraison varie suivant plusieurs conditions très-diverses et qui sans doute n'ont pas encore été toutes appréciées; mais il est remarquable que ces variations sont constantes dans chaque espèce; peut-être pourront-elles être mises au nombre de leurs caractères distinctifs.

Après cet aperçu général, examinons la manière dont sont groupées les fleurs et la succession de leur développement.

DE L'INFLORESCENCE.

On entend par *Inflorescence* l'ordre dans lequel les fleurs s'épanouissent et la forme que prennent les diverses agglomérations qu'elles affectent.

L'épanouissement des fleurs se présente sous trois aspects, qui peut-être ne diffèrent qu'en apparence.

Inflorescence	* 1. extrorse. Fleurs	pédonculées	1. GRAPPE. 2. OMBELLE.
		sessiles ou presque sessiles	3. EPI. 4. SPADICE. 5. CHATON. 6. CÔNE. 7. CAPITULE.
	* 2. introrse . . . . 8. CYME		simple. incomplette. composée. ombelliforme. scorpioïde. capitulée.
	* 3. mixte.		

* 1. Inflorescence extrorse.

L'inflorescence extrorse est caractérisée par le développement des fleurs de bas en haut, ou, autrement dit, de

dehors en dedans. (LÉGUMINEUSES, CRUCIFÈRES, PASSI-
FLORÉES, GROSSULARIÉES, CONVOLVULACÉES, *Capucine*,
Lilas, *Chèvre-feuille*; pl. XV. fig. 1. 2. 3. 5). Dans ce cas,
les groupes floraux affectent les dispositions qui suivent :

1° La GRAPPE présente un pédoncule (1) une ou plusieurs
fois ramifié, qui porte à ses extrémités des fleurs pédicellées (2), dont l'ensemble présente la forme ovoïde ou
pyramidale.

Elle est :

Simple, lorsque le pédoncule n'a pour rameaux que des pédicelles, terminés par une seule fleur (*Groseillier*, pl. XV. fig. 1.
Cerisier Pade.)

Composée, si le pédoncule est plusieurs fois ramifié (*Raisin*,
Marronnier d'Inde, *Lilas*, pl. XV. fig. 2.).

Paniculée (*Panicule*), lorsque le pédoncule et ses ramifications
sont minces, allongés, flexibles, comme dans l'*Avoine cultivée*
(pl. XV. fig. 5.).

Nue, si elle n'est pas accompagnée de bractéoles apparentes (*Groseillier*, pl. XV. fig, 1. 5.).

Bractéolée, lorsque les bractéoles sont manifestes.

Pendante, comme celle du *Groseillier* (pl. XV. fig. 1.), du
Raisin.

Dressée, lorsqu'elle est ascendante (*Marronnier d'Inde*, *Lilas*;
pl. XV. fig. 2.).

2° L'OMBELLE a des fleurs ordinairement pédicellées,
leurs pédicelles et leurs pédoncules partent circulairement,
comme les rayons d'un parapluie.

Elle est nommée :
Simple (pl. XV. fig. 11. *Ail*.).
Elle est désigné sous le nom de :
Composée, lorsque des pédoncules partant circulairement se ra-
mifient eux-mêmes en *Ombellules* (*Carotte*, *Cerfeuil*, pl. XV. fig. 12).

(1) Support commun à plusieurs fleurs.
(2) Le Pédicelle est le support propre à chaque fleur.

La base de l'Ombelle et celle de l'Ombellule peuvent être accompagnées de Bractées et de Bractéoles (pl. XV. fig. 12), ou en être privées. Dans ce dernier cas on dit que l'Ombelle et l'Ombellule sont nues.

3° L'ÉPI se distingue de la grappe, en ce que le pédoncule porte des pédicelles tellement courts que les fleurs paraissent sessiles ; il n'a ni Bractée commune enveloppante, ni Bractéoles coriaces (*Blé, Orge, Plantin* ; pl. XV. fig. 5.).

Il peut être :

Nu, comme celui d es *Blés*, des *Orges*, des *Trèfles*, des *Plantins* (pl. XV. fig. 5.).

Couronné par des Bractées, qui se prolongent au-dessus des fleurs (*Ananas, Couronne impériale*.).

4° Le SPADICE consiste en un groupe de fleurs sessiles portées sur un pédoncule tuméfié et enveloppé par une grande Bractée. Les fleurs à Etamines sont souvent distantes des fleurs à Carpels (*Gouet* ; pl. XV. fig. 6. et *Calla*.).

5° Le CHATON présente un pédoncule flexible, garni de Bractées spiralées, à l'aisselle de chacune desquelles naît un court pédicelle, portant des fleurs à Carpels, et d'autres à Etamines (*Saules, Noyer, Noisetier, Peuplier*; pl. XV. fig. 7).

Le Chaton peut être :

Pendant,

Dressé,

Cylindrique,

Conique, etc.

6° Le CONE se distingue du Chaton par la rigidité de son pédoncule et l'épaisseur de ses Bractées spiralées ordinairement coriaces qui portent à leur aisselle chacune deux Carpels sessiles (pl. XIII. fig. 3. 11. 12. pl. XV. fig. 8.).

Ces bractées sont :

Ligneuses dans les *Pins*.

Minces au sommet (*Sapins*, *Melèzes*, pl. XV. fig. 8.)
Epaisses au sommet dans les *Pins*.
Charnues dans les *Genévriers*.

7° Le CAPITULE est très-distinct des autres groupes de fleurs de l'inflorescence extrorse par la dilatation très-prononcée de son pédoncule, qui probablement est produite par l'union des pédicelles de toutes les fleurs de ce même Capitule. La partie dilatée se nomme *Réceptacle*. Elle est ordinairement entourée d'un grand nombre de Bractées, disposées en spires, et le plus souvent imbriquées. (pl. XV. fig. 9. 10.)

Les fleurs sont nombreuses sur le réceptacle et ordinairement séparées les unes des autres par une bractéole. Quelquefois le réceptacle est creusé de fossettes dans lesquelles est engagée la base des fleurs.

Les étamines sont réunies par les anthères dans les SYNANTHÉRÉES (pl. XX. fig. 4.) et libres dans les DIPSACÉES. Dans ces deux familles les Sépals et les Pétals sont unis et adhérents.

Les fleurs de chaque capitule sont toutes à Pétals semblables (pl. XX. fig. 3.) et en même temps à Etamines et à Carpels dans la section des SYNANTHÉRÉES, nommées *Carduacées* (pl. XV. fig. 10.). D'autres présentent des Pétals tous dirigés à l'extérieur et munis d'Etamines et de Carpels, ce sont les *Chicoracées* (pl. XX. fig. 5. 7.). Enfin les troisièmes ont à la circonférence du capitule, des fleurs irrégulières et à Carpels, ou bien sans Etamines ni Carpels: elles sont nommées *Radiées* (pl. XV. fig. 9. *Soleil*, *Marguerite.*) D'autres enfin ont plusieurs bractéoles UNIES autour de chaque fleur (DIPSACÉES, pl. XIII. fig. 7. 8.).

2. Inflorescence introrse.

L'inflorescence introrse présente au centre du rameau la première fleur qui s'épanouit : conséquemment l'ouverture des boutons se fait du centre de l'axe à la circonférence (pl.

XVI. fig. 1. 2. 3. 4.), *Rosiers*, *Benoite*, *Clématite*, *Dature*, *Pomme épineuse*, RENONCULACÉES, CARYOPHYLLÉES, PAPAVÉRACÉES.

Dans tous les cas d'inflorescence introrse, il est probable que le rameau réellement terminal, est réduit à une seule fleur, au lieu d'en porter plusieurs. Cette fleur unique manque même souvent (*Héliotrope des champs*) et alors les embranchements latéraux, dans la *cyme scorpioïde*, rentrent dans l'ordre de l'*Inflorescence extrorse*.

Toutes les modifications de l'inflorescence introrse se réduisent réellement à la *Cyme*, dont elles ne sont que de légères modifications.

On nomme Cyme :

Simple, celle qui n'est formée que de trois fleurs, l'une terminant le rameau, et s'ouvrant la première. Les deux autres sont opposées, et s'épanouissent en même temps l'une que l'autre (*Millepertuis* pl. XVI. fig. 1.).

Incomplette, et alors il est quelquefois difficile de la reconnaitre. Dans ce cas l'un des deux embranchements latéraux manque; c'est ce qui arrive souvent dans les *OEillets*, dans lesquels la tige se termine par la fleur centrale, et l'un des rameaux latéraux existe seulement.

Composée, la Cyme composée présente, comme dans le cas précédent, trois embranchements, l'un terminal simple, et les deux latéraux composés ; c'est ce qu'on observe souvent dans les *Céraistes* (pl. XVI. fig.2.). Ces ramifications peuvent se doubler, se tripler, se quadrupler même, et alors la difficulté augmente en raison de l'entassement.

Ombelliforme (*ou Corymbe*) celle qui est formée par un pédoncule sur lequel s'élèvent, en différents points, des pédicelles qui se terminent tous à la même hauteur, en sorte que les fleurs forment un plan horizontal (*Sureau*, pl. XV. fig. 4. *Cornouiller Sanguin*). On la distingue au premier aspect de l'ombelle parce que les pédoncules primitifs ou secondaires ne divergent pas du même plan ,comme les rayons du parapluie.

Scorpioïde, se distingue de la précédente en ce que les embranchements latéraux, qui portent des fleurs ordinairement nombreuses, sont roulés en crosse dans leur jeunesse et que leurs fleurs sont dirigées toutes vers la partie supérieure. Cette modification de la cyme offre encore des difficultés quelquefois par l'absence de la fleur terminale, alors elle rentre dans l'ordre réellement normal d'épanouissement. Il ne serait pas surprenant qu'on trouvât des cas où le rameau central se développerait complètement, ainsi que les latéraux, ce qui prouverait l'ordre ordinaire d'apparition de tous les rameaux, non-seulement foliacés mais encore floraux, et prouverait que l'inflorescence introrse n'est qu'apparente.

Capitulée (nommée aussi *Glomérule*). Cette modification présente des fleurs presque sessiles, agglomérées ou en tête. Elle se distingue de l'Epi lorsqu'il est arrondi, en ce que l'épanouissement floral a lieu du sommet à la base, et non de la base au sommet.

3. Inflorescence mixte.

L'inflorescence mixte participe, comme son nom l'indique, des deux précédentes : c'est-à-dire que l'ensemble des fleurs d'une plante se développe de bas en haut (*Inflorescence extrorse*), et que l'aisselle de chaque Bractée donne naissance à l'inflorescence introrse : c'est le cas dans lequel se trouvent les LABIÉES. Lorsque trois fleurs partent à l'aisselle d'une Bractée (qui dans cette famille ressemblent le plus souvent aux feuilles), la fleur terminale s'épanouit la première, et ensuite les deux latérales (l'une en même temps que l'autre). S'il en naît cinq, c'est la centrale qui opère son évolution, puis les deux qui la touchent, et enfin les deux plus extérieures.

Quelquefois au lieu de trois ou cinq fleurs on en trouve un plus grand nombre ; alors, si elles sont sessiles, elles entourent le rameau, et sont dites, bien improprement alors, *Verticillées*. Enfin quelquefois il ne naît qu'une seule fleur de l'aisselle de la Bractée de quelques labiées (*Scutellaire*), et alors l'inflorescence paraît extrorse.

On voit, d'après ce qui a été dit, que l'étude des inflorescences est loin d'être complète. Sans porter un esprit trop systématique dans ces recherches , il faut voir s'il ne se confirmera pas que l'extrorse est la seule réelle , tandis que l'introrse n'a lieu que par des avortements réguliers. Il serait bien étonnant que la nature , si fixe et si simple dans ses lois , en déviât d'une manière aussi prononcée.

Voyons actuellement quelles sont les parties constituantes des fleurs.

ARTICLE PREMIER.

DU PÉDICELLE ET DU PÉDONCULE.

En général, la fleur est jointe à la tige et à ses ramifications par un faisceau de fibres qui lui sert de support et qui lui transmet la sève.

Le support propre à chaque fleur se nomme *Pédicelle* (*Violette*). Le support du rameau à plusieurs fleurs porte le nom de *Pédoncule* (*Jacinthe*).

Le rameau multiflore est quelquefois réduit, par avortement (constant dans une espèce) à une seule fleur : ce cas est annoncé par l'articulation du support unique (*Narcisse des poètes*). Alors la portion qui part de l'aisselle de la feuille est le pédoncule, et celle qui part de l'articulation au-dessus de la bractée en est le pédicelle.

La longueur de ce support varie beaucoup ; il est long dans la *Violette*, court dans l'*Abricot*, la *Poire* : enfin il est si court quelquefois qu'il semble ne pas exister, et alors la fleur et le fruit sont dits *Sessiles*.

Sa forme ne varie pas moins : il est, comme tous les rameaux, le plus souvent cylindrique (pl. **XVII**. fig. 6.), quelquefois quadrangulaire, comprimé, etc.

Sa couleur, les parties qui peuvent le recouvrir, comme poils , aiguillons , glandes , etc. , sont mentionnées à l'article Superficie des Feuilles, et seront complétées par le paragraphe des Organes accessoires des Végétaux.

ARTICLE SECOND.

DU SÉPAL

On nomme SÉPALS (pl. XIV. fig. 3. et pl. XVII. fig. 2 et 7. S.), la spire la plus extérieure d'organes, ordinairement foliacés, dans une fleur complète, abstraction faite des bractées ou des bractéoles, qui ne l'entourent que rarement.

On désigne sous le nom de fleur complète (pl. XVII. fig. 1. 2. 3. 6.), celle qui présente des *Sépals* (pl. XVII. fig. 2. ainsi que toutes les autres parties de figures étiquetées S), des *Pétals* (mêmes figures ainsi que toutes les autres portions de figures étiquetées P), des *Étamines* (mêmes figures, et toutes les autres portions de figures étiquetées E), et des *Carpels* (mêmes figures avec toutes les autres portions de figures portant la lettre C).

Les Sépals sont au nombre de 5 (pl. XIV. fig. 3. 8.), 4 (pl. IV. fig. 10.), ou 2 dans les DICOTYLÉDONÉS, et de 3 dans les MONOCOTYLÉDONÉS (pl. V. fig. 10.). Ils manquent rarement, et sont souvent persistants. Ils sont ordinairement *sessiles*, cependant on en trouve qui sont portés sur un court pétiole.

Les Sépals (pl. XVII. fig. 1. 2. 3. S.) sont, après la Bractée, la modification la moins éloignée de la feuille, et peuvent en affecter tous les états. Toutefois, ils sont ordinairement *entiers*. Leur couleur est plus fréquemment verte, et comme tous les organes verts, ils offrent des *stomates* à leur surface extérieure.

Les Sépals sont tantôt :

Fibrés (*Renoncule*, *Adonis*, *Pavots*, *Chélidoine*.). (pl. XVII, fig. 2. 6.)

(1) Voir l'article Feuille pour la forme des lames.

Unis, plus ou moins haut, les uns aux autres (pl. XVII. fig 3.), et alors on y distingue :

Le *Tube*, qui est formé par la portion unie ; les lames constituent la partie libre de cette spire. Si l'union a lieu presque jusqu'au sommet, ces lames se réduisent à des dents (*Œillet* et pl. XVIII. fig. 2. S.) Quelquefois l'union est tellement complète qu'on n'aperçoit plus les sommets, et alors le tube paraît tronqué (OMBELLIFÈRES.) Dans ce dernier cas les Sépals unis complètement deviennent d'autant plus indistincts qu'ils adhèrent aux Carpels.

Le tube (pl. XVII. fig. 8.) affecte des formes très-variées: il est CYLINDRIQUE, CANNELÉ, ÉVASÉ, en CLOCHE, RÉTRÉCI, CHARNU, MEMBRANEUX, PERSISTANT, plus rarement CADUC (*Pomme épineuse*); enfin il peut être garni de glandes, de poils, de piquants.

Il est important de bien comprendre les mots *uni* et *adhérent*. Les Sépals des *Renoncules* sont libres (et pl. XVII. fig. 1. 2. 6. S.), ceux des *Œillets* (et pl. XVIII. fig. 2. S.) sont unis et non adhérents. Ceux des *Pommiers* sont unis et en outre adhérents aux rangs d'organes plus intérieurs ; ils forment la pelure de la pomme (pl. XVIII. fig. 7.)

Que les Sépals soient libres ou unis, ils peuvent être SEMBLABLES ou DISSEMBLABLES entre eux, ils concourent en cela à la régularité ou à l'irrégularité de la fleur. Lorsqu'ils sont tous unis, ils forment souvent deux lèvres plus ou moins distinctes (LABIÉES, pl. XXI. fig. 1.), dans lesquelles trois Sépals, unis plus ou moins haut, forment la lèvre supérieure, et les deux autres l'inférieure.

Quand les sépals sont unis, ils sont presque toujours PERSISTANTS (LABIÉES, *Sauge*, LÉGUMINEUSES, *Pois.*) Dans quelques cas cependant, ils se désarticulent plus ou moins près du sommet du pédicelle (*Dature Pomme Épineuse* et AMYGDALÉES ; *Pêches*, *Abricots*, *Cerises*, etc., et ils sont alors nommés CADUCS.) Dans d'autres la lèvre supérieure se désunit de l'inférieure et de sa base, et tombe (*Scutellaires.*) On les dit partiellement CADUCS. Quelquefois ils restent STATIONNAIRES, c'est-à-dire qu'ils ne continuent pas à croître ; d'autres fois ils continuent à grandir pendant toute la maturation, et prennent un très-grand développement (*Pommes, Alkékenge*), et on les dit alors ACCROISSANTS.

Dans le bouton les Sépals se présentent entre eux dans deux positions remarquables ;

Ils sont :

Bord à bord, lorsque leurs bords s'affleurent sans se recouvrir (MALVACÉES, *Tilleuls*, pl. XIX. fig. 1.)

Bord sur bord, ou imbriqué, quand les bords se recouvrent (pl. XIX. fig. 3 à 10) ; mais cette disposition présente deux modifications constantes dans des familles ou des genres.

Régulièrement bord sur bord, lorsqu'un bord de Sépal est recouvert, et que son autre bord recouvre le voisin. Mais il faut que tous présentent cette régularité (pl. XIX. fig. 3. 4.)

Irrégulièrement bord sur bord, lorsqu'un sépal est entièrement extérieur, un autre entièrement recouvert ; et les autres recouverts ou recouvrants, par les deux bords. Ce cas est beaucoup plus fréquent que le précédent (*Renoncule* et pl. XIX. fig. 8. 9. 10.)

ARTICLE TROISIÈME.

DU PÉTAL.

On entend par Pétal (pl. XIV. fig. 1. 2. 3. 4. et XVII. portions de figures étiquetés S.), un organe ordinairement demi charnu, demi transparent, et presque toujours autrement coloré qu'en vert, placé, dans une fleur complète, en dedans des Sépals et en dehors des Etamines. C'est la partie de la fleur qui nous frappe la première, à cause de l'éclat de sa couleur. Dans certaines plantes cependant les Pétals sont tellement courts, ou ressemblent tellement aux

Sépals, qu'on a long-temps refusé de reconnaître leur présence dans plusieurs fleurs.

Cette partie de la fleur est beaucoup plus fugace que les Sépals; elle a une grande affinité avec les Etamines; car ces deux organes se métamorphosent assez fréquemment l'un en l'autre. Les fleurs doubles sont dues à la dilatation des Etamines en Pétals (1). Tantôt c'est le filet qui s'élargit, d'autrefois l'anthère, quelquefois même tous les deux.

Plus rarement les Pétals se transforment en Etamines *(Capselle bourse à pasteur)*. Dans ce dernier cas cette fleur au lieu d'avoir 4 *Sépals*, 4 *Pétals*, 6 *Etamines*, dont deux courtes, offre 4 *Sépals*, 10 *Etamines* et point de *Pétals*.

Les Pétals grandissent toujours avec le bouton; quelquefois ils acquièrent même dans son sein tout leur développement (*Pavot*), alors on les y trouve CHIFFONÉS. Le plus souvent ils croissent encore après l'épanouissement.

Les Pétals, considérés relativement à leur position entre eux, peuvent être:

Bord à bord, sans se recouvrir, mais seulement en s'affleurant.

Bord sur bord régulièrement, lorsque, comme dans les *Pervenches*, le *Laurier-Rose*, les MALVACÉES (pl. XIX. fig. 3. 4.), le bord d'un Pétal recouvre l'un de ceux de son voisin en continuant ainsi de l'un à l'autre.

Bord sur bord irrégulièrement, et comme dans les *Roses*, les *Pivoines* (pl. XIX. fig. 8. 9. 10.), un Pétal est placé en dehors de tous les autres, un autre complètement en dedans, tandis que les autres recouvrent par l'un de leurs bords celui de son voisin ou en est recouvert.

Cette irrégularité dans la disposition des bords des Pétals ou des Sépals, offre cependant quelque précision dans cer-

(1) Il faut excepter les fleurs des SYNANTHÉRÉES, qu'on appelle *doubles*, lorsque les fleurs régulières deviennent irrégulières, par l'allongement des Pétals du côté extérieur du capitule. Dans ce cas les Etamines ne se sont pas développées.

tains cas. Ainsi dans la *Violette* le Pétal éperonné est intérieur, les latéraux en couvrent les bords, tandis que les deux plus extérieurs recouvrent le tout.

Dans les LÉGUMINEUSES, à fleurs irrégulières ou non symétriques, le Pétal supérieur (*Etendard*) recouvre toujours les autres (pl. XVII. fig. 8.), excepté dans le *Gaînier* ou *Arbre de Judée*, où il est au contraire intérieur. Les Pétals inférieurs ou intérieurs, nommés (dans cette famille) *carène*, ont leur bord inférieur affleuré et souvent uni l'un à l'autre de manière à former un petit bateau. (pl. XVII. fig. 8. et pl. XIX. fig. 6.)

Dans les fleurs simples des DICOTYLÉDONÉS, les Pétals sont en général au nombre de 5, 4 ou 2; on en trouve un plus grand nombre dans les *Nymphœa*, où l'on observe le multiple de quatre; mais ce cas est très-rare, à moins que les plantes ne commencent à doubler. Dans les MONOCOTYLÉDONÉS les Pétals sont au nombre de 3; on n'en voit jamais un seul, à moins de non développement d'un ou de plusieurs autres, et dans ce cas leur place reste vide.

La forme, la superficie, la découpure, la longueur, etc. varient beaucoup, et ce qui a été dit à l'article Feuille peut s'appliquer aussi au Pétal.

Il est formé de deux parties, le plus souvent distinctes.

On nomme :

Onglet, la partie rétrécie, qui en est comme le pétiole (pl. XVII. fig. 1. 6. 7.).

Lame, la portion dilatée, qui ressemble à la lame de la feuille (pl. XVII. fig. 1. 2. 67.).

Le Pétal est le plus souvent manifestement articulé à sa base, et il est conséquemment, avec les Etamines, l'un des organes les plus fugaces de la fleur. Mais, dans les DICOTYLÉDONÉS, il est en outre· quelquefois articulé au sommet de l'onglet, complication qui n'a pas été jusqu'ici nettement expliquée. Elle devient claire pourtant, si on la rapproche de la feuille composée. En effet, nous avons vu à l'article *feuille composée* que cet organe présentait quelquefois une articulation au sommet du pétiole (*Orangers* , pl. XII. fig. 6.) et qu'alors la feuille était composée à une seule foliole. On peut donc considérer les Pétals articulés au sommet de l'onglet, tels que ceux des *Roses*, des *Potentilles*, des AMYGDALÉES, et en général des plantes à Pétals adhérents aux Sépals, comme des Pétals composés à une seule lame. Dans ce cas ils se désarticulent vers le sommet de l'onglet, dont la presque totalité persiste, pour former l'intermède.

Au point de jonction de l'onglet à la lame des Pétals on trouve quelquefois de petits dédoublements pétaloïdes que l'on nomme appendices (*Silene* pl. XVIII. fig.2. P.) et beaucoup de BORRAGINÉES), mais ces appendices ne sont pas articulés.

Les Pétals peuvent être:

Libres, sans union entre eux (*OEillets*, *Violettes*, *Pavots* (pl. XVII. fig. 1. 2. 6. 7. et XVIII. fig. 2. P.).

Unis, par une plus ou moins grande étendue de leurs bords ; ordinairement à leur base (LABIÉES pl. XXI. fig. 2. et pl. XX. SOLANÉS, pl. XVIII. fig. 10.), quelquefois aussi à leur sommet (*Raiponce*), sans d'ailleurs aucune adhérence ni aux Sépals , ni aux Carpels. La portion restée libre prend le nom de *Lame* (BORRAGINÉES, PRIMULACÉES; SOLANÉES, pl. XVIII. fig. 10.).

Dans le cas d'union les Pétals forment un tube (pl. XVIII. fig. 10. PRIMULACÉES, LABIÉES, BORRAGINÉES.), plus ou moins long relativement à la partie libre des Pétals.

Il peut être :

Cylindrique, **Comprimé**, **Rétréci**, **Étranglé**, **Dilaté**, **Bosselé**, **Poilu**, **Glabre**, etc.

Adhérents, soit aux Sépals seuls (ROSÉES, AMYGDALÉES pl. XVIII. fig. 4.), soit aux Sépals et aux Carpels (POMACÉES, MYRTACÉES. pl. XVIII. fig. 7.), soit, plus rarement aux Carpels seuls (*Nymphæa*) Toutes les fois que les Pétals adhèrent aux Sépals, ces derniers sont unis en tube et les Pétals semblent en naître, parce qu'ils y sont joints par le sommet de l'onglet, qu'ils entraînent avec eux en se désarticulant. Mais le reste de l'onglet, adhérant à la paroi interne du tube des Sépals, se prolonge jusque sous les Carpels et contribue à la formation de l'Intermède.

Nuls, alors la seule enveloppe des Etamines et des Carpels qui se trouve présente, de quelque nature qu'elle soit, doit être considérée comme une spire de Sépals et non de Pétals.

Quant à leur position, relativement aux Sépals, les Pétals sont :

Alternes, c'est-à-dire placés entre les Sépals, et non devant eux (RENONCULACÉES pl. XVIII. fig.1. 2. XIV. fig. 3.).

Opposés, ou placés devant les Sépals (*Epine vinette*).

ARTICLE QUATRIÈME.

DE L'ETAMINE.

(Pl. XVII. XVIII. XIX. XX. et XXI).

Les Etamines constituent la troisième spire d'organes floraux, celle qui, dans une fleur complète, est placée entre les Pétals et les Carpels (pl. XVII. fig. I E. 2 E. pl. XVIII. fig. 2. 4. 5. 7 E). Elles sont formées de deux parties généralement très-distinctes : l'une terminale, renflée et plus ou moins arrondie, qui produit et contient la poussière ordinairement jaune, appelée POLLEN ; c'est l'ANTHÈRE (pl. XXII. fig. I à 23) ; l'autre communément mince, allongée ; c'est le FILET, qui sert de support et comme de pétiole à l'anthère (pl. XXII. fig. I à 23).

Les ETAMINES sont encore des organes du genre de la feuille. Dans les fleurs doubles, on trouve tantôt le filet développé en PÉTAL, et parfois reconnaissable à l'Anthère qu'il porte encore, tantôt l'Anthère devient elle-même pétaloïde à l'extrémité du filet qui la soutient.

Ces organes présentent le plus souvent deux articulations, l'une de la base du filet sur l'axe floral (pl. XXII. fig. 1. à 6. parties où sont placés les chiffres), l'autre de l'Anthère sur le filet ou au-dessous (pl. XXII fig. 1** et 2**), ce qui les rend le plus souvent très-caducs.

C'est dans le bouton que l'on doit surtout étudier les anthères (pl. XVII. fig. 6); là, elles n'ont éprouvé aucun déplacement, aucune déformation et on peut les observer dans toute leur fraîcheur.

Chaque spire d'organes est ordinairement alterne avec celle qui la précède et celle qui la suit (pl. XVII. fig. 2. et ONAGRARIÉES pl. XXI. fig. 5. 6.). Les Étamines suivent cette loi commune, avec si peu d'exceptions, que celles que l'on rencontre quelquefois sont probablement dues à des avortements ou à des unions d'organes: ainsi dans les PRIMULACÉES, où il existe un seul rang d'étamines, devant les Pétals, on doit supposer qu'une spire plus extérieure, qui aurait été alterne avec eux, ne s'est pas développée.

Quant au nombre, les étamines suivent encore l'analogie des autres organes floraux ; elles sont en nombre quinaire (pl. XVII. fig. 3. pl. XIV. fig. 4. et pl. XX. fig. 2. 4) ou quaternaire (pl. XXI. fig. 8. 9) dans les DICOTYLÉDONÉS; et en nombre ternaire dans les MONOCOTYLÉDONÉS (*Iris*, pl. V. fig. 10). Mais tandis que les Sépals et les Pétals ne forment presque toujours chacun qu'une seule spire, les Etamines sans métamorphoses, peuvent en avoir deux (ONAGRARIÉES pl. XXI. fig. 5. 6. pl. XVIII. fig. 1. et pl. XIX. fig. 13), trois ou davantage, toujours alternes. Ainsi les SAXIFRAGACÉES ont 5 Sépals, 5 Pétals, et 10 Etamines en deux spires; les *Jacinthes* ont 3 Sépals, 3 Pétals et deux Spires de 3 Etamines chacune.

Mais si le nombre est anormal, par exemple de 6 ou 7 dans un DICOTYLÉDONÉ, ou de 4 à 5 dans un MONOCOTYLÉ-

DONÉ on doit penser que ces Etamines, en excès, sont le commencement d'une Spire nouvelle.

Plus le nombre des Etamines augmente, plus les avortements se multiplient, et plus il devient difficile de distinguer la position relative et le nombre constant de ces organes (pl. XVIII. fig. 4. 5. 7).

Toutefois des accidents de ce genre s'offrent également dans certaines plantes qui n'ont qu'une spire d'Etamines; alors ces organes sont en nombre moins grand que les Pétals; mais il ne faut pas oublier que cette irrégularité vient de ce que quelques Etamines ne se sont pas développées. Ainsi dans les VALÉRIANÉES on trouve des genres à 4 Etamines (*Patrinie*), d'autres à 3 (*Valérianelle*, *Valériane*, pl. XIX. fig. 16.), à 2 (*Fédie*), et enfin à une seule (*Centranthe* pl. XIX. fig. 18). Dans les quatre derniers cas, les Etamines existantes sont régulièrement placées entre les Pétals, et les places des autres restent vacantes.

D'ailleurs ces anomalies sont constantes dans quelques familles à tel point qu'elles servent à les caractériser : ainsi dans les SCROFULARINÉES et dans les LABIÉES, ce sont toujours les Etamines les plus rapprochées de l'axe du rameau des fleurs, qui manquent.

Le genre *Scrofulaire* a quatre Étamines distinctes, adhérentes au tube des Pétals, mais toujours inégales en longueur, la 5e ou supérieure est représentée par un appendice pétaloïde.

Dans les LABIÉES, l'Etamine supérieure manque constamment. Les *Lamiers* en ont quatre, mais les deux intermédiaires sont sensiblement moins élevées que les deux inférieures. Enfin dans les *Sauges*, le *Romarin*, etc., les deux intermédiaires sont presque nulles, et les inférieures seules existent à l'état parfait.

DU FILET.

(pl. XXII. fig. 1-21 les parties près desquelles les chiffres sont placés.)

Le Filet ou support de l'Anthère, varie de longueur et de forme. En général il est plus long que l'Anthère (pl. XXII. fig. 1. 5. 6. 7. 8. 9. 15. 16. 21.).

Le filet est souvent :

Cylindrique.

Élargi ou **Pétaloïde** (*Aconit.* et pl. XXII. fig. 7.), sous ce point de vue il se rapproche surtout du Pétal, dont la structure a beaucoup d'analogie à la sienne, et dans laquelle il se transforme facilement par la culture.

Outre les deux articulations des Filets, à la base et à l'Anthère, dont nous avons déjà parlé (pl. XXII. fig. 1. en bas et XX). quelques uns en présentent une 3e vers l'un des points de leur longueur (pl. XXII. fig. 15. 16). Parfois même cette 3e articulation offre un ou plusieurs appendices soit pétaloïde, soit foliacé, etc. (quelques *Mélastomacées* pl. XXII. fig. 14. 16.).

Les Filets sont ordinairement blancs et comme étiolés, cependant quelques-uns sont diversement colorés en bleu, jaune, etc.

Ils sont souvent :

Glabres (pl. XXII. fig. 1. 2. 3. 4. 5. 9. 10. etc. *Renoncules*) ; cependant on les trouve parfois velus (*Aconit.* et pl. XXII fig. 6. 7. 7* 8). Dans la *Tradescantie* de *Virginie* ils sont garnis de longs poils renflés en chapelet, et forment des aigrettes qui rehaussent l'élégance de la fleur.

On trouve quelques fleurs dans lesquelles le Filet existe sans Anthère ; souvent alors il subit des modifications particulières comme dans la *Sparmannie d'Afrique* où les filets (privés d'Anthères) présentent de petites nodosités dans toute leur longueur, avec des couleurs variées.

Considérés soit les uns par rapport aux autres, soit relativement aux organes voisins,

Les filets peuvent être :

Libres, comme dans les RENONCULACÉES, les CISTINÉES (pl. XVII. fig. 1. 2. 7. pl. XVIII. fig. 1. 2.).

Unis, à diverses hauteurs en un ou plusieurs faisceaux (voir ci-dessous). (pl. XXII. fig. 24. 24* et 25.)

Adhérents aux Sépals (pl. XVIII. fig. 4. 6. SPIRÉACÉES, ROSÉES. AMYGDALÉES.), aux Pétals (pl. XIX. fig. 16. VALÉRIANÉES, etc.), ou aux Carpels (ARISTOLOCHIÉES), ou à tous en même temps (POMACÉES, pl. XVIII. fig. 5. 7.) (voir plus bas).

Les filets sont quelquefois :

Droits, comme dans le bouton des *Lis.*

Infléchis, manifestement dans les POMACÉES, les AMYGDALÉES avant l'épanouissement.

Flexueux, dans les PAPAVÉRACÉES en bouton.

Dans les fleurs épanouis, les filets sont ordinairement également espacés (*Rosiers*, *Fraisiers*, *Tulipes* et pl. XVII. fig. 3. 7. et pl. XVIII, fig. 1. 10).

Déjetés, vers la partie inférieure, ou la supérieure de la fleur, comme dans les LABIÉES. Parmi les Fleurs où les Etamines sont déjetées en bas on trouve la *Capucine,* l'*Hémérocalle,* le *Réséda,* les *Cierges,* etc. Celles dans lesquelles les filets sont portés en haut s'observent dans la plupart des LABIÉES, telles que les *Sauges,* les *Lamiers* le *Lierre-terrestre.*

* 1. Union.

Les MALVACÉES ont tous leurs Filets réunis, plus ou moins haut, en un seul faisceau qui entoure les Carpels ; c'est au tube, formé par l'union des Filets, qu'adhèrent les Pétals, qui sont libres entre eux (pl. XX. fig. 1.).

Les LÉGUMINEUSES à Pétals dissemblables ont souvent 9 Etamines unies, plus ou moins haut, tandis que la 10ᵉ qui répond au Pétal supérieur est souvent libre (pl. XVII, fig. 9).

Dans les AURANTIACÉES et les HYPÉRICINÉES les filets sont réunis en plusieurs groupes, mais dans une si courte étendue, qu'on ne peut bien juger de cette union qu'à la chute des Etamines.

L'union de deux étamines est quelquefois si complète qu'elles ont été prises pour une seule; c'est à cette apparence que l'une des espèces de *Saules* les plus communes, le *Saule à 1 Étamine* (pl. XXII, fig. 24 et 24*) doit son nom spécifique. Les deux Filets sont unis dans toute leur longueur : mais les Anthères, adossées l'une à l'autre, ne laissent aucun doute sur cette union; il n'y a réellement aucun Saule à 1 seule Etamine. Une autre espèce, connue sous le nom de *Saule fendu*, ne présente cette union que jusqu'à la moitié des filets.

Les Filets sont aussi quelquefois unis en plusieurs faisceaux dans la presque totalité de leur longueur. (*Millepertuis* pl. XXII, fig. 25.)

Par fois elles sont unies en plusieurs faisceaux dans toute la longueur de leur filet, comme dans quelques CUCURBITACÉES (*Courge ordinaire*) (pl. XXI. fig. 4.).

Dans les FUMARIACÉES les Filets des Etamines offrent une particularité bien remarquable; les Filets y sont groupés en trois faisceaux, dont chacun a trois extrémités libres; mais les latéraux n'offrent chacun qu'une poche d'Anthère, comme si l'Etamine était partagée en deux.

* 2. **Adhérence.**

D'autres fois les Filets sont libres mais adhérents aux pétals (pl. XIX, fig. 16.) comme dans les PRIMULACÉES

VALÉRIANÉES, LABIÉES, etc. Dans ce cas les Pétals sont presque toujours unis entre eux, si ce n'est dans les MALVACÉES, quelques LILIACÉES et un petit nombre d'autres plantes.

Souvent les filets sont adhérents aux Sépals, quoique les Pétals soient libres; c'est ce qu'on observe dans les AMYGDALÉES, ROSÉES, DRYADÉES.

Lorsque les filets adhérents aux Sépals (conjointement avec les onglets des Pétals), ils sont *marcescens* (*Roses, Potentilles*, POMACÉES, *Fraisiers*, etc.) attendu qu'ils ne peuvent se désarticuler, tandis que les Pétals (de ces mêmes plantes) qui ont une articulation vers le sommet de l'onglet perdent leurs lames.

Ces divers degrés d'union ou d'adhérence des Filets offrent des modifications tellement fixes qu'on s'en est servi trèsavantageusement dans la classification naturelle. En effet, comme on trouve des exemples de toutes ces modifications du filet ou de plusieurs d'entre elles dans les deux classes des végétaux fibrés, on peut asseoir sur ce caractère leur partage en ordres tant pour les DICOTYLÉDONÉS, que pour les MONOCOTYLÉDONÉS.

Parmi les DICOTYLÉDONÉS le Ier *Ordre*. FILETS-LIBRES est caractérisé : par l'entière liberté des Etamines (pl. XVII. fig. 1. 2. 6. 7. pl. XVIII. fig. 1. 2. pl. XXI. fig. 8. 9. RENONCULACÉES, etc.)

2e *Ordre*. FILETS-UNIS, par l'union des filets en un ou plusieurs faisceaux (toujours sans adhérence). (pl. XVIII. fig. 8. 9. 11. pl. XX. fig. 1. MALVACÉES, etc.).

3e *Ordre*. FILETS-SÉPALS, filets adhérents au tube des Sépals (pl. XVIII. fig. 4. 6. ROSÉES, AMYGDALÉES, etc.)

4e *Ordre*. FILETS-CARPOSÉPALS, par l'adhérence des Etamines et des Sépals aux Carpels et Pétals libres, dans leur partie visible, (POMACÉES, ONAGRARIÉES, etc. pl. XVIII. fig. 5. 7. pl. XIX. fig. 14. et pl. XXI. fig. 5. 6.).

5e *Ordre*. FILETS-PÉTALO-SÉPAL , par l'adhérence des filets aux Pétals et aux Sépals. Pétals unis. CUCURBITACÉES , VA-LÉRIANÉES.

6e *Ordre*. FILETS-PÉTALS , par l'adhérence des Etamines aux Pétals unis , sans aucune adhérence aux Sépals , ni aux Carpels (PRIMULACÉES , JASMINÉES , etc. pl. XVIII. fig. 10.).

Voir le tableau ci-contre.

DE L'ANTHÈRE.

(pl. XXII. fig. de 1 à 23, la partie marqué *)

L'Anthère est la tête globuleuse ou oblongue qui termine l'Etamine et renferme le Pollen. Elle se présente le plus souvent formée de deux poches parallèles. (Pl. XXII, fig. 1 à 11, et 15, 16, 17, 18, 19, 20, 21, 22, 23 et 24* la partie marquée *.) Elles sont séparées par le filet qui se continue entre elles et en est réellement la dorsale : en effet, il est très-probable que l'Anthère n'est qu'une feuille , restée à l'état rudimentaire et dont les utricules forment le POLLEN.

L'Anthère est ordinairement jaune, quelquefois rose, blanche ou bleue, etc. Une fois ouverte elle parait le plus souvent jaune. Sa face interne devenant extérieure, on n'y aperçoit plus qu'une multitude de petites granules de *pollen*.

Dans le bouton l'Anthère a toute sa pureté : c'est là qu'il faut l'étudier. Elle peut affecter une partie des formes des feuilles. (Pl. XXII. Voir en outre l'explication de la planche citée.)

Sa forme change aussi complètement, elle s'affaisse, se crispe ; mais cependant avec une certaine habitude on reconnaît souvent encore comment elle s'est ouverte.

La base des Anthères s'étend quelquefois en pointes plus ou

moins prolongées. (Pl. XXII , fig. 11* et fig. 14 où elle est accompagnée de deux appendices linéaires et aigus.)

Les poches des Étamines sont formées dans les VÉGÉTAUX FIBRÉS, de plusieurs couches d'utricules visibles à des lentilles peu fortes; elles n'en présentent qu'une dans les PLANTES UTRICULÉES, (MOUSSES, HÉPATIQUES). Dans les unes et les autres elles sont revêtues intérieurement d'une membrane qui paraît homogène, mais dont les parties constituantes sont d'une ténuité jusqu'ici insaisissable à nos microscopes.

Les Anthères montrent par leur épanouissement successif leur disposition spirale. S'il existe deux spires d'Etamines, la plus extérieure s'ouvrira d'abord, suivant l'ordre de spiralité des anthères, quelle que soit la rapidité de leur expansion. Quand toutes celles de la spire extérieure sont ouvertes, la seconde suivra le même ordre d'évolution.

Les poches de l'Anthère sont souvent placées parallèlement l'une à côté de l'autre (pl. XXII. fig. 1. 2. 3. 4. 5. 6. 7. 8. 9. 10. 21. 22. etc.); mais quelquefois aussi elles sont diversement contournées comme dans quelques CUCURBITACÉES (pl. XXI. fig. 4. et pl. XXII. fig. 17.)

Les Anthères s'ouvrent ordinairement peu de temps après l'épanouissement de la fleur. Dans quelques plantes pourtant, comme les CAMPANULACÉES, les Anthères s'ouvrent avant les Pétals.

Cette ouverture des Anthères se fait en des points très-divers, mais dans des familles ou dans des genres entiers, elle est bien déterminée et concourt à fixer les caractères. La déhiscence des Anthères s'opère le plus souvent dans le sens de la longueur des poches.

Si elle a lieu du côté extérieur l'Anthère est dite **extrorse** ou bien ouvrant aux PÉTALS (RENONCULACÉES.).

Si la rupture s'opère en dedans on la dit **introrse** ou aux CARPELS GÉRANIACÉES, VIOLARIÉES pl. XXII. fig. 22. 23. *Lilas*, PRIMULACÉES.).

Latéralement, lorsque la rupture des bords de l'Anthère n'a lieu vers aucune des deux surfaces, mais exactement sur les bords des poches (pl. XXII. fig. 4. 7.).

Demi-circulaire, lorsque les poches étant étroitement unies, leurs bords extérieurs se fendent circulairement (*Scrofulaire* et pl. XXII. fig. 19.).

Par un trou au sommet, lorsque les deux poches communiquent à un bec commun qui les surmonte, comme dans quelques MÉLASTOMACÉES (pl. XXII. fig. 13. 14. 16.).

Par deux trous au sommet, comme dans toutes les Morelles (pl. XXII, fig. 12).

Par battants, qui ouvrent de bas en haut, un seul pour chaque loge dans les BERBÉRIDÉES, et deux pour chaque dans les LAURINÉES (pl. XXII. fig. 18.).

Quelquefois l'Anthère, CONTINUE au filet, ne se désarticule qu'à la base de celui-ci, et dans ce cas ils tombent ensemble (*Pavots*). D'autres fois elle est articulée au sommet du filet, et alors, l'Anthère est CADUQUE (*Lis*). Enfin, nous avons vu que si elle est continue au filet, et que si celui-ci est adhérent aux Sépals, l'Etamine ne peut se désarticuler ni à sa base ni près de son Anthère, alors elle persiste en entier et devient marcescente (POMACÉES, DRYADÉES, etc. pl. XVIII. fig. 5. 6. 7.).

La position de l'Anthère relativement au filet, nous donne aussi des caractères bien distincts. Nous avons dit que le filet devait être considéré comme un pétiole et l'Anthère comme sa lame. Nous avons vu à l'article feuille que le pétiole pouvait s'épanouir au bord de la lame ou bien vers le centre de sa face inférieure. Dans le premier cas nous avons dit que les libres étaient pennées ou palmées, que dans le second elles étaient rayonnantes ou peltées. Nous retrouvons encore cette même disposition dans l'Etamine, dont l'Anthère ne s'ouvre que du côté opposé à celui où elle tient au filet. Celui-ci n'étant que la dorsale de l'Anthère, se continue jusqu'à son sommet, ou bien peu au-dessous (pl. XXII. fig. 1. 5. 17. 19. 24.);

mais dans quelques cas il dépasse les poches de l'Anthère : c'est ce qui arrive dans les *Concombres*, les *Melons*, etc. (pl. XXII. fig. 6. 7. 8. 20. 22. et 22*). Dans le genre *Nérie* ou *Laurier-rose* cette prolongation s'étend plus loin encore et forme un élégant plumet.

Nous avons vu des cas assez nombreux d'union des filets ; les Anthères présentent aussi la même·disposition, mais l'union des uns n'entraîne pas celle des autres.

Les cinq Anthères des CUCURBITACÉES sont souvent unies deux à deux, la 5ᵉ restant libre (*Concombre, Melon*), il en est de même des filets.

Dans le genre *Courge*, les cinq filets sont également unis dans toute leur longueur, 2 à 2, et le 5ᵉ est seul ; mais les cinq Anthères sont unies en un seul cylindre, les Carpels manquent au centre (pl. XXI. fig. 4. et 4*), la fleur à Carpels manque d'Anthères et on ne retrouve plus que le bas du filet (pl. XXI. fig. 3. E.).

Dans les SYNANTHÉRÉES les filets des cinq Etamines sont adhérents aux Pétals, ainsi qu'au tube des Sépals, mais ils sont libres par en haut, tandis que les cinq Anthères sont complètement unies (pl. XX. fig. 3. 4.).

De tous les organes des fleurs nul ne fixe plus l'attention des fleuristes que le filet et l'Anthère, puisque c'est leur expansion qui produit les fleurs doubles, ornement des jardins. On ne peut mettre en doute que telle que soit la cause de ces singulières transformations, lorsqu'on surprend des Anthères bordant les Pétals des *Pavots doubles*, les filets à moitié dilatés en Pétals, dans les *Pommiers*, et lorsque tout récemment on a pu observer sur un *Pivoine* pourpre les deux poches des Anthères appliquées au sommet des Pétals accessoires et les border de leur jaune d'or.

Cette mutation d'un organe en l'autre amène probablement aussi une modification dans la base du filet métamorphosé, car les Pétals des fleurs doubles persistent beaucoup plus long-temps que ceux des fleurs simples.

D'autres fois au contraire, mais beaucoup plus rarement les Pétals se changent en Etamines : nous en avons cité un cas, observé dans la Capselle bourse à Pasteur.

DU POLLEN.

Le Pollen est la substance pulvérulente renfermée dans les poches des Anthères des VÉGÉTAUX FIBRÉS et des VÉGÉTAUX UTRICULÉS les mieux connus.

Il sert à la fructification.

Il est composé d'utricules de formes très-variées, non adhérentes à l'Anthère à l'époque de la fleuraison.

Ces utricules sont grosses et **Sphériques** dans les MALVACÉES, les CUCURBITACÉES (pl. XXII. fig. 26.).

Elliptiques, dans les SOLANÉES, les CARYOPHYLLÉES, les GRAMINÉES, etc. (pl. XXII. fig. 27.).

Triangulaires, à angles émoussés dans les ONAGRARIÉES (pl. XXII. fig. 30.).

Cylindroïdes, dans les LÉGUMINEUSES PAPILLONACÉES.

Les grains de Pollen, souvent invisibles à la loupe, deviennent distincts au microscope. Humectés, ils se déchirent et donnent issue à un très-grand nombre de granules d'une extrême petitesse, et qui vus à de plus forts grossissements paraissent tantôt lisses (pl. XXII. fig. 26. 27. 30.), tantôt relevés d'aspérités (pl. XXII. fig. 38.).

Ils sont ;

Lisses et non visqueux dans un grand nombre de familles (SOLANÉES, PERSONÉES, GENTIANÉES, CARYOPHYLLÉES, EUPHORBIACÉES. Ils sont souvent marquées d'une rainure longitudinale (pl. XXII. fig. 27. 29.), quelquefois **réticulés** (pl. XXII. fig. 29.). Si on les humecte ils changent de forme: d'élliptiques qu'ils étaient, par exemple, ils se renflent en sphère, jusqu'à ce qu'ils se rompent.

Rugueux et visqueux, dans d'autres familles. Cette rugosité est due à de petites glandes, qui sécrètent un liquide gluant. Dans l'eau cette viscosité se dissout, puis les grains de Pollen éclatent plus ou moins promptement.

Dans quelques cas le Pollen est aggloméré en un corps qui a la même forme que la loge, dans l'intérieur de laquelle il est contenu. On donne à ce pollen, ainsi réuni, le nom de MASSE POLLINIQUE. Cette disposition se rencontre dans les ASCLÉPIADÉES et dans les ORCHIDÉES, familles appartenant l'une aux DICOTYLÉDONÉS, la seconde aux MONOCOTYLÉDONÉS.

M. Guillemain s'est convaincu par un grand nombre d'observations que la nature des grains polliniques était la même dans chaque famille de plantes, ou en d'autres termes, qu'on ne rencontrait pas, dans la même famille, des plantes à pollen lisse et à pollen visqueux. Il a vu de plus que tous les genres d'une même famille n'offrent que des modifications dans les formes de leurs grains polliniques, tandis que des familles très-éloignées, par d'autres caractères, se rapprochaient par l'identité de leur pollen.

On sait peu de chose sur la formation du Pollen, toutefois l'Anthère très-jeune présente à son intérieur une masse utriculeuse distante de ses parois. Ces utricules s'isolent bientôt et finissent par former les granules du Pollen. Il est probable qu'ils sont dus au tissu utriculaire de la feuille modifié.

Enfin par des observations récentes on a découvert dans quelques végétaux utriculés, des animaux microscopiques roulés en spires, munis d'une trompe et transparents. On les nomme SPIRILLES. Ils ont été vus dans quelques MOUSSES, des HÉPATIQUES et bien distinctement dans les CHARACÉES.

INTERMÈDE.

Nous avons donné le nom d'INTERMÈDE (1) à la base des Filets et des Pétals devenus charnus, soit par leur union et leur adhérence entre eux, soit avec les Sépals, soit enfin par des rudiments d'Etamines. Ce n'est réellement pas un organe particulier, mais nous avons cru cette dénomination indispensable pour éviter le vague des autres.

L'Intermède a reçu beaucoup de noms, qui exprimaient le point de vue particulier sous lequel chaque auteur le considérait, et les diverses hypothèses que l'on créait pour expliquer son existence. Il se présente sous divers états, dont voici les principaux.

L'Intermède est :

Libre, dans les CRUCIFÈRES, où il se présente sous forme de glandes isolées les unes des autres (SALICINÉES).

Irrégulier, comme dans le *Réséda* dont il occupe la partie supérieure de la fleur ; dans les *Saules européens* il est dans la même position.

Uni, lorsque ses parties constituent un bourrelet charnu qui entoure le ou les Carpels (LABIÉES, COBÉACÉS, ACÉRINÉES, pl. XVII. fig. 5.).

Adhérent aux Sépals, dont il tapisse une plus ou moins grande étendue dans les ROSÉES, chez lesquelles il est persistant, devient charnu, et est souvent regardé très-improprement, comme le fruit lui-même. Dans les AMYGDALÉES, il tombe avec le tube des Sépals, qui se désarticule à sa base ; dans les DRYADÉES il se fane sur place.

(1) Seringe et Guillard, *vocabulaire botanique* (à la suite des formules botaniques). Lyon 1836. p. 67. On trouve aussi, dans le même ouvrage, un dictionnaire des mots que nous croyons inutiles, mais que nous avons rapportés aux expressions que nous avons employées.

Adhérent aux Sépals et aux Carpels, dans toute la famille des POMACÉES (*Pommier*, *Poirier*, *Néflier*, *Cormier*, *Coignassier*, *Alisier*). Il constitue la partie charnue que nous mangeons tandis que la pelure est formée par le tube persistant et accru des Sépals.

Persistant, comme dans les OMBELLIFÈRES, LABIÉES, SYNANTHÉRÉES, etc.

Caduc, quand il tombe avec le tube des Sépals, lui-même tombant peu de temps après la fleuraison (AMYGDALÉES).

Accroissant, comme dans les POMACÉES, les ROSÉES, dont il forme la chair.

Flexueux, comme dans la *Cobée* dont il entoure l'axe floral, qui se prolonge au-dessus, sans y adhérer.

ARTICLE CINQUIÈME.

DU CARPEL.

(pl. XXIII. XXIV.).

Le Carpel est l'organe foliacé qui renferme les graines, concourt à leur développement et termine le rameau : s'il y en a plusieurs, ils forment la spire ou les spires les plus intérieures de l'appareil floral.

Le Carpel se compose de trois parties distinctes :

1° Le CARPE ou fruit proprement dit ; c'est la portion plus ou moins renflée, qui occupe le fond de la fleur et où les graines naissent et mûrissent.

2° Le STYLE, qui s'élève au-dessus du Carpe, et, au centre de la fleur en prolongement mince et plus ou moins long.

3° Enfin le STIGMATE, masse d'utricules nues, qui termine ou borde le Style.

Le Carpel est formé d'une feuille repliée sur sa face supérieure, qui devient interne, la dorsale restant toujours externe. Les deux lames foliacées ne cessent pas d'être distinctes dans le Carpel; nous les nommons ses lamelles. Leur surface extérieure présente le plus souvent des Stomates, comme celles des feuilles, et comme elles le Carpel exhale par eux de l'oxigène à la lumière. Celui des LÉGUMINEUSES offre l'exemple le plus simple de cette ressemblance (pl. XXIV. fig. 3. 4. 6. 7.).

Comme la feuille, le Carpel est tantôt élevé sur un support (pl. XVII. fig. 7. 10. pl. XVIII. fig. 2. 8.), tantôt sessile sur l'axe (pl. XVII. fig. 4. et pl. XVIII. fig. 1. 7. 12.): ce dernier cas est le plus fréquent (RENONCULACÉES); ceux des *Haricots*, *des Pois*, ont de courts supports; celui du *Baguenaudier* en a un plus manifeste; dans les *Capriers*, les supports sont beaucoup plus longs que les Carpels (pl. XVII. fig. 1. 7. et pl. XVIII. fig. 2. 8.).

Les rapports extérieurs entre la feuille et le Carpel, ont conduit à regarder ces deux organes comme essentiellement identiques. Cette opinion est sortie du champ des hypothèses par les observations microscopiques de MM. GUILLARD (1). Ils ont trouvé que le Carpel des LÉGUMINEUSES est d'abord une très-petite feuille, dont les bords sont écartés, et que plus tard ils s'unissent l'un à l'autre. Dans les Carpels de la même spire des *Ancolies, Aconits, Hellébores*, les bords écartés forment d'abord une cavité commune, mais bientôt chaque Carpel se ferme, comme l'est celui des LÉGUMINEUSES.

Ainsi la formation du Carpel prouve encore que cet organe n'est qu'une feuille modifiée. Mais cette identité est confirmée par l'état où l'on observe beaucoup de Carpels développés. Ceux du *Sterculier* (pl. XXIII. fig. 1. 2. 3. et pl. XXIV. fig. 1. 2.); portés sur l'axe de la fleur prolongé entre les Sépals et les Etamines sont clos et unis au moment de l'épanouissement floral (pl. XXIII. fig. 1. 2.); ils gran-

____

(1) Mém. sur la formation et le développement des organes floraux. Ces faits ont été vérifiés par les observations de M. Mirbel (1835).

dissent beaucoup ensuite, s'écartent peu à peu les uns des autres (pl. XXIII. fig. 3. et pl. XXIV. fig. 1.), s'ouvrent par la désunion des bords séminifères (pl. XXIV. fig. 2.); les graines restent fixées à ces deux bords, et chaque Carpe alors a toute l'apparence d'une feuille pétiolée. Leur réunion offre un fort élégant aspect.

Les Carpes de la *Gesse des bois* (pl. XXIV. fig. 3. C. et 3*) présentent quelquefois une apparence évidemment foliacée; leurs bords conservent des prolongements linéaires qui ne peuvent être que les cordons nourriciers de graines avortées. Des transformations semblables ont été observées dans les Carpes de la *Fraxinelle*, des *Géraniers*, des *Hellébores*.

Les feuilles du *Bryophylle* donnent souvent naissance, non à des graines, mais à de nombreuses rosettes de feuilles, munies de racines en-dessous. Il faut donc que les bords de l'organe feuille possèdent un principe de reproduction. Or, les graines ne naissant jamais que sur les contours de la feuille carpellaire, on doit reconnaître les bords reproducteurs de la feuille dans les bords séminifères du Carpe ; et si l'on considère que la présence des graines est le caractère essentiel de cet organe, on restera convaincu que c'est d'après ses bords qu'on doit l'étudier.

DU STYLE.

Au-dessus de la cavité du Carpe, les deux bords carpellaires ne portent plus de graines, se rapprochent ordinairement, confondent leurs utricules et se prolongent en colonne, qui est le Style (pl. XVII. fig. 10. C' pl. XXIV. fig. 4. C') Tel est le cas le plus fréquent.

Le Style est unique, quelquefois au contraire les bords

carpellaires se prolongent sans s'unir ; alors le Carpel présente supéricurement deux Styles (SYNANTHÉRÉES pl. XX. fig. 3. 4. 5. *Saule-Osier*) qui ne sont que deux moitiés de Style.

La longueur de cet organe varie beaucoup. On l'apprécie par rapport à celle du Carpe, du Stigmate, des Pétals etc.

Sa forme n'est pas moins diversifiée.

Il est :

Filiforme (*Aconit, Nigelle*, et pl. XXVII. fig. 3. c. et ROSÉES pl. XVIII. fig. 6.).

Cylindrique,

Triangulaire,

Comprimé,

Pétaloïde (*Iris*), où sa position seule peut le distinguer des Sépals et des Pétals.

Quant à sa durée le Style est :

Persistant, sans s'accroître, comme dans les LÉGUMINEUSES (pl. XXIV. fig. 4.).

Accroissant (*Clématites*, pl. XXVI. fig. 18. Dryade.).

Tombant peu de temps après la fleuraison, et laissant alors une petite cicatrice (AMYGDALÉES). C'est ce qui a lieu ordinairement lorsque le Carpe et lui sont d'une consistance très-différente.

Le point d'où le Style prend son origine, quelle que soit d'ailleurs sa place, est considéré comme le sommet anatomique du Carpe. Dans le plus grand nombre des cas ce point est situé à la sommité apparente du Carpe (*Dauphinelle, Aconit,*) ; mais dans d'autres il semble placé latéralement ; cette apparence est due à l'augmentation de volume de la graine qui grossit beaucoup le Carpe du côté de la dorsale, tandis que les bords carpellaires s'allongent fort peu ; c'est ce qui arrive dans les *Fraisiers*, les *Potentilles*, les BORRAGINÉES, les LABIÉES.

Le Style est dit :

Terminal, lorqu'il part du sommet bien apparent du Carpel (*Pois*, pl. XXIV. fig. 4. OMBELLIFÈRES pl. XXV. fig. 11.).

Latéral, lorsqu'il semble partir de côté.

Basillaire, lorsque la déformation, dont nous avons parlé plus haut, est telle que la base du Style est rapprochée de celle du Carpe.

Libre (CARYOPHYLLÉES pl. XXIII. fig. 12. et pl. XXIV. fig. 8.).

Uni à celui des autres Carpels de la même fleur (*Onagraires*, pl. XXI. fig. 5. 6., *Lis, Oranger,* et pl. XVII. fig. 2. C.).

Le plus souvent le Style est continu dans toute sa longueur, quelquefois il présente une articulation bien distincte, comme dans les *Benoites*, dont la partie terminale se désarticule, en séchant, au-dessous du tiers supérieur.

DU STIGMATE.

Les deux bords carpellaires se terminent en Stigmate (pl. XVIII. fig. 12. C. fig. 6. C. et fig. 4. C.), organe utriculeux, privé de cuticule et qui, comme les spongioles, est propre à l'absorption. Par les raisons que nous avons indiquées à l'article Style il peut être indivise ou bien double.

Son volume varie beaucoup : il est ordinairement très-distinct du Style, mais cependant quelquefois si petit qu'on a beaucoup de peine à l'apercevoir. Il présente le plus souvent des utricules sessiles ; d'autrefois cependant elles sont courtement pédicellées. On leur donne le nom de Papilles.

Le Stigmate offre, comme la base de certaines Etamines, des traces d'excitabilité. Les deux lamelles des *Mimules*, qui sont étalées pendant la fleuraison, se rapprochent brusquement si on en touche la partie papilleuse avec un corps pointu.

La couleur des Stigmates offre généralement peu de variété, les utricules sont ordinairement d'un vert jaunâtre et demi transparentes.

Le Stigmate, considéré relativement à sa forme, est dit :

En massue,

Spatulé,

Capité,

Concave (*Violettes*, ORCHIDÉES dans lesquelles plusieurs stigmates appartenant à plusieurs Carpels, sont unis.).

Lamellé (*Mimules*, ONAGRAIRES, pl. XXI. fig. 5. 6. C. *Clarkie.*).

En plumet (GRAMINÉES, EUPHORBIACÉES, pl. XVIII. fig. 12. C).

Quant à sa texture il est désigné sous le nom de :

Papilleux, d'un aspect granuleux, par la saillie et le léger écartement des utricules (presque tous les Stigmates).

Pétaloïde (*Iris* ou il consiste en une petite lame pétaloïde transversale placée sur le Style qui a la même apparence, *Glayeul*, *Clarkie*).

Le Stigmate, par sa disposition a reçu les dénominations de :

Terminal, placé au sommet du Style (pl. XVIII. fig. 4. 5. 6. &c C.).

Latéral (*OEillet.*).

Distique, disposé sur deux lignes opposées, qui sont la fin de deux bords carpellaires (*Pois*).

Sessile, semblant naitre immédiatement du Carpe, le Style étant extrèmement court (*Pavots* dans lesquels plusieurs Stigmates sont unis.).

Stylé, porté sur un Style bien distinct (ROSÉES pl. XVIII. fig. 4. 5. 6. 8. C.).

DU CARPE.

Nous avons nommé CARPE, ou fruit proprement dit, la portion plus ou moins renflée du CARPEL, qui occupe le fond de la fleur, et dans laquelle naissent et mûrissent les graines : dès l'époque de la fleuraison elles attirent avec force les sucs de la plante et grossissent graduellement avec le CARPE.

Cet organe, joint à plusieurs parties persistantes de la fleur, reçoit souvent la dénomination vague de FRUIT ; mais comme dans le langage ordinaire on a trop restreint le sens de ce mot, en ne l'appliquant qu'aux fruits charnus, et qu'au contraire les botanistes en étendent le sens outre mesure, en l'appliquant à plusieurs organes qui sont étrangers au Carpe, nous proposons ce dernier terme, avec le sens précis que nous lui avons attribué.

La consistance des Carpes est généralement en rapport avec l'absence ou la présence des Stomates. Dans les cas où ils sont de nature foliacée, comme dans le *Pois,* etc. on rencontre ces organes évaporatoires, tandis que dans ceux où ils sont manifestement charnus, comme dans les AMYGDALÉES, les Stomates manquent complètement.

Le Carpe se compose de trois enveloppes ordinairement distinctes : l'EXOCARPE, pellicule extérieure, entièrement utriculeuse, qui est, à proprement parler, la Cuticule, dont sont revêtus les organes des végétaux.

Le MÉSOCARPE, tissu fibreux et utriculeux, que cette Cuticule recouvre, et qui constitue essentiellement l'organe.

L'ENDOCARPE enfin, qui en est la partie intérieure, et la plus voisine des graines.

Ces trois parties constituantes du Carpe sont généralement très-adhérentes entre elles jusqu'à la maturité; mais après cette époque, leur adhérence varie beaucoup, même entre les espèces. Dans la *Pêche,* l'Exocarpe se détache facilement du Mésocarpe, et très-mal dans la *Cerise.* Le Mésocarpe adhère fortement à l'Endocarpe dans le *Haricot,* la *Pêche-pavie*; au contraire ils se séparent le plus souvent dans les *Prunes,* les *Abricots.* Dans la *Nigelle* de *Damas* l'Endocarpe, membraneux et transparent, reste en contact avec la graine; l'Exocarpe et le Mésocarpe se développent beaucoup plus que lui, s'écartent ensemble en laissant un grand vide, qui présente l'aspect de fausses loges. En suivant le développement des Carpes après la fleuraison, on peut facilement observer ce décollement successif. (pl. XXVII. fig. 3, 4, 5.)

La triple paroi carpellaire varie beaucoup de consistance et d'aspect, soit entre les espèces, soit dans les mêmes espèces, suivant l'âge. C'est donc à la maturité, qu'on peut les déterminer, car cette époque fixe est celle de leurs modifications les plus prononcées.

L'Exocarpe est tantôt:

Lisse et luisant (*Cerises*).

Glaucescent (*Prunes*, *Raisin*).

Pubescent (*Pêche*, *Abricot*).

Rugueux (*Orange*, *Citron*).

La consistance et l'épaisseur du Mésocarpe sont très-diverses. Il est très-mince, et delà peu distinct dans le *Baguenaudier*, demi charnu dans le *Pois*, au moment où on le cueille, et mangeable dans la variété dites à *grosse gousse*.

Il est:

Coriace et sec dans les *Amandes mûres*.

Charnu et succulent dans la *Pêche*, l'*Abricot*, la *Cerise*, la *Prune*.

La nature et la consistance de l'Endocarpe ne varient pas moins; il est:

Parcheminé, dans le *Pois ordinaire*; ce qui empêche d'en manger la gousse.

Ligneux et mol, dans la variété de l'*Amande* dite à *coque molle*.

Osseux, dans la *Pêche*, l'*Abricot*, la *Cerise*, dont il constitue le noyau.

Dans quelques Carpes, la membrane interne croît disproportionnellement après la fleuraison, et forme des cloisons transversales (*Casses* pl. XXVII.[fig. 8.).

L'intérieur du Carpe, ou plutôt la membrane interne, est ordinairement lisse, cependant la *Fève* offre un Endocarpe velouté. Le plus souvent cette partie ne présente aucune transsudation; d'autres fois elle sécrète un liquide, qui s'épaissit bientôt : c'est ce qui arrive dans la *Casse fistuleuse*.

Dans quelques cas les bords carpellaires, distants l'un de l'autre, s'étendent en membrane pellucide, et ferment chaque Carpe (*Crucifères*); en sorte qu'on pourrait prendre des Carpes ablamellaires pour des collamellaires, si le point de départ des Graines ne les désignait nettement. (pl. XXV. fig. 17. 18.).

D'autres fois la dorsale s'enfonce entre les lamelles (*Astra-*

gale pl. **XXV.** fig. 11. 12.) ou s'étend en membrane mince (*Lin*) ; en sorte que chaque Carpe, replié en dedans, présente des demi loges, qui se dirigent de la paroi vers le centre.

Dans le genre *Oranger*, l'Endocarpe est tapissé d'utricules oblongues, renfermant un liquide acide dans l'espèce nommée *Citronier*, tandis qu'il est sucré et à peine acide dans l'*Orange*. Ces longues utricules remplissent tout l'intérieur du Carpe, qui n'est pas occupé par les Graines.

Quelquefois la portion du Carpe, situé entre les Graines, se développe moins que celle qui est autour d'elles, et alors le Carpe offre ça et là des rétrécissements et des renflements très-prononcés, (*Sophore, Coronille*). (pl. **XXVII** fig. I.).

D'autres Carpes présentent des ailes ou appendices extérieurs, qui s'allongent pendant la maturation (*Erables, Orme, Tetragonolobe*, quelques *Crucifères.*).

Comme pour la feuille et le Pétal, nous avons nommé LAMELLES les deux parties latérales à la dorsale. Les bords de ces Lamelles ont leurs fibres unies par plusieurs rangées d'utricules très-humides et gonflées. C'est de ces bords que naissent les supports des Graines ou cordons alimentaires. Dans beaucoup de Carpes on distingue à l'extérieur les bords porte-graines (*Pois, Haricots*); d'autres fois leur union est si intime que leur ligne d'affleurement est à peine reconnaissable (AMYGDALÉES).

Les *bords carpellaires* se présentent dans deux dispositions bien différentes: dans la plupart des plantes ils sont unis, en sorte que les deux lamelles se touchent par leurs deux bords. Nous nommons ces Carpels COLLAMELLAIRES. (pl. **XXIII.** fig. 7. 15.).

Dans d'autres plantes; les bords des Carpels restent écartés; nous les nommons alors ABLAMELLAIRES (*Violettes, Hélianthèmes,* pl. **XXV.** fig. 12, 13, 15, 16, 17, 18, 19, 21.

Le Carpel COLLAMELLAIRE peut être unique, puisqu'il est naturellement clos; s'il y en a plusieurs, l'union des deux bords n'entraîne pas nécessairement celle des Carpels entre eux. Ainsi, ils sont libres dans toutes les RENONCULACÉES, excepté dans le genre *Nigelle* et *Garidelle*. Le plus grand nombre des familles DICOTYLÉDONÉES et toutes les MONOCOTYLÉDONÉES sont collamellaires (RENONCULACÉES, BERBÉRIDÉES, LINÉES, AURANTIACÉES et. (pl. XXIII. fig.7, 8, 10.).

Au contraire, les CARPELS ABLAMELLAIRES, étant par leur nature, ouverts, ne sauraient exister seuls; car alors pendant la fleuraison les jeunes graines, n'étant plus dans un milieu convenablement humide, se dessécheraient et mourraient. Le Carpel ablamellaire est donc toujours uni à un ou plusieurs autres de la même fleur (pl. XXV. fig. de 12 à 21); ainsi les rayons veloutés que présente le capitel des Carpes unis du *Pavot*, sont formés de deux demi Stigmates appartenant à deux demi Carpes, et le mode de déhiscence vient confirmer cette opinion. La valve se détache entre deux de ces rayons et non devant l'un d'eux. (pl. XXIV. fig. 9.).

Les Carpes varient de forme, de consistance, de durée, etc.

1° Forme.

La forme des Carpels à leur maturité présente une certaine fixité dans les espèces d'un même genre. Nous ne mentionnerons pour le moment que celle du Carpe libre de toute union ou adhérence, nous verrons plus tard les modifications que présente le Capitel. (Voir ce mot pag. 138)

Le Carpe est :

Sphérique dans les *Cerises*, les *Prunes Reine-Claude*, les *Mirabelles*, les *Pêches*.

Ovoïde dans les *Pruneaux*, le *Pois chiche*.

Cylindrique dans la *Casse en bâton*, la *Casse en corymbe*.

Oblong dans les *Fèves*.

Triangulaire dans quelques *Astragales*.

Comprimé (*Pois, Lentille*).

Lenticulaire (*Renoncules*).

Aplati (*Robinier faux acacia, Gainier*).

Courbé, (quelques *Astragales.*)

En crosse (*Chenillettes*). (pl . XXVI. fig. 17.)

2° Consistance.

Succulent (presque toutes les AMYGDALÉES comme *Pêches, Ce-rises*, etc.).

Epais et comme demi charnu dans les *Fèves*, l'*Amande*.

Foliacé (*Hellebore, Dauphinelle*).

Membraneux (*Pois, Haricot*).

Vésiculeux (*Baguenaudier, Astragale chiche.*

3° Base.

Enfoncé (*Abricots, Cerises, Pêches*).

Saillant (*Pruneaux*).

Sessile, ou très-courtement pédicellé (*Abricot, Pêche.*).

Pédicellé plus ou moins longuement, courtement dans les *Pru-nes*, quelques *Griottes*; longuement dans les *Bigareaux*, etc.

La Pédicellation des Carpes offre deux modifications importantes à bien préciser dans plusieurs cas. Dans les *Cerises*, le Carpel est sessile dans le tube des Sépals, quoique la fleur soit longuement pédicellée, et aussitôt que les Sépals sont tombés, ce même Carpel de sessile qu'il était réellement, se présente pédicellé. Dans le *Baguenaudier* le Carpel au contraire est pédicellé dans les Sépals, et en outre la fleur elle-même est encore pédicellée.

4° Sommet.

Obtus (*Cerise, Prune*).

Mucroné, terminé par une pointe, due le plus souvent à la persistance d'une portion du Style (*Fève*).

Mameloné (quelques espèces de *Pêches*).

5° Couleur.

La couleur des Carpes varie beaucoup; les jeunes sont ordinairement verts; à la maturité ils se colorent souvent, surtout s'ils sont charnus (*Cerise, Pêche*): s'ils sont foliacés et membraneux ils se dessèchent et prennent alors communément une teinte jaunâtre (*Pois, Haricots*).

6° Durée.

Persistant lorsqu'à la maturité ils se dessèchent ou se décomposent sans tomber (*Pois, Cerises, Prunier épineux, Viorne, Troéne.*).

Tombant, la chute des Carpes mûrs peut avoir lieu de plusieurs manières; par la désarticulation de la base du Pédicelle et du Carpe (*Prunes*) par celle des Carpes seulement (*Pêches Abricots.*).

DU CAPITEL.

Le Carpel est rarement unique dans une fleur (*Cerisiers, Pêchers*). Il y en a ordinairement trois dans les MONOCOTY-LÉDONÉS (*Colchique*), cinq ou quatre dans les DICOTYLÉDONÉS (*Hellébores, Nigelle*) ou des multiples de ces nombres (*Renoncules*). Nous nommons CAPITEL l'ensemble des Carpels ou des Carpes d'une même fleur (*Renoncules*). (pl. XXV. fig. 19, 11, 16.).

Lorsqu'il existe plusieurs Carpels dans une fleur, ils sont toujours disposés en spirale, et les tours en sont d'autant plus appréciables et visibles qu'ils sont plus nombreux.

Les Carpes des Capitels, soit libres, soit unis, soit adhérents, ne sont jamais entourés isolément ni de Sépals, ni de bractéoles. Les Capitules des SYNANTHÉRÉES, des DIPSACEES offrent des agglomérations de fleurs nombreuses, qui ont bien quelque ressemblance au premier aspect avec le Capitel, mais qui peuvent en être nettement distinguées, puisque le Capitule est composé de fleurs séparées par leur sépals et souvent par leurs Bractéoles, tandis que le capitel est essentiellement formé des Carpes d'une même fleur (*Aconit, Nigelle, Fraisier, Potentille.*).

L'agglomération des Carpes du *Mûrier* doit être classée parmi les épis et non dans les Capitels, car chacun de ces Carpels appartient à une fleur isolée, bien caractérisée par quatre Sépals libres. Après la fleuraison, ces Sépals s'appliquent sur le Carpe, deviennent charnus, s'unissent, puis adhèrent ensuite à leurs voisins, de manière à présenter une masse commune ; mais on voit que cette agglomération n'a aucun rapport botanique avec le Capitel de la *Ronce*, celui de la *Fraise* ou de la *Potentille* qui provient chacun d'une fleur unique.

Ces Capitels eux-mêmes, quoique appartenants à la même famille, offrent entre eux des différences souvent peu appréciées. Dans celui de la *Ronce* les Carpes deviennent succulents à la maturité et s'unissent à la fin les uns aux autres, de manière à tomber tous ensemble, en se détachant de l'axe floral. Dans la *Fraise* au contraire, les carpes restent petits, se sèchent au point d'être pris pour leurs graines ; ils sont portés sur la tête de l'axe, qui grossit, se colore, se désarticule et nous sert d'aliment. Enfin dans la *Potentille* la tête de l'axe, qui porte également le Capitel, ne grossit pas, sèche avec lui, mais demeure en place quand les Carpes tombent.

Quant aux cônes des plantes résineuses (*Pins*, *Sapins*, *Mélèses* etc. voyez l'article Inflorescence), ce ne sont pas des Capitels, puisque les fleurs solitaires ou géminées aux aisselles des Bractées, constituent une espèce d'épi ligneux, qui persiste jusqu'à la maturité. L'*Ananas* offre beaucoup d'analogie avec le cône. Il n'en diffère que par la carnosité que prennent toutes les parties de sa fleur.

Les Carpes sont constamment placés à l'extrémité du rameau floral. Dans les *Roses prolifères* une nouvelle fleur s'élève quelquefois du centre de la première ; mais celle-ci manque de Carpels ; on ne les trouve que, dans la fleur terminale, où ils sont quelquefois plus ou moins déformés.

Les Carpes constituant le Capitel, peuvent être :

Libres (*Hellébore*, *Aconit*, *Rosiers*, pl. XIV. fig. 1. 2. Carpels. pl. XVIII. fig. 6.).

Unis (CARYOPHYLLÉES pl. XXIII. fig. 2. 7. 10. 13 ; pl. XXV. fig. 3. à 19. 21. PAPAVÉRACÉES pl. XXIV. fig. 9. CRUCIFÈRES.). (pl. XXV. fig. 18.).

Adhérents aux Sépals, etc. pl. XVIII. fig. 5. et 7. pl. XIX. fig. 13. 14. 17. pl. XXI. fig. 3. 5. 6. (POMACÉES, GROSSULARIÉES, IRIDÉES.).

UNION DES CARPES.

Tant que les Carpes ne sont pas très-pressés les uns contre les autres, ils n'éprouvent pas une déformation sensible, mais pour peu qu'ils se touchent, ils s'étiolent dans les portions en contact, prennent moins d'épaisseur, souvent même s'oblitèrent en partie. Dans les *Ancolies*, où l'adossement a lieu, une ligne longitudinale de couléur différente sépare les Lamelles.

Dans les *Oranges à cornes*, les Carpes déformés ont toute leur partie saillante recouverte d'une peau glanduleuse, comme celle de l'*Orange* ordinaire; mais les parties rentrantes se pressant mutuellement, cette peau s'atrophie et se réduit à une pellicule mince et blanche, comme celle qui limite les Carpels de l'*Orange* ordinaire (I).

Dans les CARYOPHYLLÉES, non seulement il y a pression des parties rentrantes des Carpes, mais encore elles se rétractent, se décollent des bords carpellaires qu'elles laissent en colonne au centre du Capitel.

Si les Carpes sont unis et collamellaires, le nombre de loges que présente la coupe horizontale du Capitel, indique celui des Carpes qui le composent. On obtiendrait la même certitude, sans faire de coupe, en examinant les Styles et les Stigmates, s'ils n'étaient pas étroitement unis.

(1) Ainsi la peau jaune des AURANTIACÉES n'est qu'une modification conditionnelle de l'Exocarpe: ce qui le prouve encore, c'est que dans les *Oranges doubles* ou *triples*, l'orange extérieure seule est recouverte de la peau rugueuse et odorante, tandis que celles qu'elle renferme ne sont revêtues à leur circonférence que de la pellicule blanche et mince, qui sert de parois à leurs carpels.

La difficulté de reconnaitre le nombre de Carpes formant un Capitel ablamellaire, est bien plus grande, si les Stigmates eux-mêmes sont unis. Alors il faut avoir recours à la déhiscence qui se fait souvent sur les dorsales, tandis que les deux bords carpellaires, appartenants à deux Carpes différents, restent unis. C'est ce qui est bien évident dans les *Violettes*, les *Hélianthèmes*. Là chaque valve (formée de deux demi Carpes) porte à son centre au moins deux rangées de graines. (pl. XXV. fig. 21.)

L'union des Carpels peut avoir lieu par les Carpes seulement (*Nigelle*), par les Carpes et les Styles (*Lis*); par les trois parties du Carpel dans les *Orangers*.

ADHÉRENCE DES CARPES.

Généralement les organes floraux, qui entourent le Carpe, tombent avant la maturité. Dans certaines familles au contraire, ils persistent avec lui, soit en restant libres, soit en y adhérant. Dans ce cas il faut un examen attentif pour distinguer le Carpe de tout ce qui lui est étranger. Ainsi, les Sépals peuvent persister autour d'un ou de plusieurs Carpes sans y adhérer (*Œillet, Jusquiame*); une portion seulement peut tomber (*Pomme-épineuse, Eschholtzie*).

L'intermède non adhérent peut encore, conjointement avec les Sépals, entourer la base des Carpes (*Cobée, Pivoine.*).

Dans la *Rose* l'intermède adhère au tube des Sépals, et tous deux deviennent charnus, tandis que les Carpes restent libres et osseux (pl. XVIII. fig. 6.).

Dans les *Pommes*, les *Poires*, les *Nèfles*, les *Coings*, l'intermède, les Sépals et les Carpes sont adhérents les uns aux autres, mais les Carpes restent secs et libres entre eux; l'intermède seul grossit, devient mangeable; c'est lui qui distend le tube des Sépals, dont il est revêtu (*pelure de la pomme*). Si la graine ne se développe pas, la sève qui s'y serait portée est absorbée par l'intermède, qui prend alors un développement extraordinaire.

Un tableau des familles, disposées d'après l'absence, la persistance, ou l'adhérence des organes voisins du Carpe complette cet article.

DE LA MATURATION.

Nous avons vu que le Carpel est le plus souvent de la nature de la feuille ; que dans sa jeunesse il en remplit en partie les fonctions , soit pour l'évaporation, soit pour la décomposition ou l'absorption des gaz. Pendant l'espace de temps qui s'écoule depuis la fleuraison jusqu'à la maturité, il se développe en longueur et en largeur, ainsi que les organes voisins qui persistent. Il assimile par ses tissus une partie considérable de la sève, et n'en exhale qu'une faible quantité. Cet acte, qui constitue proprement la maturation, offre quelque chose de semblable aux sécrétions ; car la sève est la même pour tous les végétaux. Mais les divers éléments, qui la composent, combinés ensemble de mille manières par l'action vitale des organes, propres à chaque Carpel, produisent des pulpes et des sucs de saveurs bien différentes.

On pense que le défaut de mouvement est avantageux à la maturation, mais comme il ne peut s'obtenir qu'au moyen des espaliers et qu'alors les arbres sont soumis à une chaleur plus prolongée et plus égale que les plantes en plein vent, il faut aussi tenir compte de ce puissant agent, et ne pas attribuer à l'immobilité seule la précocité des arbres en espalier.

On peut encore hâter les fruits en les couvrant d'abris

transparents convenables, tels que cloches, châssis, baches, (*Melons*) qui concentrent la lumière et la chaleur, et garantissent les plantes des mouvements de l'air et des variations de la température.

Un autre moyen d'activer la maturation, c'est d'enlever des anneaux d'écorce aux branches. Par cette opération on empêche la sève de descendre au-dessous, elle séjourne au-dessus de la partie entaillée, s'y élabore promptement et la maturité des AMYGDALÉES, POMACÉES, *Vignes,* etc. est avancée de 12 à 15 jours.

Ces détails prouvent évidemment l'absorption locale, faite par les utricules du Carpel, et un travail physiologique et chimique, indépendant du reste de la plante.

M. BÉRARD a trouvé que la partie solide des fruits cités ci-dessous est de la lignine, et que leurs liquides sont composés d'*eau,* de *gomme,* de *sucre,* d'*acide malique,* de *malate de chaux,* de *matière végéto-animale,* d'une *substance aromatique* propre. Il a observé que la proportion d'eau diminue à mesure que la maturité augmente.

Sur 100 parties les :	mûrs.	verts.
Abricots en contiennent	74,87	89,39
Pêches	80,24	90,31

La matière sucrée augmente :		
Abricots. . . . . ·	16,48	6,65
Groseilles.	6,24	0,24
Cerise royale	18,12	1,12
Reine Claude.	24,81	17,71

L'acide malique va en augmentant dans les *Groseilles rouges,* et en diminuant dans les *Abricots* et les *Poires.*

La gomme diminue dans les *Groseilles, Prunes, Cerises, Poires;* elle augmente dans les *Abricots,* les *Pêches.* Les autres substances, peu abondantes, varient aussi en proportions.

Le Carpe varie beaucoup en consistance à la maturité. Dans quelques cas il est extrêmement spongieux et succulent (*Pêche, Prunes*, etc.); dans d'autres il est très-mince (*Baguenaudier*). Quand il est charnu, on peut le cueillir avant la maturité parfaite, car la sève, dont l'élaboration continue dans les utricules, peut nourrir les graines (*Cobée, Nicotiane, Dature, Prunes, Pêches.*).

DÉHISCENCE DES CARPES.

On sait que le Carpel, sous quelque modification qu'il doive se présenter par la suite, est dans son premier âge une feuille ouverte; qu'au moment où nous commençons à apercevoir le bouton, les deux bords carpellaires s'unissent l'un à l'autre (*Carpel collamellaire*); ou bien le Carpe reste ouvert (*C. ablamellaire*) et ses deux bords s'unissent, avec ceux des deux Carpes qui les touchent. Alors ils forment un Capitel à cavité commune, tandis que si les Carpels collamellaires s'unissent, ils présentent chacun une cavité propre (*Tulipe*).

La ligne, où ces bords carpellaires se sont cicatrisés, semblerait devoir être celle de la déhiscence des Carpes, cependant la rupture se fait fréquemment suivant d'autres lignes.

L'adhérence des Carpes n'est pas un obstacle à la déhiscence, car nous voyons s'ouvrir ceux des CAMPANULACÉES, (pl. XXV. fig. 8.) des IRIDÉES.

CARPES COLLAMELLAIRES.

Les Carpes collamellaires libres, unis, ou adhérents, sont ordinairement :

Indéhiscents :

1° Lorsqu'ils sont charnus (AMYGDALÉES, AMPÉLIDÉES, *Atrope Belladone.*).

2° Lorsqu'ils renferment une seule graine (*Renoncules*, GRAMINÉES.).

Déhiscents:

1° Par désunion des bords séminifères (*Spirées, Hellébores, Ancolie, Colchique.* pl. XXIV. fig. 2).

2° Par déchirement de la dorsale (pl. XXV. fig. 10 *Tulipe, Iris*).

3° Par désunion des bords séminifères et déchirement de la dorsale (la plupart des LÉGUMINEUSES , et *Magnolia*).

4° Par déchirement du Carpe près des bords séminifères, qui restent unis entr'eux et souvent même avec leurs voisins (ACÉRINÉES , *Tulipier*, OMBELLIFÈRES, EUPHORBIACÉES. pl. XXV. fig. 11. 16.).

5° Par déchirement près des bords séminifères et à la dorsale, mais seulement au sommet du Capitel (CARYOPHYLLÉES, pl. XXIII. fig. 18).

6° Par déchirement en long sur la largeur des lamelles (*Campêche*, GÉRANIACÉES, ONAGRARIÉES, COBÉACÉES.). Dans tous ces exemples , les bords séminifères et une portion plus ou moins large des lamelles , restent au centre du Capitel et comme la continuation de l'axe de la fleur, pour lequel cet axe a été pris. Dans le *Campêche* le Carpe se sépare en deux parties presque égales , dans les GÉRANIACÉES, comme les Carpes sont fortement unis , la portion des lamelles qui accompagne les bords séminifères est membraneuse et n'offre pas beaucoup de largeur. Les ONAGRARIÉES DÉHISCENTES sont dans le même cas , mais le fait y est plus visible parce que les graines sont réparties dans toute la longueur des Carpes , tandis que dans les GÉRANIACÉES elles n'en occupent que la base. Une autre différence que présentent ces deux familles dans leur déhiscence (et qui a été une cause d'erreur) , c'est que dans les ONAGRARIÉES la déhiscence a lieu de haut en bas ; tandis que dans les GÉRANIACÉES elle s'opère de bas en haut. Dans les COBÉACÉES la nature des Carpes, très-différente dans la largeur mêmes des lamelles, présente de nouvelles différences. Les bords séminifères sont extrèmement tuméfiés et élargis , de manière que les parties des Carpes restant en colonne triangulaire sont très-charnues tandis que les valves qui s'en détachent sont très-coriaces et sèches.

7° Par déchirement horizontal et circulaire (*Jusquiames , Plantins , Anagallis*.). Dans le *Plantin* et l'*Anagallis* les deux portions du Capitel sont de nature presque semblable , tandis que dans les *Jusquiames* la partie qui reste au fond du tube des Sépals est membraneuse , et le couvercle coriace.

8° Par déchirement irrégulier de quelques parties du Carpe , tantôt vers le haut (*Mufle de veau*), d'autres fois vers la base (*Campanules* pl. XXV. fig. 8.). Dans le premier exemple surtout les valves sont extrèmement irrégulières (pl. XXV. fig. 9.).

10

CARPES ABLAMELLAIRES.

On se rappelle que les Carpes ablamellaires n'ont été observés jusqu'ici que dans les VÉGÉTAUX DICOTYLÉDONÉS et en outre qu'ils ne sont jamais libres, mais toujours unis, soit qu'il y ait adhérence, soit qu'il n'y en ait pas. Il suit de là qu'ils présentent moins de modifications dans leur déhiscence que les collamellaires .

L'union réciproque des bords paraît plus intime chez les ablamellaires que dans les précédents, car on ne voit jamais parmi eux les bords séminifères se désunir.

Les Carpes ablamellaires peuvent être ·

1° **Indéhiscents** (*Groseilles* pl. XXV. fig. 20. 13. 14), c'est lorsqu'ils sont charnus qu'ils ne s'ouvrent pas.

2° **Déhiscents à la dorsale** (*Violettes, Hélianthèmes* pl. XXV. fig. 21). Alors les valves du Capitel se présentent munies vers leur milieu de deux rangées longitudinales de graines, appartenant à deux demi Carpels différents. Dans ce cas les bords de chaques Carpes voisins restent unis : tantôt ils sont peu rentrants, comme dans les *Violettes*; tantôt ils sont tellement rentrants que l'on doute si le Capitel est réellement à une loge, comme on l'observe dans le genre *Pavot* avant sa maturité. Il est cependant facile alors d'acquérir la certitude de l'ablamellarité, car ces deux bords du même Carpe ne sont pas unis (pl. XXV. fig. 16.). Les HYPÉRICINÉES sont au premier coup d'œil plus embarrassantes encore, car les deux lamelles de chaque Carpe rentrent jusqu'au centre et là se recourbent vers la dorsale, sans s'unir l'une à l'autre, tandis qu'elles s'unissent chacune à celle du Carpe voisin avant la courbure. Aussi dans les HYPÉRICINÉES il reste un vide plus ou moins régulièrement pentagone au centre du Capitel, qui montre bien la non union des bords carpellaires. On doit donc ranger les HYPÉRICINÉES dans les ablamellaires et non dans les Capitels à cinq loges closes ou complètes. Plusieurs autres plantes indiquées comme ayant plusieurs loges sont probablement dans le même cas.

3° Près du bord séminifère (CRUCIFÈRES, pl. XXV. fig. 18, *Chelidoine*, *Corydalis*). La valve qui tombe en totalité semble constituer tout le Carpe, mais les bords séminifères restent réellement appliqués à ceux des voisins (pl. XXVII. fig. 6. 7.),

4° Par valves au sommet (*Pavot*, *Argémone*, pl. XXIV. fig. 9. et pl. XXVII. fig. 6. 7.). Les sommets des Carpes forment seuls des valves qui se déchirent des bords séminifères, lesquels restent unis.

DE LA GRAINE.

La cavité close du Carpe ou du Capitel porte un ou plusieurs sacs membraneux, qui ne sont remplis jusqu'à la fleuraison que d'un liquide transparent. Ces sacs sont appelés Dermes. La fleuraison produit dans chaque derme un petit corps organisé, nommé EMBRYON, capable de produire une plante semblable à celle dont il provient, dès que les circonstances extérieures favoriseront son développement. Le Derme renfermant l'embryon est la Graine.

Le Carpe porte la Graine à l'extrémité d'un cordon nourricier ou FUNICULE, qui part des bords séminifères, traverse le Derme et aboutit à l'Embryon, il persiste jusqu'à son développement parfait (pl. XXV. fig. 18.).

Le FUNICULE est formé d'utricules et de fibres : mais il varie dans sa longueur, sa forme et les proportions de ses parties constituantes.

Il est :

Court dans les graines dites sessiles (*Pois, Haricots*).

Long dans quelques MAGNOLIACÉES, dans ces dernières il abond en trachées.

Filiforme (MAGNOLIACÉES).

Caronculé, ou court et renflé (VIOLARIÉES, PAPÉVÉRACÉES.).

Arillé, ou dilaté et prolongé en poche membraneuse, qui renferme en tout ou en partie la Graine (pl. XXV. fig. 12. 13.).

Il enveloppe toute la Graine dans les NYMPHÉACÉES, le *Fusain* (pl. XXVII. fig. 13.).

La base de la graine dans les Cardiospermes (pl. XXV. fig. 20. 21).

Le *Macis* du *Muscadier* n'est qu'un funicule arillé et frangé. (pl. XXVII. fig. 12.).

Le funicule arillé est ordinairement transparent et comme de consistance gélatineuse (CUCURBITACÉES, *Grenadier*, *Groseillier épineux*, NYMPHÉACÉES), mais en se desséchant il se réduit souvent à une membrane très-mince, presque toujours inodore que l'on observe surtout sur les Graines de la *Courge*.

Dans le *Muscadier* au contraire l'arille épaisse, jaune, charnue et très-aromatique, reste comme féculente (pl. XXVII. fig. 12.).

Dans le *Fusain* elle est de couleur orangée et opaque.

Demi-transparente, vermeille, acidule et astringente dans le *Grenadier*.

Tout porte à croire que le Funicule, surtout lorsqu'ils est développé en caroncule ou en arille, concourt ainsi que toutes les autres parties de la plante, et particulièrement le Carpe, à élaborer la sève, qui doit nourrir la Graine; et comme il en est le canal immédiat pour l'Embryon on l'appelle souvent *Cordon nourricier*.

La Graine, avons-nous dit, n'est au premier âge qu'un sac membraneux ou Derme, rempli de liquide. Après la fleuraison ce liquide s'organise graduellement et devient l'embryon. La jeune Graine reste plus ou moins long-temps dans le milieu humide du Carpe; car exposée à l'air elle se contracterait et gênerait l'organisation qui s'opère dans le Derme. La sève continue à s'y introduire par le Funicule.

Bientôt on y distingue un corps flotttant: l'Embryon est devenu visible. Il faut que le suc nutritif arrive incessamment et dans des proportions convenables, car la sécheresse ou l'excès d'humidité le ferait avorter. Si le suc alimentaire afflue dans des proportions convenables, l'Embryon prend de la consistance et on y découvre bientôt la jeune racine et les premières feuilles ou cotylédons, portés sur une partie toute rudimentaire de tige.

Dans beaucoup de cas l'Embryon absorbe complètement le suc versé dans le Derme, et alors, il l'occupe seul. Si, au contraire, il n'utilise qu'une partie de la sève, il se forme auprès de lui, dans le même sac, un dépôt de substance nutritive, ordinairement blanche, que l'on nomme *Albumen*.

POSITION DES GRAINES DANS LE CARPE.

Lorsque le Carpe est à plusieurs Graines, jamais leur surface n'est adhérente au Carpe ; mais lorsque la Graine est solitaire, le Carpe l'entoure si étroitement qu'elle semble y adhérer, et on la dit adhérente (*Blé, Orge, Esparcette.*). Par la mouture le Carpe et le Derme se séparent. Le premier forme le gros-son et le second le petit-son ; la farine n'est autre chose que l'Albumen ainsi que l'Embryon, qui dans ces cas est très-petit, si on le compare à l'Albumen.

Les Graines affectent dans le Carpe trois positions qu'il faut toujours indiquer dans une description. Pour les déterminer il ne faut faire aucune attention à la position du Carpe sur la plante, mais le prendre constamment par sa base, c'est-à-dire, par le point où il tient à la tige.

On entend par la base de la Graine son point de rencontre avec le Funicule ; son sommet est la partie opposée, quelque près qu'il soit de cette base. Ainsi dans un *Haricot* la base de la Graine est très-près du sommet, tandis que la largeur est beaucoup plus considérable que la hauteur.

Cela posé, les Graines sont :

Horizontales (LÉGUMINEUSES), ou en travers du Carpe, lorsque le Funicule est parallèle à la base du Carpe (pl. XXIII. fig. 10 pl. XXIV. fig. 5 7.).

Ascendantes (*Pomacées*), lorsque le Funicule part de la base du Carpe. Dans la *Gomme* la base de la Graine est pointue et son sommet large et obtus (pl. XXIII. fig. 5.).

Descendantes (pl. XXIII. fig. 6. 9), lorsque le Funicule et la Graine s'inclinent vers la base du Carpe : alors la base de la Graine est du côté du sommet du Carpe (beaucoup de CRUCIFÈRES à longs Carpes).

La Graine, à son développement parfait, se détache le plus souvent de son Funicule ; le point où il la pénétrait forme une cicatrice nommée *Hile*.

FORME DE LA GRAINE.

La Graine présente une forme assez variée.

Elle est :

Sphérique (*Pois, Basilier* pl. XXV. fig. 20. 21.).

Cubique, lorsque les *Pois* sont cultivés dans un sol pauvre ou mal préparé, le Carpe n'acquiert que peu de longueur relativement au nombre de Graines qu'il renferme ; elles se pressent, se déforment et produisent ce que nous nommons des *Pois carrés*.

Elliptique (*Chêne* et pl. XXVII. fig. 16.).

Ovoïde (*Groseille, Aconit* et pl. XXVII. fig. 13.).

Oblongue (*Dattes, Chevrefeuilles* pl. XXV. fig. 23.).

Réniforme (*Haricot, Dature, Pavot.*).

Arquée (*Tournefortie changeante*).

Repliée (*Sagittaire*).

Comprimée (*Pomme, Poire.*).

Réprimée (*Jacinthe, Fritillaire, Iris.*).

Lenticulaire (*Lentille*).

Discoïde ou en palet (*Noix vomique*).

Anguleuse (*Polygonées*).

Canaliculée (*Dattes*).

Ailée (*Vératres, Rhinanthes*).

SURFACE DE LA GRAINE.

Lisse (*Pois*).

Luisante (*Haricot, Lin, Marron-d'Inde*).

Glabre (presque toutes les graines).

Raboteuse (*Aconit*).

Réticulée, ou à Derme en réseau.

Pollue (*Cotonnier*), c'est ce poil de la Graine qui est le coton.

Chevelue, terminée supérieurement ou bien en dessous par des poils (*Tamarix*, ASCLEPIADÉES, *Saules*.).

La surface présente encore le *Hile* qui est tantôt **Circulaire** (*Pois*), **oblong** (*Haricot*), ou **en croissant** (*Gesse*), etc. etc.

DU DERME.

Le Derme n'étant que la peau de la Graine, il ne nous reste à étudier que sa composition.

Il est formé, comme le Carpe, de trois membranes, plus ou moins distinctes que nous nommons en les observant de dehors en dedans : EXODERME, MÉSODERME, et ENDODERME pl. II. fig. 11.).

L'EXODERME enveloppe toute la Graine, excepté le Hile, où aboutit le Funicule. Après la maturité il a généralement une apparence très-dure, qui l'a fait comparer au teste des Mollusques. Il est néanmoins pénétrable à l'humidité, car, lorsque la Graine est détachée du Funicule, c'est à travers l'Exoderme que les liquides s'infiltrent, pour la faire germer et non point à travers le Hile : du moins c'est là ce que des expériences directes font présumer pour la plupart des plantes.

Le MÉSODERME est la membrane intermédiaire ; elle offre de grandes utricules et quelque fibrilles, où s'opère encore très-probablement une partie de l'assimilation.

L'ENDODERME, ou membrane intérieure, est lisse : il se confond quelquefois avec le Mésoderme, vu son peu d'épaisseur. D'autres fois au contraire il acquiert une demi carnosité qui le fait prendre pour l'Albumen.

Le Funicule, après avoir percé l'Exoderme au Hile, traverse le Mésoderme et se termine à l'Endoderme par une ouverture nommée CHALAZE. Le plus souvent ce passage du Funicule est direct, en sorte que le Hile se trouve immédiatement au-dessus de la Chalaze : dans ce cas on ne fait pas mention de cette dernière. Quelquefois au contraire le Funicule fait un circuit plus ou moins long dans le Mésoderme, en faisant saillir l'Exoderme (*Violette*) jusqu'à ce qu'il aboutisse à la Chalaze.

Dans les *Violettes*, le Funicule va s'ouvrir au sommet de la Graine ; dans les *Courges* il parcourt presque toute la circonférence du Mésoderme et arrive très-près de l'endroit, où il est d'abord entré. Nous citons des points extrêmes, il en est beaucoup d'intermédiaire.

DE L'EMBRYON.

On sait que l'Embryon n'a été distingué jusqu'ici que chez les végétaux fibrés. Dans le plus grand nombre d'entre eux il présente la Racine du végétal dans un état peu développé ; mais bien formée, une très-petite partie de Tige et enfin un ou deux Cotylédons. A peine ces trois organes sont-ils constitués qu'on peut souvent distinguer les secondes feuilles à l'état rudimentaire (*Légumineuses*).

L'Embryon est ordinairement unique dans chaque Derme cependant on a quelques exemples de Graines renfermant 2 à 5 Embryons (AURANTIACÉES). On présume qu'alors cette multiplicité est due à l'union de plusieurs Dermes, qui pressés les uns contre les autres auraient eu leurs parois atrophiées.

La Racine de l'Embryon est ordinairement :

Conique (LÉGUMINEUSES, pl. II. fig. 1. 2. 3. 4.).

Arrondie et épaisse (dans les BERBÉRIDÉES et dans les *Nuphars*).

Dans quelques cas elle est :

Enveloppée dans une gaîne, dont elle se dégage après la germination (*Radis* pl. III. fig. 3 et 3*).

Il est probable que la Racine est destinée dès cette époque à l'absorption et que c'est par elle que s'introduit la sève, pour la nourriture de l'Embryon.

Ordinairement la Racine est **dirigée vers le Hile** ; c'est-à-dire que son sommet se trouve près de ce point, alors elle est dite **au Hile** ou dressé dans la Graine (*Gleditschia*, SYNANTHÉRÉS pl. XX. fig. 10. 10*, 12 pl. XXVII. fig. 18.).

Quelquefois au contraire elle est **Inverse**, son sommet se dirigeant vers celui de la Graine, tandis que les Cotylédons sont devant le Hile (DIPSACÉES pl. XXVII. fig. 19.).

Les Cotylédons sont à l'état charnu ou foliacé. Dans le premier cas ils contiennent beaucoup de fécule (1).

Ils sont souvent entiers (*Haricot*) ; rarement dentés (*Tilleul*) ; d'ailleurs ils peuvent affecter toutes les formes de la feuille à laquelle ils ressemblent plus que tout autre organe.

Ceux de la *Sensitive* partagent l'excitabilité de ses folioles.

Le nombre et la position des Cotylédons sont de la plus haute importance pour la classification botanique. Dans les DICOTYLÉDONÉS ils sont le plus souvent au nombre de deux et opposés (*Haricot*), sauf les adhérences accidentelles, et dans toutes les CONIFÈRES où les Cotylédons sont au nombre de 3 à 8 et placés en anneau. Ils manquent dans les plantes sans feuilles.

Dans les MONOCOTYLÉDONÉS, le Cotylédon est unique et en conséquence alterne avec les feuilles ; on le confond facilement avec elles.

Ordinairement les Cotylédons sont semblables l'un à l'autre (*Fève, Haricot*) ; parfois cependant ils sont inégaux (*Châtaigne d'eau*), l'un étant extrêmement petit et l'autre très-gros.

---

(1) La fécule est une substance végétale pulvérulente ordinairement blanche, assez semblable à la farine, qu'elle constitue en grande partie et dont elle diffère surtout par l'absence du gluten (Voyez p. 167.).

On nomme PLANTES ACOTYLÉDONÉES ou mieux VÉGÉTAUX UTRICULAIRES ceux dans lesquels on n'a pu encore reconnaître les Cotylédons.

Toutefois quelques plantes privées de Cotylédon (*Cuscute, Orobranches*) n'en sont pas moins classées parmi les DICOTYLÉDONÉES, parce que leurs autres organes les rattachent à cette classe.

Les Cotylédons sont si souvent libres qu'on ne mentionne ordinairement pas cet état. Quelquefois pourtant ils sont unis l'un à l'autre, de manière à ne pouvoir être séparés même par la germination. (*Marron d'Inde, Capucine.*).

L'Embryon est nommé :

Exalbuminé lorsque dans le Derme on ne trouve que lui, c'est ce qui arrive dans un grand nombre de cas ; alors il remplit tout le Derme (CRUCIFÈRES, LÉGUMINEUSES, AMYGDALÉES pl. II. fig. 11).

D'autres fois il n'occupe qu'une très-petite portion du Derme qui contient aussi l'Albumen (SOLANÉES, RENONCULACÉES, GRAMINÉES pl. II. fig. 5. 11. 13. 14. 16. pl. XXVII. fig. 18. 19. 20 21).

Que l'Embryon soit seul dans la Graine, ou qu'il soit accompagné de l'Albumen, il affecte des formes régulières. Elles doivent être mentionnées dans les descriptions, quoiqu'elles ne soient pas aussi importantes que la direction.

L'Embryon, avec ou sans Albumen, peut être :

Sphérique.
Elliptique (*Chêne*).
Cylindrique (*Mufle de veau*).
Ovoïde (*Noisetier, Jonc.*).
Conique (*Epilobe velu, Doum.*).
En toupie (*Nymphée blanche*).
Filiforme (*Massette, Ail, Damasonie étoilée.*).
En fuseau (*Thésie des Alpes, Triglochin des marais.*).
En massue (*Scille non décrite*).
En champignon (*Bananiers*).
En cœur (*Cabaret, Aristoloche.*).

Lenticulaire (celui de la *Lentille.*).

En bouclier, large, mince, circulaire, concave d'un côté, convexe de l'autre (*Œillet*, *Houlque.*).

En poulie, en forme de palet, mais dont la circonférence présente une cannelure circulaire (*Comméline commune*).

Droit, lorsqu'une ligne droite en unit la base au sommet (SYNANTHÉRÉES pl. II. fig. 10. 16. pl. XX. fig. 10. 10*, 12. pl. XXVII fig. 18. 19).

Courbé, si la tige présente un arc qui se reconnaît à l'inflexion de la Racine vers les Cotylédons. Dans certains genres, cette inflexion est si vive, que la Racine s'applique sur les cotylédons (*Haricot*, *Pois*, et toutes les autres LÉGUMINEUSES à fleurs irrégulières. pl. II. fig. 1 à 4. et pl. XXVII. fig. 20. 21).

Dans les CRUCIFÈRES, l'Embryon est toujours courbé et la Racine est pliée tantôt sur l'un des bords des Cotylédons, tantôt sur la dorsale de l'un d'eux. Dans le premier cas la coupe de l'Embryon présente cette figure o=; dans le second au contraire la Racine est brusquement fléchie sur une face de Cotylédons. Ce dernier cas présente deux modifications. Dans l'une si les cotylédons sont planes la coupe de l'Embryon présente cette figure o || , si les cotylédons sont pliés sur la dorsale la coupe est celle-ci o»

Lorsque la poche du Derme est occupée par l'Embryon et l'Albumen il importe d'indiquer leur position relative.

L'Embryon est :

Entouré par l'Album en (RENONCULACÉES, EUPHORBIACÉES pl. II. fig. 10. et pl. XXVII. fig. 18. 19. 20).

Et alors il peut être :

Central (*If*, *Ricin* pl. XXII. fig. 10).

Basilaire (*Aristoloche*, *Aconit*, *Renoncule*).

Au sommet (*Colchique*).

Entourant l'albumen (*Nyctage*). Dans ce cas l'Embryon jaune, aminci et sphérique, renferme complètement un Albumen d'une grande blancheur. (pl. XXV. II. fig. 21).

L'Embryon peut enfin être :

Latéral à l'Albumen (*Blé*, *Orge*, pl. II. fig. 13. 14. 15.).

La proportion relative de ces deux parties contenues dans le Derme varie beaucoup : ainsi dans le *Ricin* l'Embryon est presque aussi grand que l'Albumen, qui l'enveloppe ; tandis que dans les RENONCULACÉES il est d'une petitesse extrême , et par conséquent difficile à découvrir. Ce n'est qu'après plusieurs coupes qu'on parvient à le distinguer. Dans le *Café* il est très-petit et latéral. Dans le *Blé*, l'Embryon n'occupe que le petit écusson oblong placé en dehors et au bas du Carpe.

La nature de l'Albumen varie. Il est :

Féculent dans les *Céréales.*

Huileux dans les EUPHORBIACÉES.

Corné dans le *Café.*

Charnu dans les DILLÉNIACÉES

D'abord il est à l'état aqueux ; il prend ensuite l'apparence du lait (*Lait de Coco*), se solidifie graduellement et prend alors une consistance plus ou moins ferme. Dans le *Blé renflé* et le *Seigle* ses molécules sont peu adhérentes : dans le *Blé corné* il prend l'apparence de la gomme arabique concassée ; dans le *Coco* et les autres PALMIERS, il acquiert une très-grande dureté.

Quoique sa couleur soit ordinairement blanche (*Blé, Riz*), il a quelquefois une teinte jaunâtre (*Maïs*) ; purpurine dans le *Maïs rouge* ; plombée dans le *Maïs noirâtre.*

CONSERVATION DES FRUITS ET DES GRAINES.

A la maturité complète des fruits ils tombent le plus souvent, ou bien les Carpes s'ouvrent, les Graines s'en détachent, elles tombent sur le sol ; beaucoup y sont détruites soit par les animaux soit par l'influence de l'air et de l'humidité ; une partie enfin y germe plus ou moins rapidement, quelquefois même tout de suite (*Blé, Seigle, Orge*). D'autres fois leur développement n'a lieu qu'au printemps suivant, et même plusieurs années après, si, par quelque renversement du sol, elles se trouvent trop profondément enfermées pour recevoir l'action des agents extérieurs.

Quant aux plantes cultivées, on récolte leurs fruits ou leurs graines avant la maturité parfaite; et lorsqu'elle est arrivée, on les conserve soit comme provision alimentaire, soit pour la reproduction par semailles: voici les précautions qu'exige cette conservation.

Toutes les fois que les Graines sont entourées de quelques parties charnues, il faut les enlever avec soin (*Mûres, Fraises*), on les laisse sécher graduellement; car sans cette attention, la fermentation s'y établirait et ôterait aux Graines la faculté de germer.

En général les Graines se conservent si on les laisse sécher lentement. Une fois séchées on les place dans un lieu peu aéré, et si l'on peut, à une température peu élevée, ce qui empêche aux insectes d'aller y déposer leurs œufs, et à plus forte raison, ceux-ci d'y éclore (1). Dans un lieu trop aéré elle seraient exposées aux variations de l'atmosphère, se terniraient et finiraient par se gâter; trop de sécheresse leur enlèverait l'eau de végétation et les durcirait à l'excès, en sorte qu'elles ne pourraient plus ensuite s'humecter suffisamment. Enfin dans un lieu humide elles passeraient promptement à la décomposition putride et se moisiraient.

D'après ces principes, les horticulteurs expédient les graines dans de la sciure de bois, dans de la terre sèche, du charbon pilé, afin de garantir les Graines de la dessication ou de l'humidité excessives.

Enfin il est des plantes, dont les Graines ou leur Carpe, ne gardent leur force germinative qu'autant qu'elles sont semées aussitôt après leur chute (*Fraxinelle, Glands*); celles-là on les statifie dans des caisses, avec de la terre, ou de la

(1) Dans le grenier conservateur de *Demarsay*, conseillé pour les céréales, la température ne descend pas au-dessous de 7 degrés sous glace et ne s'élève guère au-dessus de 18 degrés centigrades; tandis que dans nos greniers elle descend à 10 degrés sous 0 et s'élève jusqu'à 32.

sciure de bois , humectées, et elles commencent à y germer ;
en sorte qu'on les sème avec le terreau qui les contient.
C'est ainsi qu'on traite les Graines des arbres qu'on nous ap-
porte des pays éloignés.

CHAPITRE IV.

DES ORGANES ACCESSOIRES,

ET DES PRODUITS VÉGÉTAUX.

Nous avons décrit les organes élémentaires, communs à
tous les végétaux, nous les avons vus constituer les organes
fondamentaux : il nous reste encore à décrire les organes
accessoires, ainsi désignés, parce que leurs fonctions sont
imparfaitement connues. Ils sont d'ailleurs, comme les précédents, composés d'utricules et de fibrilles diversement
combinées ou d'utricules seulement.

Ce sont les GLANDES , les POILS , les AIGUILLONS , les ÉPINES ,
les VRILLES.

DES GLANDES.

On entend par Glande (pl. XXVI. fig. 4.) un organe
formé d'utricules plus ou moins serrées et rarement de
fibrilles très-déliées; leur texture particulière est assez mal
connue. Elles peuvent occuper toutes les parties aériennes
des plantes et paraissent destinées à séparer de la sève des
liquides de nature fort différente. Elles sécrètent un liquide

aqueux et âcre dans les *Orties*, les MALPIGHIACÉES, un suc acide dans le *Pois-chiche*, une huile essentielle aromatique dans les *Orangers*, les MYRTACÉES, etc.

Les Glandes ont reçu diverses dénominations ;

On les nomme :

Milliaires, lorsqu'elles sont très-petites et à peine visibles à la loupe. Elles occupent le plus souvent la face inférieure des organes foliacés ; manquent sur ceux qui sont étiolés et qui se développent sous l'eau. Elles sont disposées par séries longitudinales sur les feuilles des CONIFÈRES, des GRAMINÉES; dans d'autres elles n'affectent aucun ordre.

Vésiculaires, lorsqu'elles occupent le tissu herbacé et sont remplies d'huile essentielle. Elles se présentent sous l'apparence de points transparents dans les Feuilles, les Sépals, les Pétals, les Carpes des *Orangers*, des *Myrtes*.

Ampoulées, celles qui, comme dans la *Glaciale*, soulèvent la cuticule. Elles sont remplies d'un liquide aqueux, incolore.

Lenticulaires, lorsqu'elles se présentent sous forme de petites saillies rondes ou oblongues. Elles sont ordinairement remplies d'un suc huileux ou résineux. *Psoralée glanduleuse, Ptélée trifoliolée.*

Globulaires, à peine adhérentes à la surface des plantes par un petit point et conséquemment caduques. Elles forment une granulation brillante sur les Sépals, les Pétals et les Anthères de beaucoup de LABIÉES, sur les Bractées et les Sépals du *Houblon*.

Papillaires ou en forme de mamelon. On les observe souvent sur les Stigmates, sur les feuilles du *Rododendron ponctué*, de la *Sariette*, de la *Sauge Hormin*.

En godet, quand elles se présentent sous l'apparence d'un disque charnu excavé, comme sur le pétiole des *Pêchers*, des *Cerisiers*, du *Ricin*, de la *Dentelaire rose*, de quelques *Passiflores*.

Déprimées, lorsqu'elles sont enfoncées dans le tissu, comme dans les Sépals et les Pétals de la *Fritillaire impériale*, dans les Pétals, ceux des *Aconits*.

Sessiles, sans support, qui les élève au-dessus de l'organe où ils prennent naissance (*Mimose Julibrissin*).

Pédicellées, lorsqu'elles sont élevées sur un support (*Rosiers,* AMYGDALÉES, *Fraxinelle*).

DES RÉSERVOIRS DE SUCS PROPRES.

On sait encore fort peu de chose sur ce qu'on nomme *Réservoirs de sucs propres* et sur les *Cavités aériennes*.

On nomme Réservoirs de sucs propres des cavités établies entre les utricules et qui sont remplies de sucs d'une nature différente de la sève. Ces cavités ont reçu divers noms.

On nomme :

Réservoirs en cœcum, ceux qui ont la forme de sacs courts et ordinairement obtus. On le voit sur les Carpes des OMBELLI-FÈRES.

Réservoirs tubuleux, ceux qui sont d'une longueur indéterminée. On les trouve dans les *Pins* et les TÉRÉBINTHACÉES.

Réservoirs en faisceaux, petits tubes parallèles que l'on rencontre dans l'écorce du *Chanvre* et dans quelques APOCYNÉES.

Enfin les :

Réservoirs accidentels s'observent dans la moelle de certaines *Euphorbes* et dans les CONIFÈRES.

DES CAVITÉS AÉRIENNES.

On nomme Cavités aériennes des lacunes plus ou moins étendues, remplies d'air, que l'on aperçoit quelquefois dans le tissu des plantes, sans le secours du microscope. Elles s'y forment par la désunion des organes élémentaires. Les tiges de la plupart des GRAMINÉES en offrent des exemples, ainsi que les LILIACÉES, quelques OMBELLIFÈRES. Dans les plantes aquatiques le tissu utriculaire est disposé en longues alvéoles souvent cylindroïdes ou prismatiques, qui donnent à toute la plante un aspect spongieux. Cette disposition du tissu n'est pas comme dans les GRAMINÉES, l'effet d'un déchirement rapide, qui altère les utricules. Les feuilles offrent aussi des *cavités aériennes*.

Les Glandes, les Réservoirs de sucs propres ont des fonctions à peine connues : toutefois il est naturel de rapprocher de ces organes spéciaux les produits particuliers, dont nous allons parler. Nous y joignons l'indication de quelques substances qui paraissent résulter de l'organisation générale des végétaux, et se trouvent dans la plupart d'entre eux.

HUILES GRASSES.

Les huiles grasses sont liquides, visqueuses, jaunâtres, combustibles, plus légères que l'eau à laquelle elles ne peuvent se mêler. Elles se décomposent quand on les chauffe au-delà de 200 à 400 degrés, se saponifient plus ou moins rapidement quand on les traite par les dissolutions de potasse ou de soude caustique. On les retire par expression du CARPE dans l'*Olivier* seul ; de l'EMBRYON dans le *Colza*, les *Noix*, les *Amandes*, les *Noisettes*, le *Hêtre* sous le nom d'huile de *Fêne*, la *Caméline*, le *Lin*, le *Chanvre*, la *Moutarde*, le *Carthame*, la *Madie cultivée*, etc., de l'ALBUMEN dans le *Pavot*, sous le nom d'*Œillette*, le *Ricin*, les PALMIERS. C'est de ces derniers qu'on obtient l'huile employée pour graisser les roues des wagons sur les chemins de fer.

HUILES ESSENTIELLES OU VOLATILES.

Les huiles essentielles sont plus fluides que les premières elles sont très-odorantes, se vaporisent par la chaleur, sont plus légères que les précédentes, se laissent souvent attaquer par les alcalis, mais sans former de véritables savons. Leurs odeurs sont très-diverses. On les retire par distillation des PÉTALS de *Roses*, *Jasmin*, *Tubéreuse* ; des FLEURS de *Lavande*, de *Romarin*, de *Girofle* ; des CARPES de l'*Oranger*, du *Cédras*, du *Citron* ; de l'ECORCE du *Cannellier*, etc.

CIRE VÉGÉTALE.

La cire verte, ou végétale, est due à l'efflorescence cireuse qui recouvre les fruits du *Cirier de la Louisiane*. On l'obtient au moyen de l'immersion dans l'eau chaude. La cire qui couvre la surface de ces fruits est liquéfiée, elle surnage, et elle est ensuite facilement séparée de l'eau par le refroidissement. Une matière extractive verte se mêle à elle et lui donne la teinte verte qu'on lui connait. Mais on blanchit cette cire par divers moyens chimiques. On l'employait à la confection des bougies avant qu'on eût séparé la stéarine des graisses pour fabriquer nos nouvelles bougies.

Cette même cire végétale se retrouve sous le nom de *Glauque* sur plusieurs de nos fruits. (*Prunes, Raisins*) sur les tiges du *Ricin*, sur celle de plusieurs *Blés* au moment de leur fleuraison. Elle protége les parties des plantes contre l'humidité.

RÉSINES.

Les résines sont cassantes, non volatiles, insolubles dans l'éther, solubles dans l'alcohol, susceptibles de brûler avec une flamme très-fuligineuse. Leurs espèces sont très-nombreuses. Elles se retirent en général des CONIFÈRES. Elles entrent en de grandes proportions dans les vernis de nos appartements etc.; elles forment en partie le goudron.

CAOUTCHOUC.

La flexibilité et l'élasticité extrêmes du caoutchouc suffisent pour le distinguer de toutes les autres substances végétales. L'odeur qu'il répand en se décomposant par le feu est aussitôt caractéristique. Il est insoluble dans l'eau et l'alcohol, se dissout légèrement dans l'éther, se gonfle extraordinairement dans l'huile de Naphte, sans s'y dissoudre sensiblement. A l'état de pureté il est blanc. On le retire par incision des parties vertes des végétaux, surtout de l'*Hevea Guianensis*, arbre des forêts de la Guiane française et qui appartient à la famille des EUPHORBIACÉES. Nos espèces européennes herbacées en contiennent aussi. On retire encore de la gomme-élastique de plusieurs plantes de la famille des URTICÉES surtout des *Figuiers*. On reçoit le suc blanc et laiteux de ces plantes sur des moules en argile séchée au soleil, mais non cuite. On laisse sécher le suc par couches qui adhèrent les unes aux autres. Lorsque le caoutchouc est desséché on casse les vases et on les fait sortir par l'ouverture qu'on a laissée.

Anciennement on n'employait cette substance que pour enlever le crayon sur le papier, pour fabriquer des vernis, pour enduire du taffetas, mais aujourd'hui on sait tirer parti de son extrême élasticité. On est parvenu à filer cette substance, à en faire des bas, des chaussons, des ceintures, des bretelles, etc.

Ce que l'on a vendu jusqu'à ce jour à la chirurgie, comme instruments en gomme-élastique n'est pas du caoutchouc pur. Ce qui sert à recouvrir ou à enduire les tissus en soie, en fil, ou en coton, avec lesquels on prépare les sondes, les bougies élastiques, etc., est un mélange d'huile de *Lin*, rendue siccative par la litharge, de succin, d'huile de térébenthine et d'une quantité variable de caoutchouc.

Pour faire les vernis de caoutchouc on laisse tremper cette substance pendant plusieurs mois, à l'état de lanières minces, dans de l'ammoniaque concentré, puis on le délaie dans l'essence de térébenthine, où il forme une émulsion qui sert à vernisser.

SANDARAQUE.

La Sandaraque nous vient de la Barbarie en larmes rondes et allongées, blanchâtres ou jaune pâle, brillantes, rudes, transparentes, se brisant sous la dent au lieu de s'y ramollir. Elle brûle avec une flamme claire; elle est soluble en presque totalité dans l'alcohol, et beaucoup moins dans la térébenthine. Elle est retirée du *Thuya à Sandaraque* (*Thuya articulata* Desf.). Elle entre essentiellement dans la composition de nos vernis. On sait que sa poudre, étendue sur le papier non collé, ou dont on a enlevé avec le grattoir la couche de colle animale (colle-forte), permet d'y tracer des caractères.

TÉRÉBENTHINE.

Le suc propre des CONIFÈRES est connu sous le nom général de *Térébenthine*. Il est de consistance épaisse, très-visqueuse, d'un aspect luisant, avec plus ou moins de transparence. Sa couleur varie du blanc au jaune. Avec le temps elle acquiert de la consistance par son exposition à l'air. Chimiquement parlant, cette substance est composée de résine et d'huile volatile, qui est connue dans le commerce sous la dénomination d'*huile ou essence de térébenthine*.

La COLOPHANE est le produit de la distillation de la Térébenthine; elle est vitreuse, friable, plus ou moins brune, et se pulvérise facilement.

GOMMES.

Les gommes sont par fragments de forme et de couleur très-variables. Elles se dissolvent dans l'eau, en la rendant visqueuse. Elles ne cristallisent pas, ni ne se dissolvent dans l'alcohol, l'éther, les essences. Voici les plus usuelles.

La GOMME ARABIQUE est récoltée sur l'*Acacia vera* (Willd).

La GOMME DU SÉNÉGAL est produite par l'*Acacia Verek* (Perrottet et Guillm.). Il est assez difficile de les distinguer, elles se trouvent souvent mêlées dans le commerce. Elles se présentent en morceaux arrondis ou entièrement sphériques quelquefois ovoïdes et sous forme de larmes, rarement friables, demi transparentes, ou opaques, à cassure vitreuse.

La GOMME ADRAGANTHE paraît se recueillir sur l'*Astragale de Crète*, l'*A. vraie* (selon Olivier) et l'*A. Gummifère*. Elle est en lanières minces, contournées, ou en filaments grêles, ou enfin en grumeaux irréguliers. Elle est blanche et opaque, très-longue à se liquéfier. On l'emploie en grande quantité pour l'apprêt des étoffes de soie.

La GOMME DES AMYGDALÉES est en masses agglutinées, jaunâtres ou rougeâtres, transparentes, impures, plus dures que la *Gomme arabique* et très-difficile à pulvériser ; elle présente souvent des morceaux mollasses ou visqueux. Cette gomme est élastique et ne se dissout qu'incomplètement dans l'eau ; elle y forme un mucilage épais, en se gonflant beaucoup. Elle découle des troncs des *Cerisiers*, des *Pruniers*, et des autres fruits dits à noyaux qui sont languissants. On la retrouve aussi quelquefois sur leurs fruits.

MUCILAGES.

Les Mucilages absorbent l'eau chaude en se gonflant, mais ne se dissolvent pas. Ils restent sur le papier quand on filtre la liqueur. Les MALVACÉES, les TILIACÉES en contiennent, surtout les premières qui en renferment dans tous leurs organes. Les Dermes des graines de *Coing* en produisent beaucoup en les mettant dans l'eau.

GOMMES-RÉSINES.

Les Gommes-résines, comme leur nom l'indique, sont des mélanges de gommes et de résines ; elles présentent les caractères des unes et des autres ; aussi elles se dissolvent en partie dans l'eau, en partie dans l'alcohol, etc.

Les Gommes-résines sont assez nombreuses, voici quelques unes des plus usuelles.

ENCENS.

L'encens est en larmes rougeâtres ou d'un jaune pâle, ovales, oblongues, obtuses, de la grosseur d'une fève ou d'un œuf de pigeon ; solitaires ou réunies, lisses, demi-transparentes, fragiles et à fracture plane. Son odeur est balsamique, surtout quand on la brûle. C'est de la *Boswellie thurifère* (Roxb) ou *B. Serrata* (Stackh.), plante de l'Inde et de la famille des TÉRÉBINTHACÉES, qu'on retire cette résine.

GALBANUM.

C'est du *Bubon Galbanum* (Linn.), de la famille des OMBELLIFÈRES, que se tire la *Gomme-résine Galbanum*. Elle est en masses plastiques, agglutinées, mêlées de graines et de débris de feuilles de la plante. Elle a un aspect gras, adhère fortement aux mains, qui la ramollissent facilement. On y trouve aussi des larmes blanches, claires, qui s'écrasent facilement. Elle nous vient de la Syrie.

GOMME-RÉSINE GUTTE.

La *Gomme-gutte* est obtenue du *Stalagmitis cambogioïdes* (Murr.) et du *Garcinia cambogia* (Desrouss.). Ce sont des arbres de Siam et de Ceylan. Ils appartiennent à la famille des GUTTIFÈRES. Cette substance se présente dans le commerce en morceaux de forme variable. Elle est opaque, d'un gris jaunâtre et poudreuse à l'extérieur, et d'un jaune safrané, orangé ou rougeâtre à l'intérieur. Elle fournit à la peinture une belle couleur jaune, que tout le monde connaît. On sait que la Gomme gutte est un purgatif violent.

FÉCULE.

La Fécule est insoluble à froid ; elle est attaquée par l'eau chaude, et absorbe une grande quantité de ce liquide, en formant une gelé très-peu soluble. Elle se caractérise facilement par la coloration bleue ou violette, plus ou moins brune, que l'iode y détermine.

Elle se trouve dans presque toutes les parties des végétaux, surtout celles qui sont peu colorées, comme les racines, les tiges souterraines des *Bananiers*, les tiges aériennes des *Palmiers*, les Graines et surtout dans l'Albumen des GRAMINÉES. A l'époque de la fleuraison, elle est transportée des parties souterraines ou des tiges aux fruits pour la maturation. Aussi faisons-nous usage comme aliments de la plupart des racines avant que les plantes aient développé leur tige (*Carotte, Navet, Betterave, Scorzonère*, etc.), ou de leur tiges souterraines (*Pomme de terre, Topinambourg*, etc.). Elle est plus lourde que l'eau et se précipite facilement. Unie en de grandes proportions au *Gluten*, elle forme les pâtes susceptibles de fermenter (Lever) et alors elle constitue notre pain. L'*Indigo*, obtenu des feuilles de l'*Indigotier*, plante tinctoriale de la famille des *Légumineuses*, est une fécule ; ainsi que le *Salep*, qui est retiré des racines charnues des ORCHIDÉES. Il en est de même de l'*Amidon* qui est en grande quantité dans l'Albumen des *Graminées céréales*. L'orge en contient beaucoup, ainsi que le *Blé Amydonier*. Les Fécules varient beaucoup d'une plante à l'autre, relativement à leur ténuité, leur couleur, etc. Elles sont toutes très-nutritives, elles passent facilement dans les *Graminées* à la fermentation alcoolique (*Bière*).

SUCRE.

Les sucres sont ordinairement blancs, cristallins, solubles dans l'eau et dans l'alcohol. Aux yeux du chimiste ils se caractérisent surtout par leur propriété de se décomposer rapidement en alcool et acide carbonique, en présence du ferment à une température modérée. La matière sucrée s'observe abondamment dans toute la *Canne à sucre*, le *Maïs*, dans plusieurs racines (*Betterave, Carotte*), dans les fruits.

LIGNEUX.

Le ligneux est insoluble à chaud et à froid dans l'eau, l'alcohol et l'ether; ainsi que dans les dissolutions très-étendues de potasse, d'ammoniaque, d'acide chlorhydrique.

CHARBON.

Le charbon à l'état d'impureté, comme nous le voyons presque toujours, est insoluble dans tous les liquides qui ne lui cèdent pas de l'oxigène; il est inattaquable par le chlore, n'est attaqué que lentement par l'eau régale, n'éprouve aucune altération quand on le chauffe à l'abri de l'air, et se transforme en gaz acide carbonique au contact de l'oxigène, sous l'influence de la chaleur.

Il s'obtient par la combustion des végétaux (et des animaux) dans des vases clos. En contact avec la chaleur et l'air il se réduit en cendres.

POILS.

On entend par Poils (pl. XXVI. fig. 1. 2. 3. 4) des prolongements utriculeux plus ou moins filiformes et ordinairement mous, qui se remarquent assez souvent sur les organes extérieurs des plantes et très-rarement à leur intérieur (NYMPHÉACÉES).

Ils sont formés d'une ou de plusieurs utricules oblongues qui dépassent la surface du végétal. Ils ont quelquefois pour base plusieurs autres utricules placées les unes à côté des autres.

Les Poils naissent ordinairement sur les parties fibreuses des végétaux, cependant on en voit sur l'exocarpe de la *Pêche*, de l'*Abricot*. Ils occupent le plus souvent la face inférieure des feuilles, où sont ordinairement les stomates, et ils s'observent plus souvent dans les plantes des contrées chaudes ; ce qui a fait penser qu'en général ils servent à abriter les végétaux contre la chaleur et la lumière et à empêcher la trop grande évaporation. On concevra d'après cela pourquoi ils manquent aux parties des plantes, qui sont dans des circonstances peu favorables à l'évaporation, telles que les plantes étiolées, les plantes grasses (qui ont peu ou point de stomates), les plantes aquatiques et celles des lieux ombragés, qui reçoivent imparfaitement l'action du soleil ; tandis, au contraire, qu'ils abondent sur les plantes exposées à une vive lumière et qui sans eux seraient desséchées par une trop grande évaporation.

Les Poils ne semblent plus fréquents sur les jeunes parties des plantes qu'à cause du peu de développement qu'elles ont encore acquis, car ils ne tombent que très-tard.

Dans plusieurs cas les Poils servent à protéger du froid les organes délicats, c'est ce que l'on observe dans les bourgeons du *Marronnier d'Inde* et autres. Aussitôt que l'organe est assez fort pour résister aux intempéries, ses poils tombent.

Ils servent aussi d'abri contre l'humidité, car il est souvent difficile de mouiller les surfaces velues : il reste entre les Poils une couche d'air captif, qui empêche l'eau de pénétrer (*Framboisier, Saule des chèvres*, etc.).

Il paraît donc que les fonctions des Poils, dans les végétaux comme dans les animaux, sont de protéger les surfaces sur lesquelles ils se développent, contre les excès de la température, peut-être aussi contre les insectes.

Les Poils, qui bordent les surfaces, s'appellent Cils.

Les Poils ou les Cils sont nommés:

Simples, lorsqu'ils sont formés d'une seule utricule, sans ramification, conduit ou cloison transversales (pl. XXVI. fig. 1.).

Composés, s'ils sont formés d'utricules nombreuses diversement disposées.

Capillacés, longuement coniques et flexibles (*Lychnis de Chalcédoine*). Ils affectent alors surtout toutes sortes de directions; ils sont **appliqués** dans le *Saule blanc*; **étalés** dans les *Potentilles*, **arqués et réfléchis**, dans l'*Aconit napel*; **entrelacés** dans le *Saule marceau* etc. Leur apparence varie aussi beaucoup (voir page 63.).

Arachnoïdes, allongés et croisés comme les filaments d'une toile d'araignée (*Joubarbe*, *Bardane* et *Cirse à toiles d'araignée*.

Floconneux, ressemblant à de petits pelotons laineux et qui tombent facilement (*Molène pulvérulente*).

Scarieux, minces, secs, et souvent unis, comme dans quelques FOUGÈRES (*Polystic aiguillonné*, et *P. rigide.*).

En alene, conique et rigide (*Bourrache*).

En massue, renflés insensiblement jusque vers le sommet (*Dictamne Fraxinelle*).

Mucroné, surmonté d'une très-petite pointe mince (*Dictamne Fraxinelle*, pl. XXVI. fig. 1.).

Bulbeux, lorsqu'il part d'une agglomération d'utricules qui forment un renflement à sa base (*Bourrache*, pl. XXVI. fig. 1.).

Bifurqués, trifurqués, comme dans la *Thrincie hispide* (pl. XXVI. fig. 3.).

Rameux (*Lavande*).

Étoilés, produisant des rameaux qui partent en divergeant d'un point commun (*Guimauve* et autres *Malvacées*).

En goupillon, présentant sur un axe prolongé des ramifications nombreuses (*Marube voyageur*).

Glandulifère ou en tête, se terminant par une glande, qui sécrète souvent des liquides acides (*Pois chiche*) ou résineux (*Sauge Sclarée, Rosiers.*).

Perforés, lorsque leur base répond à une glande dont le poil est le canal excréteur (*Ortie*). Ces poils sont faibles, mais ils offrent cependant assez de fermeté pour s'engager dans la peau, si l'on passe la main légèrement sur la plante. Ce poil alors est raccourci et pressé vers sa base. La longueur du canal, étant diminuée, le liquide âcre contenu dans la glande et dans le canal du poil, se dépose et produit la douleur que tout le monde connaît.

Cloisonnés, si l'on remarque en travers des cloisons, formées par l'adossement des utricules placées bout à bout (*Belle de nuit*).

En chapelet, lorsque les utricules qui les forment, placées bout à bout, sont renflées, de manière à imiter les grains d'un chapelet (Etamines des *Molènes*, des *Tradescanties*).

Corollins, ceux qui, au lieu d'être d'une nature sèche, présentent la demi-carnosité des Pétals (*Menyanthe trèfle d'eau*). Cette modification est souvent si voisine des poils en chapelet qu'on a quelquefois de la peine à les distinguer, et alors les deux épithètes s'appliquent au même poil.

Radicaux, ceux qui naissent sur les Racines, surtout lors de la germination de quelques Graines, quand elle a lieu dans un sol très-poreux, et que les Racines se développent dans un air humecté.

AIGUILLONS.

On nomme *Aiguillons* (pl. **XXVI**. fig. 7, *Rosiers.*) des appendices à pointes fermes et aiguës.

Les Aiguillons sont formés seulement d'utricules endurcies et paraissent dus à l'union et à l'endurcissement des Poils. A une certaine époque de leur existence ils se détachent spontanément des utricules sous jacentes et laissent sur l'écorce une cicatrice qui conserve la forme de leur base. Ils se rencontrent sur un petit nombre de plantes. Les *Rosiers*, les *Ronces*, quelques ARALIACÉES en offrent des exemples,

Ces Aiguillons sont:

Coniques (*Rosier pimprenelle*, *Framboisier*), lorsque la cicatrice qu'ils laissent est à peu près circulaire.

Comprimés, (*Rosiers des chiens* et autres).

Crochus, quand leur pointe est tournée soit vers le sommet de la plante, soit plus fréquemment, vers la racine (*Rosierrouillé*).

ÉPINES.

Les Epines se distinguent des Aiguillons en ce qu'elle font corps avec la partie qui les porte au moyen de la prolongation des fibres de la plante; elles ne tombent jamais seules et ne peuvent jamais être détachées sans rupture.

Presque tous les organes sont susceptibles de se terminer en épines, en exceptant toutefois les Racines et les Graines.

Les Tiges des arbres surtout et leurs ramifications finissent en épines par l'avortement constant des Bourgeons (pl. XXVI. fig. 8. 9.). Ainsi nos *Poiriers*, nos *Néfliers sauvages* sont épineux; mais transportés dans un terrain plus convenable à la végétation, les nouveaux rameaux se terminent par des Bourgeons, qui donnent naissance à d'autres branches non épineuses. Les Epines antérieurement existantes se décomposent et disparaissent au bout de quelques années. Les *Gléditschia*, ces arbres si épineux, arrivés à un certain âge, donnent souvent naissance à des rameaux non épineux.

Les rameaux aplatis du *Petit-houx*, que beaucoup de personnes prennent pour des feuilles, parce qu'elles en ont la forme, restent constamment épineux.

Les *Feuilles simples* présentent souvent leurs bords épineux (*Houx*, *Chardons*).

Dans le *Vinettier commun*, lorsque la branche manque d'une nourriture suffisante, les feuilles sont réduites aux fibres principales, les utricules n'en ayant pas rempli les intervalles. De là la formation des épines trifides, que l'on trouve dans cette plante. Il est probable que la même chose arrive dans le *Groseiller épineux.* Dans ces deux cas les rameaux, poussant plus promptement qu'à l'ordinaire, donnent naissance à des feuilles qui servent à l'élaboration de la sève. Si, au contraire, on coupe la plante ras terre, le jet vigoureux qui se développe présente inférieurement de larges feuilles épineuses (pl. XXVI. fig. 6.); mais en remontant elles diminuent graduellement de largeur (pl. XXVI. fig. 5.) et bientôt elles ne se présentent plus que sous l'apparence d'épines trifurquées.

Dans les *Yucca* et les *Littaea* la feuille est terminée en épine souvent très-acérée.

Les *Pétioles des feuilles composées* persistent dans quelques *Astragales ligneuses*, leurs folioles tombent, l'axe qui les portait s'endurcit et forme une véritable épine.

Les *Stipules* de quelques plantes durcissent tellement qu'elles deviennent de véritables épines (*Pictétie, Robinier Faux-Acacia*).

Les *Bractées* sont aussi quelques fois épineuses (*Chardon-étoilé, Artichaud*).

Les *Pédicelles* deviennent aussi épineux (*Alysse épineuse*).

Les *Sépals* des *Epiaires*, des *Léonures* sont terminés par une épine très-acérée. Ceux des *Bidents* sont aussi armés d'épines rétrogrades.

Les *Pétals* malgré leur délicatesse ordinaire, prennent aussi l'aspect épineux dans la *Cuviera*.

Les *Etamines*, dénuées d'Anthères et persistantes, dans quelques BYTTNÉRIACÉES, deviennent assez fermes, pour qu'on les appelle des épines.

Les *Styles* eux-mêmes, persistants et durs dans les *Martynia*, sont réellement épineux.

DES VRILLES.

On nomme *Vrilles* des prolongements mous, filiformes, spiralés qui s'enroulent autour des corps qu'ils rencontrent.

Presque tous les organes peuvent se transformer en vrilles: les Racines mêmes, quoique très-rarement, affectent accidentellement cette singulière disposition.

La Spiralité a lieu de deux manières :

En crosse, ou spirale plate, comme dans les rameaux-feuilles des FOUGÈRES et les pédoncules des *Drosera*, ou bien :

En tirebouchon, comme dans les cas que nous citerons.

Pour juger de la direction de la spirale, on se suppose enveloppé par elle : elle va de droite à gauche si elle monte en ce sens, et réciproquement. Dans tous les cas cette direction est régulière et constante, sans qu'on puisse jamais la changer. On ne connaît encore qu'un seul exemple de plante, dont la vrille tourne en un sens dans sa moitié inférieure, et en un autre dans la supérieure, c'est la *Bryone dioïque*. La cause de cette direction, constante dans chaque espèce, est encore inconnue.

Les *Tiges* de beaucoup de plantes sont spiralées ;

De *droite à gauche*, *Liserons* (pl. XXVI. fig. 10).

De *gauche à droite* (*Houblon*).

Le *Pétiole des feuilles simples*, mais plus ou moins profondément lobées, comme celui des *Clématites*, présente souvent cette direction spiralée (pl. XXVI. fig. 11.).

Les *feuilles simples* des *Mutisia* (pl. XXVI. fig. 14.) ont au sommet leur dorsale prolongée en spirale.

La *Foliole terminale* et même peut-être quelques-unes des latérales, dans les *Vesces*, *Pois*, *Gesses*, etc., réduites à leur dorsale, sont prolongées en vrilles.

La *Feuille tout entière* de la *Gesse aphaque* est réduite en vrille ; tandis que ses stipules, grandes et foliacées, remplissent les fonctions de la feuille.

Il est très-probable que les vrilles des CUCURBITACÉES ne sont dues qu'à autant de feuilles à fibres palmées réduites à leurs seules fibres.

Les *Stipules* de quelques *Smilax* prennent la même direction (pl. XXVI. fig. 13).

Le *Pédicelle fertile* des *Vallisnéries* allonge ou contracte sa spire suivant la profondeur de l'eau.

Le *Pédicelle stérile* des *Passiflores* est roulé en spirale (pl. XXVI. fig. 15.),

Les *Pédoncules et les Pédicelles* des *Vignes* se transforment ou complètement en vrille, qui alors est vis-à-vis la feuille, ou partiellement comme on l'observe surtout dans les grappes tardives (ou agrès) qui portent en même temps des fruits et une ou plusieurs vrilles.

Les *Bractées* de la *fritillaire verticillée*, se prolongent en vrille, ainsi que les *Sépals* du *Calytrix*.

Les *Pétals* de la *Tabernemontane divariquée* sont aussi très-prolongés et légèrement contournés en vrilles, ainsi que le *Pétal inférieur* de l'*Orchis à odeur de bouc*.

La colonne des *Etamines* et du *Style* de l'*Inga zygia* (pl. XXVI. fig. 19.) se roule en spirale, ainsi que le Style des *Clématites* (pl. XXVI. fig. 17) et le Carpe même des *Chenillettes* (pl. XXVI. fig. 18.).

SUÇOIRS.

On nomme *Suçoirs* des renflements formés de tissu utriculaire placés çà et là sur la tige du *Lierre*, des *Cuscutes*, au moyen desquels ces plantes se fixent sur d'autres plantes et souvent en absorbent les sucs. Tout le monde connaît les ravages que la *Cuscute* cause sur les Trèfles; elle s'étend circulairement et occupe quelquefois des prés artificiels presque entiers.

On a conseillé de les faucher souvent et de répandre sur les places infestées de l'écorce de chêne qui a déjà servi au tannage de peaux.

RÉSUMÉ

Les végétaux sont des corps organisés puisque leurs molécules ne sont pas seulement unies par l'attraction et soumises aux lois mécaniques, mais qu'elles sont groupées en organes qui exercent des fonctions. Ils croissent par l'intussusception et l'assimilation des molécules extérieures; il périssent dès que l'organisme cesse. En cela ils ressemblent aux animaux et ils s'en distinguent parce qu'ils n'ont ni sensibilité, ni locomotilité.

Les organes élémentaires des plantes sont les utricules et les fibrilles; les unes sont formées de ces deux organes combinés entre eux; ce sont les VÉGÉTAUX FIBRÉS; les autres, du moins dans leur jeune âge, n'ont que des utricules; ce sont les VÉGÉTAUX UTRICULÉS.

Les organes composés sont d'abord: la Racine et la Tige, qui forment l'AXE VÉGÉTAL: les Feuilles et leurs diverses modifications (Bractées, Sépals, Pétals, Etamines, Carpes et Graines,) sont les appendices de cet axe.

La partie descendante de l'axe végétal constitue la Racine, qui recueille par ses spongioles les substances liquides environnantes et commence l'élaboration de la sève.

La partie ascendante de l'axe ou la tige, offre deux dispositions essentiellement distinctes, l'une propre aux DICOTYLÉDONÉS, l'autre aux MONOCOTYLÉDNÉS. Dans les premiers la tige est composée de deux zônes différentes: l'une extérieure, dont l'accroissement a lieu à la face interne, c'est l'écorce; l'autre centrale, beaucoup plus épaisse que la première, et qui augmente par sa surface, c'est le bois. Ce double accroissement s'opère chaque année par couches concentriques, dans toute l'étendue de la tige, jusqu'à l'ex.trémité de ses branches, et leur impose la forme conique.

Dans les MONOCOTYLÉDONÉS au contraire l'accroissement a lieu principalement par l'extrémité des fibres, qui sont disposées dans une masse considérable d'utricules; en sorte que leur forme générale est cylindrique.

Les feuilles naissent en Spires superposées; elles présen.tent ordinairement deux faces, l'une éclairée par les rayons directs du soleil, l'autre constamment dans l'ombre.

De leur aisselle partent les Bourgeons, rudiments de Branches nouvelles.

L'assimilation s'opère au moyen de ces trois grandes séries d'organes: Racine, Tige, Feuille.

Les Racines absorbent sans choix par leurs spongioles, l'eau, les gaz, et les autres corps qu'elle contient en dissolution ou en suspension.

La sève monte incessamment par la Tige entre les utricules et à travers leurs membranes. Dans son trajet elle se charge d'une partie des substances nutritives déposées dès le commencement de la circulation.

Parvenue aux feuilles la sève subit une grande évaporation; l'eau en excès se dissipe, la lumière décompose le gaz acide carbonique, qui s'y trouvait contenu, l'oxigène se dégage et le carbone concourt à la solidification du végétal.

Ainsi modifiée, la sève épaissie redescend par l'écorce vers les Racines, surtout la nuit, tandis que les feuilles absorbent l'humidité et les gaz atmosphériques à l'obscurité.

Dans les plantes herbacées les Bourgeons à peine formés, se développent incessamment en branches, jusqu'à ce que le froid arrête la végétation. Les Bourgeons des arbres se développent principalement à deux époques de l'année, au printemps et en août.

Quand le végétal a acquis une certaine consistance, qu'il a fixé dans ses divers organes des dépôts suffisants de matières nutritives, quelques Bourgeons, qui par des années humides auraient produit des branches à feuilles, se transforment en appareils floraux.

Cette admirable métamorphose des rameaux foliacés nous présente la plante dans toute sa splendeur. Alors s'épanouissent les Sépals et les Pétals protecteurs; ils conservent la spiralité des feuilles, quelquefois s'unissent ensemble, ou adhèrent d'une spire à l'autre.

Les Anthères s'ouvrent, le Pollen est conduit par les utricules du Stigmate jusque dans le Derme; l'Embryon s'y forme; les organes floraux devenus inutiles se dessèchent et tombent. La plante elle-même, si elle est herbacée, meurt épuisée par la multitude de ses graines. La graine mûrit, protégée par le carpe, enfin elle se dissémine. La artie aérienne qui a porté la graine meurt, si elle est herbacée ou vivace. Si elle est ligneuse elle ne fructifie qu'après plusieurs années et ne perd que les rameaux qui ont porté les graines. Si la graine se trouve dans des circonstances favorables de sol et d'atmosphère, l'Embryon germe et la végétation se perpétue.

Ainsi se reproduisent chaque année les mêmes merveilles de régularité, de symétrie; ainsi, aux yeux de l'observateur attentif se déploient dans les plus petites œuvres du Créateur la perfection et la magnificence qui caractérisent ses plus grands ouvrages.

DICTIONNAIRE
DES MOTS TECHNIQUES
EMPLOYÉS DANS CET OUVRAGE.

SERVANT EN MÈME TEMPS DE TABLE.

Nota. — Les substantifs et les verbes admis dans cet ouvrage sont en caractères comme **ABLAMELLAIRE**; et les adjectifs, mêmes caractères, mais suivis d'un astérisque (*).

Les mots en petites capitales (BROU) sont ceux que nous regardons comme inutiles(quoiqu'ils soient très-employés).

A.

ABLAMELLAIRE (*Ablamellaris*), mot appliqué au Carpe lorsqu'à la fleuraison leurs deux bords sont écartés l'un de l'autre et unis aux Carpes voisins. Le Carpe ablamellaire ne peut exister seul dans une fleur, ses graines se trouveraient exposées à l'air libre avant leur maturité; elles se dessécheraient avant que l'embryon s'y fût développé (*Violettes*, pl. xxv, fig. 13. 21). (Voir l'autre dispositions des bords carpellaires à l'article *Collamellaire*. pag. 144. 146.

(1) Nous avons cru devoir citer dans ce dictionnaire un petit nombre de mots très-usités, mais que nous regardons comme complétement inutiles. C'est avec l'intention de faire connaître aux personnes qui s'en servent encore les mots qui les remplacent. Nous engageons les commençants à n'en faire aucun usage. Si l'on veut une synonymie plus étendue des mots superflus en botanique, on la trouvera à la suite de l'*Essai de formules Botaniques*, par MM. Seringe et Guillard. 1836.

ABRÉVIATION, signes qui rapellent des mots. Nous avons représenté d'une manière uniforme dans les planches les mêmes organes par les mêmes lettres. R. Racine. —. T. Tige. — F. Feuille. — X. Fleur. — S. Sépal. — P. Pétal. — E. Etamine. — C. Carpel et Carpe. — C'. Style. — C". Stigmate. — G. Graine. — Y. Y. Embryon.

ACCROISSANT * (*Accrescens*), se dit des Sépals, des styles ou de tout autre organe, qui, au lieu de tomber ou de rester stationnaires après la fleuraison, prennent un accroissement sensible (Sépals du *Coqueret*, ceux de la *Pomme*, qui unis et adhérents en forment la pelure, style des *Clématites*, des *Benoites*.). pag. 127. 130..

ACÉRÉ * (*Acicularis*), se terminant en pointe dure et piquante (pl. XI. fig. 19). pag. 62.

ACIDE AZOTIQUE. Son action sur les folioles de quelques *Légumineuses*. pag. 70.

ACIDE CARBONIQUE. Combinaison d'oxigène et de carbone. Il est impropre à la respiration, à la combustion, trouble l'eau de chaux, etc. Il est indispensable, en de certaines proportions, à la vie des plantes. pag. 48, 51.

ACIDE SULFURIQUE. Son action sur les feuilles. pag. 70.

ACOTYLÉDONÉ (*Acotyledones*), plante dans laquelle on n'a pu encore observer le cotylédon. Les *Acotylédonés* (Juss.) correspondent aux VÉGÉTAUX UTRICULÉS. pag. 154.

ACUMINÉ * (*Acuminatus*), terminé en pointe par une courbure des deux bords et non par la rencontre de deux lignes droites (pl. X, fig. 1 et pl. XI, fig. 7. 14). pag. 62.

ADHÉRENCE DES CARPES, etc. ; état de deux organes végétaux de texture souvent différente qui sont joints et tiennent l'un à l'autre. Les Carpes des *Pommes*, ceux des *Courges* sont adhérents au tube accru des Sépals qui en forment la pelure (pl. XVIII, fig. 7 ; pl. XXI, fig. 3, 5, 6.). pag. 141.

ADHÉRENT * (*Adhærens*), les Sépals sont adhérents aux Carpes dans les *Pommes*. pag. 108, 112, 118, 126, 127, 149.

ADVENTIF *, Racine qui ne naît pas de l'Embryon, Bourgeon qui ne naît pas en même temps que la feuille et de son aisselle, mais de tout autre point (pl. III, fig. 2. R.). pag. 14.

AÉRIEN *, qui vit dans l'air libre comme les feuilles, et ordinairement les tiges ; ces dernières souvent souterraines ont été prises pour des racines (*Pommes de terre*).   pag. 33 , 54.

AGE DES DICOTYLÉDONÉS, moyens de le reconnaitre (pl. IV) 23.

AIGUILLON (*Aculeus*), appendice d'un organe aérien du végétal, qui est formé d'utricules endurcies , et qui , en se détachant spontanément, laisse une cicatrice sans déchirement de fibres (*Rosiers,* pl. XXVIII , fig. 7).   pag. 171.

AIGUILLONNÉ * (*Aculeatus*), hérissé d'appendices piquants, durs, droits ou crochus qui , en se détachant, laissent une cicatrice sur les Tiges , les Rameaux , etc. (*Rosiers* , *Framboisiers*).   pag. 64.

AILÉ * (*Alatus*), Tige ou ses ramifications ou Carpes , etc., bordés de lames foliacées (pl. VI , fig. 4 et 4*, pl. X , fig. 8*). pag. 28 , 44 , 150.

AIR (*Aer*), mélange de 0,79 d'azote , et 0,21 d'oxigène , de traces d'acide carbonique et d'un peu de vapeur d'eau.   pag. 48.

AISSELLE (*Axilla*), angle plus ou moins aigu formé par une feuille, une bractée , ou tout autre organe , et la portion de tige qui le porte.

ALBUMEN (*Albumen*), substance de nature variable , quelquefois déposée dans le sac embryonaire , auquel elle adhère , et qui est destinée à la nutrition de la Graine lors de sa germination (pl. II , fig. 5 , et pl. XXVI , fig. de 18 à 21).   pag. 7 , 155.

ALTERNE * (*Alternus*), ne naissant pas sur le même plan horizontal qu'un autre organe de même nature (pl. X , fig. 5 , 19 , 20). pag. 56.

AMENDER , ajouter au sol la substance minérale qui lui manque ou qui s'y trouve en trop petite quantité.   pag. 47.

AMPOULÉ * (*Ampullaceus*), renflé en vessie , comme quelques glandes , etc.   p. 159.

ANGULEUX * (*Angulosus*), Carpes , feuilles, etc., qui présentent des angles (pl. VI , fig. 5 , 4).   p. 150.

ANIMAL (*Animal*), corps organisé doué d'instinct , de sensibilité et de locomotilité.   pag. 2.

ANNUEL * (*Annuus*), qui vit au plus pendant une année. p. 15, 27

ANTHÈRE (*Anthera*), tête globuleuse ou oblongue qui termine le filet et renferme le Pollen (pl. XXII). pag. 120.

APPLIQUÉ* (*Applicatus*), se dit surtout des feuilles lorsqu'elles sont appliquées face à face dans les bourgeons, sans offrir aucune plicature (pl. VIII, fig. 11). pag. 34, 170.

AQUATIQUE* (*Aquaticus*), plante qui vit dans l'eau ou les lieux humides. pag. 65.

ARACHNOIDE* (*Arachnoïdeus*), poils mous, longs et disposés de manière à imiter les toiles d'araignées. pag. 170.

ARBRE (*Arbor*), plante ligneuse dont l'axe vit un nombre d'années indéfini et porte des rameaux à l'aisselle des feuilles.

ARBUSTE (*Frutex*), exprime la même idée que le mot *Arbre*, jointe à celle d'une étendue moins grande.

ARGILE (*Argilla*), ou terre grasse, terre à poterie. Silicate d'aluminium impur. Elle forme une pâte onctueuse lorsqu'on la mêle à l'eau, qu'elle abandonne difficilement. A une haute température elle prend une demi-vitrification. pag. 47.

ARILLE, quelques botanistes donnent ce nom au funicule dilaté et enveloppant en partie ou en totalité la graine. Voyez Arillé.

ARILLÉ*(*Arillatus*), Funicule développé en appendice membraneux qui enveloppe en partie ou en entier la Graine (pl. XXV, fig. 23. pl. XXVI, fig. 13). pag. 148.

ARQUÉ* (*Arcuatus*), s'applique aux poils de l'*Aconit napel* et à quelques autres organes. pag. 150. 170.

ARRONDI* (*Rotundatus*). pag. 152.

ARTICULÉ* (*Articulatus*), présentant des renflements où les fibres, entrecroisées et plongées dans une masse d'utricules tendres, se rompent facilement. p. 29.

ASCENDANT* (*Ascendens*), dirigé plus ou moins obliquement en haut. pag. 20.

ASSIMILATION (*Assimilatio*), action des corps vivants de transformer en eux-mêmes d'autres corps.

ASSOLEMENT, successions de cultures avantageuses aux plantes qui suivent. p. 12.

AUBIER (*Alburnum*), couches de bois des **DICOTYLÉDONÉ** qui n'ont pas encore acquis toute leur solidité, leur pesanteur et leur couleur.

AXILLAIRE * (*Axillaris*), qui naît à l'angle formé par une feuille, ou tout autre organe foliacé, et une ramification de la tige. Les bourgeons qui se développent en même temps que les feuilles sont toujours axillaires. pag. 33.

AZOTE, corps simple, impropre à la combustion, ne troublant pas l'eau de chaux et constituant les 0,79 de l'air. pag. 48.

B.

BAIE (*Bacca*), mot employé d'une manière si vague qu'il faut l'a bandonner.

BARBU * (*Barbatus*), garni de longs et gros poils. pag. 64.

BASE (*Basis*), point par lequel tient l'organe à la tige où à ses ramifications. pag. 62.

BASILAIRE * (*Basilaris*), qui naît très-près de la base d'un organe. pag. 130, 155.

BIAILÉ * (*Bialatus*), garni de deux ailes, comme le Capitel des *Erables*.

BIDENTÉ * (*Bidentatus*), muni de deux dents, ou terminé par deux dents.

BIFIDE * (*Bifidus*), lorsque l'échancrure se prolonge jusque vers le milieu de l'organe, surtout en formant un angle aigu.

BIFLORE * (*Biflorus*), Pédoncule qui porte deux fleurs sessiles ou pédicellées.

BIFOLIOLÉ * (*Bifoliolatus*), pétiole qui porte latéralement ou à son sommet deux folioles (pl. XII, fig. 7).

BIFURQUÉ * (*Bifurcatus*), divisé en deux branches plus ou moins divergentes (pl. XXVIII, fig. 3). pag. 171.

BILOBÉ * (*Bilobatus*), lorsque l'échancrure qui sépare les deux parties est arrondie ou au moins les lobes (pl. XI, fig. 2). p. 62.

BINAIRE, disposé par deux (Sépals des *Pavots*).

BIPARTIÉ * (*Bipartitus*), quand l'échancrure se prolonge presque jusqu'à la base de l'organe.

BIPENNÉ * (*Bipennatus*), si le pétiole commun se divise en deux branches qui portent des folioles disposées sur deux rangs (pl. XII , fig. 18). pag. 66.

BISANNUÉL * (*Biennis*), végétal qui vit au plus deux années (*Chou, Carotte*). pag. 14, 27.

BITERNÉ * (*Biternatus*), feuille composée, dont le pétiole est divisé en trois branches portant chacune trois folioles.

BLANCHIR, étioler des plantes en les tenant dans une complète obscurité.

BOIS (*Lignum*), fibres unies par des utricules, disposées annuellement par couches, sous l'écorce des ARBRES DICOTYLÉDONÉS (pl. IV, fig. 1, 2 et pag. 19), ou sans ordre dans les ARBRES MONOCOTYLÉDONÉS (pl. V , fig. 1, 2, 3, 4, pag. 25). Voir, lieux cités, leurs modes d'accroissement.

BORD (*Margo*), limites des surfaces dans les feuilles , les bractées, les Sépals, etc. pag. 61.

BORD A BORD * affleurement des bords des Sépals (*Malvacées*), ou toutes autres séries d'organes (pl. XIX , fig. 1). pag. 109, 110.

BORD SUR BORD IRRÉGULIÈREMENT *, si un Pétal ou un Sépal est recouvert par un autre , qu'un autre soit en dessus et que les autres soient recouverts par un bord et recouvrant par l'autre (pl. XIX , fig. 8 , 9, 10). pag. 109, 110 (Voir les diverses autres modifications relatives des Sépals , des Pétals , etc., à la page 110, 111).

BORD SUR BORD RÉGULIÈREMENT, lorsqu'un bord de Pétal , par exemple , en couvre un autre , et que l'autre bord est recouvert par son voisin ; ou autrement dit lorsqu'un bord de Pétal est en dessous et l'autre en dessus (pl. XIX , fig. 3, 4). pag. 109, 110.

BOTANIQUE (*Botanica , Res herbaria*), étude des végétaux, pour apprendre à connaître leurs organes, leurs fonctions et leurs caractères distinctifs.

BOURGEON (*Gemma*), rudiment d'un végétal qui naît sur quelque partie de la tige sans fleuraison préalable (pl. VIII, fig. 1 à 10). p. 31.

31. Le Bourgeon naît ordinairement à l'aisselle d'une feuille. Il est nommé *adventif* quand il se développe après la chute de la feuille, et alors c'est toujours hors de son aisselle. Le *Bourgeon* à *feuille* n'est constitué que par des feuilles (pl. VIII, fig. 2. F.). p. 33. Celui *à fleur* (pl. VIII, fig. 1), ne renferme que des fleurs. p. 33. Enfin le *Bourgeon mixte* présente en même temps des feuilles et des fleurs (pl. VIII, fig. 2, F X). pag. 33.

BOURGEON SOUTERRAIN (*Gemma subterranea*), celui des *Jacinthes, Colchiques* (pl. VIII, fig. 9, 10). pag. 13, 31.

BOUTON, fleur non épanouie. Depuis peu on étudie le bouton des fleurs, prêtes à éclore : on a reconnu que la disposition de ses parties est constante, et qu'elle offre de bons caractères distinctifs.

BOUTURE (*Talea*), rameau (rarement feuille, etc.,) sans racine, détaché d'une plante susceptible de se reproduire, placé dans un milieu humide et chaud pour y faire développer des *Racines*. Les plantes grasses se bouturent facilement (pl. VII. fig. 1-5). pag. 35, 41.

BRACTÉE (*Bractea*), feuille plus ou moins altérée qui porte à son aisselle un rameau de plusieurs fleurs (pl. XIII, fig. 1, 2, pl. XV, fig. 6, 8). pag. 72.

BRACTÉOLE (*Bracteola*), feuille plus ou moins déformée qui porte à son aisselle une seule fleur (pl. V, fig. 8, BR). pag. 73.

BRACTÉOLÉ* (*Bracteolatus*), Pédicelle accompagné d'une bractéole pag. 33, 101.

BRANCHE *(*Ramus*), division d'une tige organisée comme elle. Voir le mot tige.

BROU (*Nancum*), mot appliqué très-vaguement, tantôt pour l'exocarpe et le mésocarpe de l'*Amande*, d'autrefois pour ces deux organes adhérents au tube des Sépals (*Noix*).

BULBE (*Bulbus*), bourgeon souterrain (pl. VIII, fig. 9, 10).

BULBEUX*(*Bulbosus*), se dit des poils lorsqu'ils naissent d'un renflement (pl. XXVIII, fig. 1). pag. 171.

BULLE *(*Bullatus, Bullosus*), relevé de boursouflures arrondies très-marquées. Comme la *Laitue pommée*, la *Rose à cent feuilles*, *variété bullée*. p. 63.

12*

C.

CADUC * (*Caducus*), tombant avant d'autres parties de la fleur. Les Sépals du *Pavot* se désarticulent avant les Pétals et les Etamines. pag. 127.

CALENDRIER DE FLORE (*Calendarium Floræ*), indications des époques où s'épanouissent les fleurs. pag. 80.

CALICE (*Calyx*), Voir Sépals ou FILETS-SÉPALS.

CALICIFLORE (*Calyciflorœ*), Etamines adhérentes au tube des Sépals.

CAMBIUM, Sève élaborée par les parties vertes de la plante, exposées à la lumière solaire. pag. 50.

CANALICULÉ *(*Canaliculatus*), creusé d'un sillon. pag. 44, 150.

CANNELÉ *, marqué de larges lignes alternativement creuses et saillantes (*tige de la Carotte*). pag. 28, 63.

CAOUTCHOUC, produit de l'*Hévée de la Guiane*; jouit d'une grande élasticité, est insoluble à l'eau, à l'alcool, en petite quantité dans l'éther, et se gonfle dans l'huile de naphte. pag. 163.

CAPILLACÉ * (*Capillaceus*), long et flexible comme des cheveux. pag. 170.

CAPITÉ * (*Capitatus*), plus ou moins arrondi de manière à imiter une tête. pag. 131.

CAPITEL (*Capitellum*), ensemble de Carpels ou de Carpes provenant d'une même fleur, qu'ils soient libres, unis ou adhérents. pag. 138.

CAPITULE (*Capitulum*), Pédoncule épanoui en plateau plus ou moins convexe, entouré de bractées et d'où partent un grand nombre de fleurs sessiles qui s'épanouissent de la circonférence au centre, comme les *Chardons*, la *dent de Lion*, les *Scabieuses* (pl. XX, fig. 8 et pl. XV, fig. 9). pag. 103.

CAPITULÉ *, fleurs rassemblées en tête. pag. 103.

CAPSULE (*Capsula*), Carpe solitaire, et Carpes unis qui s'ouvrent·

CARBONATE DE CHAUX, matière saline formée par la combinaison du gaz acide carbonique à l'oxide de Calcium.   pag. 47.

CARBONE, matière organique, insoluble dans tous les liquides qui ne lui cèdent pas d'oxigène, n'éprouve aucune altération par le feu à l'abri de l'air, et qui, combinée à l'oxigène, constitue l'acide carbonique.   pag. 49. 168.

CARÈNE (*Carina*), disposition qu'affectent souvent les deux Pétals inférieurs des *Légumineuses à fleurs irrégulières*, soit libres, soit simplement rapprochées, de manière à imiter la quille d'un vaisseau (pl. XVII, fig. 8, pag. 4, 5).

CARÉNÉ * (*Carinatus*), disposé ou plié en Carène.   pag. 65.

CARONCULÉ * (*Carunculatus*), se dit du funicule tuméfié près de la Graine.   pag. 147.

CARPANTHERÉE, *fleur offrant des Etamines et des Carpels.

CARPE (*Carpium*), partie plus ou moins renflée du Carpel, qui occupe le fond de la fleur et où les graines naissent et murissent (pl. XXIV, fig. 1).   pag. 127 et 132.

CARPE ABLAMELLAIRE, celui dont les deux bords ne sont jamais unis l'un à l'autre, mais seulement à ceux de leurs voisins, avec lesquels ils forment une cavité ordinairement commune (*Violette*, pl. XXV, fig. 12, 13, 14, 15, 16, 19, 20).   pag. 146, 144.

CARPE COLLAMELLAIRE, rapprochement et union des deux bords d'un Carpe de manière à présenter une cavité close, qui renferme une ou plusieurs graines (pl. XXIV, fig. 1, 2, 5).   pag. 144, 135.

CARPEL (*Carpellum*), organe de nature foliacée, qui porte les graines, concourt à leur développement et termine le rameau. Il est formé du Carpe, qui contient les graines, du style quelquefois peu distinct, et enfin du stigmate. Le premier de ces organes ou Carpe (pl. XVII, fig. 10 c. pl. XXIV, fig. 1 .) reste constamment jusqu'à la maturité, tandis que souvent le style (pl. XVII, fig. 10 c') et le stigmate (pl. XVII, fig. 10 c") se dessèchent ou tombent peu de temps après la fleuraison.   pag. 74, 107, 127.

CARPELLÉ *, fleur qui n'a que des Carpels.

CAUSES DE L'INÉGALITÉ DES COUCHES LIGNEUSES. pag. 22.

CAVITÉS AÉRIENNES.   pag. 160.

CAYEUX * (*Bulbulus*), petit Bourgeon naissant du Bourgeon souterrain des *Liliacées*, ou quelquefois des Organes floraux de quelques espèces du genre *Ail*.

CELLULAIRE, voir Utriculaire.

CELLULE, voir Utricule.

CENTRAL * (*Centralis*), se dit de l'Embryon placé au milieu de l'albumen (pl. XXV*I*, fig. 18 à 20). pag. 155.

CHALAZE (*Chalaza*), Orifice interne du funicule dans le sac embryonaire. pag. 152.

CHARBON (*Carbo*), carbone impur ; voir le mot Carbone.

CHARNU * (*Carnosus*), de la texture de la rave, de celle de l'Intermède ou chair de la Pomme. pag. 28, 59, 156.

CHATON (*Amentum*), disposition de fleurs sessiles à Etamines ou à Carpels sur un pédoncule flexible, séparées par autant de bractéoles spiralées (pl. XV, fig. 7. *Saules*, *Peupliers*). pag. 102.

CHAUME (*Culmus*), Tige noueuse, propre à la famille des GRAMINÉES.

CHAUX, oxide de Calcium.

CHEVELU, ramifications fines, nombreuses et dernières de la Racine. Il existe surtout souvent lors de la germination (pl. V, fig. 6, R). pag. 10, 151.

CHROMULE, matière colorante, ordinairement verte, qui, par la transparence des utricules, donne la couleur aux parties des plantes exposées à la lumière.

CICATRISÉ *, garni de petites inégalités, dues à la chute d'Aiguillons, de Poils, de Stipules, de Bractées, etc. pag. 30.

CILIÉ * (*Ciliatus*), surface bordée de cils ou poils. pag. 64.

CIRCINAL * (*Circinalis*), roulé en crosse (Tige aérienne des *fougères de l'Europe* (pl. VIII, fig. 8, 13). pag. 34.

CIRCULAIRE * (*Circularis*), présentant la circonscription d'un cercle. pag. 151.

CIRE VÉGÉTALE ou **CIRE VERTE**, matière efflorescente que l'on retire des fruits du *Cirier de la Louisiane*. pag. 160.

CLOISON (*Dissepimentum*), divisions d'une tête de Carpes unis, ou quelquefois prolongements membraneux des bords carpellaires qui divisent un capitel de Carpes ablamellaires (CRUCIFÈRES, pl. XXV, fig. 17, coupe transversale grossie).

CLOISONNÉS *, poils formés d'utricules disposées bout à' bout et qui, vus au microscope, ressemblent à un tube coupé par des cloisons transversales. pag. 171.

CLOQUÉ, voir Bullé.

COECUM, canal plus ou moins prolongé, fermé à l'une de ses extrémités.

COLLAMELLAIRE *, voir le mot **CARPE**.

COLLET (*Collum*), point de jonction de la Tige à la Racine (pl. II, fig. 8, 12. pl. III, fig. 3. *Radis*). pag. 10.

COLORÉ * (*Coloratus*), d'une autre couleur que le vert. pag. 65.

COMPLET * (*Completus*), se dit plus particulièrement de la fleur lorsqu'elle a tous les organes qu'on lui observe ordinairement; tels que Sépals, Pétals, Etamines et Carpels (pl. XVII, fig. 1).

COMPOSÉ * (*Compositus*), se dit d'une feuille présentant une ou plusieurs articulations dans sa longueur, points où ses parties constituantes peuvent se séparer sans déchirure. *Robinier faux Acacia, Rosier* (pl. XII, fig. de 6 à 20). On confond souvent la feuille composée avec la feuille simple, dont les parties, quoique très-profondément divisées (lobes), ne peuvent jamais se détacher. pag. 45, 101, 170.

COMPRIMÉ * (*Compressus*), applati de droite à gauche, mais non de haut en bas. pag. 28, 44, 150, 172.

CONCAVE * (*Concavus*), creusé en dessus ou en dessous; quelquefois l'autre face présente la disposition opposée, et alors cette face est convexe. pag. 62, 131.

CONDUPLIQUÉ * (*Conduplicatus*), s'applique surtout aux feuilles, lorsqu'elles sont pliées longitudinalement, lamelle contre lamelle, avec alternance des dorsales dans les feuilles entre elles (pl. VIII, fig. 14). pag. 35.

CONE (*Conus*), Pédoncule rigide garni de bractéoles ordinairement dures et qui deviennent ligneuses, de l'aisselle de chacune desquelles naissent ordinairement deux fleurs (pl. XIII, fig. 11, comme dans les *Pins Sapins*). pag. 102.

CONIQUE * (*Conicus*), circulaire à la base et diminuant insensible-ment et régulièrement jusqu'au sommet, qui se termine en pointe. pag. 102, 152, 154, 172.

CONNECTIF (*Connectivum*), dorsale de l'Anthère.

CONSERVATIONS DES GRAINES ET DE LEURS ENVELOPPES. pag. 156.

CONSISTANCE DES ORGANES. pag. 59.

CONVERGENT * (*Convergens*), se dit surtout des **MONOCOTYLÉ-DONÉS**, lorsque les fibres parallèles de leurs feuilles se rapprochent vers leur sommet par des arcuations (pl. V, fig. 12, et XI, fig. 1). pag. 58.

CONVEXE * (*Convexus*), courbé et saillant en dessus.   pag. 62.

CONVOLUTIF * (*Convólutivus*) , feuille, ou toute autre organe foliacé roulé sur ses bords (pl. VIII, fig. 19, 20, 21). Voir pour plus de précision les mots **EN CORNET. SUPERVOLUTIF, RÉVOLUTIF.** pag 35.

COQUES, Carpes unis et ouvrant près des bords carpellaires, qui restent en colonne solitaire après la déhiscence.

CORDIFORME * (*Cordatus, Cordiformis*), en forme de cœur de carte à jouer. pag. 59.

CORDON NOURRICIER, voir **FUNICULE**. pag. 148 .

CORIACE * (*Coriaceus*) , d'une consistance ferme et d'une certaine épaisseur. pag. 59.

CORNÉ * (*Corneus*), ce caractère se rencontre dans l'Albumen. pag. 156.

COROLLE (*Corolla*) , voir **PÉTAL**.

COROLLIFLORES (*Corolliflorœ*) , Etamines adhérentes aux Pétals unis , sans adhérence aux Sépals.

COROLLIN * (*Corollinus*), de la texture des Pétals (Poils des Pétals du *Menyanthe Trèfle d'eau*). pag. 171.

CORPS DE LA RACINE, partie non divisée de la Racine souvent charnue et qui porte les ramifications (pl. III, fig. 3, 4). pag. 10 .

CORPS INORGANISÉS ou **MINÉRAUX**, ceux dont les molécules sont unies par l'attraction et qui croissent et décroissent en vertu de la même force, et, en conséquence, restent toujours soumis aux lois mécaniques. pag. 1.

CORPS ORGANISÉS, ceux dont les molécules sont groupées en organes capables d'exécuter diverses fonctions, principalement l'intussusception et l'assimilation des molécules extérieures. Ils se divisent en **ANIMAUX** et **VÉGÉTAUX**. pag. 2.

CORYMBE (*Corymbus*), voir la Cyme corymbiforme. pag. 104.

COSSE OU GOUSSE, voir Carpe.

COTONEUX * (*Tomentosus*), recouvert de poils longs, fins, nombreux et entrelacés. pag. 64.

COTYLÉDON * (*Cotyledo*), feuille plus ou moins charnue, unique dans les **MONOCOTYLÉDONÉS** (pl. V, fig. 6); au nombre de deux ou plus et alors partant sur le même plan horizontal ; alors le végétal est **DICOTYLÉDONÉ** (pl. IV, fig. 6, 7). Cet organe manque lorsque les plantes n'ont pas de feuilles (*Cuscute*, *Orobanche*). pag. 7, 153, 154.

COUCHAGE, voir Marcotte. pag. 26.

COUCHES LIGNEUSES DES DICOTYLÉDONÉS (pl. IV, fig. 12). pag. 21, 22.

COUCHÉ * (*Decumbens, humifusus*), étendu sur terre. pag. 29.

COURBÉ * (*Curvatus*), se dit des Tiges, des Feuilles de l'Embryon (pl. II, fig. 5. pl. XXVI, fig. 20, 21). pag. 153.

COURONNÉ * (*Coronatus*), par des bractées ou des appendices qui se prolongent au dessus des fleurs, etc. pag. 102.

COUSSINET (*Pulvinus*), saillie de l'écorce autour du point de départ des Feuilles et du Bourgeon de leur aisselle.

CRÉNELÉ * (*Crenatus*), ou en feston (pl. XI, fig. 4. pl. XII, fig. 1). pag. 61.

CROCHU * (*Retinaculatus*), comme le sont souvent les aiguillons. pag. 172.

CUBIQUE * (*Cubicus*), à six faces quarrées égales, opposées deux à deux). pag. 150.

CUTICULE (*Cuticula*), membrane formée d'une couche d'utricules vivantes qui recouvre toute la surface des jeunes plantes (pl. I, fig. 5). pag. 4, 5, 17, 43.

Curvembrié, Embryon courbé.

CYLINDRACÉ* (*Cylindraceus*), irrégulièrement cylindrique.

CYLINDRIQUE* (*Cylindricus*), dont la coupe transversale est circulaire. pag. 28, 44, 63, 130, 154.

CYME (*Cyma*), ou inflorescence introrse (pl. XVI). pag. 103, 104.

CYME OMBELLIFORME, c'est l'ancien corymbe des auteurs. pag. 104.

D.

DÉCOUPÉ,* (*Incisus*), diversement divisé. pag. 45.

DÉCURRENT,* (*Decurrens*), lorsque la lame de la feuille se prolonge à sa base, sur la tige, ou ses ramifications. Cet état de la tige prend aussi le nom d'ailé. (pl. VI. fig. 4 et 4*.) pag. 62.

DÉFEUILLAISON, époque où les feuilles tombent.

DÉHISCENCE,* (*Dehiscentia*), manière de s'ouvrir des Anthères, des Carpes, des Bourgeons, des Boutons.

DÉHISCENCE DES ANTHÈRES, extrose ou du côté des Petals renonculacées; introrse du côté des Carpels violariées; latérale, (pl. XXII, fig. 4, 7.) demi-circulaire (pl. XXII, fig. 19.) par un trou au sommet, (pl. XXII, fig. 14.) par deux trous au sommet, (pl. XXII, fig. 12.) par battants, (pl. XXII, fig. 18).

DÉHISCENCE DES CARPES, manière de s'ouvrir des Carpes à leur maturité. pag. 144. La déhiscence des carpes ablamellaires a lieu — 1° à la dorsale. pag. 146; — 2° près des bords séminifères. pag. 147; — 3° par le sommet. pag. 147. Celles des carpes collamellaires a lieu : — 1° par désunion des bords séminifères. pag. 148; — 2°. Par déchirement à la dorsale. pag. 145; — 3° par désunion des bords séminifères et rupture de la dorsale. pag. 145; — 4° Par déchirement près des bords séminifères. pag. 145; — 5° par déchirement près des bords séminifères et à la dorsale au sommet du capitel. pag. 145; — 6° Par déchirement en long sur la largeur des lamelles. pag. 145 ; — 7° Par déchirement horizontal et circulaire pag 145 ; 8° Par déchirement irrégulier de quelque parties du Carpe. pag. 145.

DEMI-CYLINDRIQUE*, (*Semi cylindricus*), dont la coupe transversale est demi-circulaire. pag. 63.

DEMI - ENVELOPPANT*, (*Semi-amplexus*) , lorsqu'une feuille (encore dans le bourgeon) pliée sur sa dorsale, enveloppe une lamelle de sa voisine. (Pl. VIII , fig. 15.) Pag. 45.

· DEMI-FLEURON (*Semiflosculus*), fleur irrégulière des SYNANTHÉRÉES; dont les cinq Pétals existent comme dans les fleurs régulières, mais ils sont tous portés du même côté. Souvent on trouve encore au sommet des Pétals, unis en languette, leurs cinq sommets libres.

DENTÉ*, (*Dentatus*), garni de dents qui ne sont dirigées ni vers le sommet de la feuille ou autre organe, ni vers la base. (Pl. XII) fig. 2.) Pag. 61.

DENTELURE, manière vague de parler des découpures des bords, d'une surface plane.

DENTICULÉ* (*Denticulatus*), bordé de dents fines, nombreuses, qui ne se dirigent ni vers la base, ni vers le sommet de l'organe qui les porte,

DÉNUDÉ* (*Denudatus*), privé des poils qui recouvraient une surface dans sa jeunesse.

DÉPRIMÉ (*Depressus*) , applati de haut en bas. Pag. 150 et 159. Se dit aussi des glandes lorsqu'elles sont enfoncées au-dessous de la surface.

DERME, peau qui renferme l'embryon et quelquefois l'albumen. Elle est formée de trois membranes quelquefois si peu distinctes, qu'on croit souvent qu'il n'en existe qu'une seule. (Pl. II , fig. 4.) Pag. 7, 8, 151.

DICOTYLÉDONÉ*, embryon ou végétal à deux ou plusieurs feuilles séminales ou cotylédons, lesquels naissent sur le même plan horisontal, et sont contenus dans le derme avant la germination. Pag. 153. (Voir pl. IV , fig. 1, 2. l'organisation de la tige, et l'état des autres organes de la plante (Pl. IV) qui servent à caractériser les **DICOTYLÉDO-NÉS**,) Il serait bien plus harmonieux de les nommer (avec LINK ,) des Dicotylés. Pag. 17, 152, etc.

DIGITÉ* (*Digitatu&*), folioles d'une feuille composée à folioles palmée, ou feuille simple palmatipartie. (Pl. XII , fig. 12.)

DIRECTION DES FEUILLES.   pag. 58.

DISCOIDE* (*Discoideus*), en forme de palet.   pag. 150.

DISPOSITION DES FIBRES dans les lames foliacées ou pétaloïdes. Ces fibres sont *indivisées* dans la plupart des MONOCOTYLÉDONÉS. (Pl. V, fig. 12) *rayonnantes* (pl. XI , fig. 15,31 ;) *palmées* (pl. XII , fig. 11); *pédalées* (pl. XI , fig. 5); *pennées* (pl. XI , fig. 2 et XII , fig. 13 à 15) dans les DICOTYLÉDONÉS.   pag. 58.

DISSÉMINATION DES GRAINES , par l'ouverture des carpes , leur transport par les animaux , par les soins de l'homme.

DISTIQUE* (*Distichus*), disposé ou dirigé sur deux rangs opposés. (pl. X , fig. 5.)   pag. 56, 132.

DORSALE , fibre qui divise en deux parties , ordinairement semblables l'une à l'autre , la lame de la feuille et de quelques autres organes de nature foliacée.   pag. 43.

DOUBLE*. Ce mot , appliqué à la fleur, indique la transformation des étamines en pétals , quelquefois même celle des carpes en pétals , aux dépends de la fructification. Dans la famille des SYNANTHÉRÉES (*Chardons*, *Dahlia* , *etc.*). Les fleurs dites doubles sont dues à la transformation des fleurs régulières en irrégulières ou languettes, et à l'avortement des étamines.

DOUBLEMENT SERRETÉ* (*Duplicato serratus*), lorsqu'une surface est bordée de dents , dentées elles-mêmes , de manière que toutes ces serratures soient dirigées vers le sommet de l'organe qui les porte. (pl. XII , fig. 3.)   pag. 61.

DRAGEON (*Surculus*), rameau qui dans quelques plantes naît de dessous terre des tiges ou des racines, et s'élève ensuite en l'air. (*Framboisier*, *Rosier des Alpes.*)

DRESSÉ* ou ascendant (*Erectus*), dirigé perpendiculairement. pag. 29, 58. 101.

DROIT* (*Rectus*), sans flexuosité.   pag. 29, 155.

DUPLICATURE, voir le mot *doubles.*

DURÉE DES TIGES.   pag. 27.

E.

EAU (*Aqua*), combinaison liquide d'hydrogène et d'oxigène. p. 46.

ÉCAILLE (*Squamâ*), lame ordinairement mince, sèche, quelquefois foliacée, due à un développement incomplet de l'organe feuille (pl. VIII, fig. 1, 2) ou quelquefois à sa base persistance (pl. VIII, fig. 10). Les écailles ordinairement entuilées protégent les jeunes parties des Bourgeons à fleurs (pl. VIII, fig. 2, F X) ou à feuilles (pl. VIII, fig. 2, F).

ÉCAILLEUX * (*Squamosus*), formé d'écailles distinctes, comme le sont la plupart des Bourgeons de nos arbres (pl. VIII. fig. 2) et quelques-uns des Bourgeons souterrains, *Lis* (pl. VIII, fig. 10). pag. 32

ÉCHANCRÉ * (*Emarginatus*), (pl. XI, fig. 4, 6, 7, 8, 10). pag. 62.

ÉCORCE(*Cortex*), tissu fibreux et utriculeux qui augmente de volume chaque année par couche à la face interne et qui enveloppe la partie ligneuse. Les couches intérieures se nomment **LIBER**.   pag. 17.

ÉCUSSON (*Scutellum*), morceau d'écorce munie d'un bourgeon que l'on transporte sur un autre arbre dans des circonstances où sa nutrition peut être continuée.

ÉCUSSONNER *, greffer en écusson.   pag. 37.

EFFEUILLAISON, action de priver un arbre de feuilles.

EFFLORESCENCE (*Efflorescentia*), exsudation de nature cireuse, qui recouvre quelques parties des plantes et les protége contre l'humidité (*Prunes, Raisin, Ricin, Blé, Cirier de la Louiziane*).

ÉLATÈRES (*Elateres*), appendices hygrométriques des graines de quelques **VÉGÉTAUX UTRICULÉS**.

ELLIPTIQUE * (*Ellipticus*), comme le gland du chêne à fruit sessile, et celui du chêne pédicellé. 154. Se dit aussi quelquefois d'une surface plane, oblongue, arrondie et égale à ses deux extrémités.

EMBRYON (*Embryo*), espèce de Bourgeon dû à la fleuraison, lequel se forme dans le Derme, est muni d'une Racine, ainsi que des autres organes de la nutrition , et qui se développe lorsque les circonstances atmosphériques lui sont favorables (pl. II, pl. XXVI, fig. 18 à 21 , pl. XXV , fig. 24). pag. 7, 147, 152, 155.

EMBRYONAIRE* Racine provenant de l'embryon ; on donne aussi l'enom d'embryonaire au sac ou derme qui contient l'embryon. p. 14.

EN ALÉNE, (*Subulatus*), Partie d'un végétal étroite, rigide et très-pointue. pag. 60, 170.

EN BOUCLIER* ou **PELTÉ** (*Peltatus*) se dit des feuilles , des graines , etc., lorsqu'un organe large, circulaire, est concave d'un côté , convexe de l'autre , et surtout qu'il tient à une autre organe par l'une de ses faces et non par son bord. *Feuille de la capucine,* de quelques *Pelargonium* , (pl. XI , fig. 15.)

ENCENS , matière résineuse d'un jaune pâle , et qui répand en brûlant une odeur balsamique. pag. 166.

EN CHAMPIGNON* , forme qu'affecte l'Embryon du Bananier. 154.

EN CHAPELET *, disposition que prennent quelquefois les poils , les tiges souterraines, qui présentent divers renflements, séparés par des étranglements. pag. 171.

EN COEUR*, (*Cordiformis*) pl XI , fig. 7. pag. 59, 154.

EN COIN*, (*Cuneiformis*) bords écartés d'abord et se rapprochant par deux lignes droite vers la base (pl. XI , fig. 17.) pag. 60.

EN CORNET *, surface plane , roulée sur l'un des bords , qui se trouve au milieu de l'enroulement. *Bananiers, Balisiers.* (pl. VIII, fig. 19.) pag. 35.

EN CROISSANT *, (pl. XI, fig. 8.) pag. 59 , 151.

EN CROSSE *, (pl. VIII . fig. 8 , 13) pag. 34 , 174.

ENDOCARPE (*Endocarpium*) partie plus ou moins membraneuse du Derme. C'est la membrane parcheminée de l'intérieur du Carpe du pois , le noyau des Amygdalées , la membrane qui entoure immédiatement les graines dans la *Nigelle de Damas*, et qui est détachée des autres. pag. 133.

ENDODERME, portion membraneuse ou très-rarement demi charnue qui tapisse la peau de la graine ou *Derme.* (pl. II , fig. 11.) et qui touche l'Embryon. pag. 8 , 151,

ENDOGÈNE. MONOCOTYLÉDONÉ.

EN EVENTAIL *, comme toutes les feuilles à fibres palmées. (*Vignes, Mauves, Palmiers.*) (pl. VIII, fig. 18, coupe transversale) 35.

EN FAUX * (*Falcatus*), surface étroite et courbée sur ses bords. (pl. Xt, fig. 21.) pag. 60.

EN FLÈCHE * (*Sagittatus*), (pl. X, fig. 10.) pag. 59.

EN FUSEAU ou **FUSIFORME** * (*Fusiformis*), (pl. III, fig· 3 , 3.) pag. 14 , 154.

ENGAINANT * (*Vaginans*), servant de gaine à une tige ou à tout autre organe. (pl. II, fig. 12. Cotylédon, pl. X, fig. 3.) pag. 62.

EN GODET *, s'applique surtout aux glandes lorsqu'elles sont creusées. pag. 159.

EN GOUPILLON *, se dit des poils, lorsqu'au sommet se trouvent réunis beaucoup d'autres petits poils. pag. 171.

EN MASSUE ou **CLAVÉ** (*Clavatus*), comme le tube des Pétals de *Nicotiane-Tabac* (pl. XVIII, fig. 10). Le pédoncule de quelques *Avoines*, etc. pag. 131, 154, 170.

EN PLATEAU *, court et en forme de palet. pag. 28.

EN PLUMET *, s'applique au stigmate lorsqu'il affecte cette forme *Blé*. Quelques *Euphorbiacées* (pl. XVIII, fig. 12. C.) pag. 132.

EN POULIE *, en forme de alet, mais dont la circonférence présente une canelure circulaire. pag. 155.

EN SABRE *, dont les deux lamelles sont unies l'une à l'autre, excepté à leur base (*Iris.*) pag. 62.

EN SCIE * (*Serratus*), surface dont les bords présentent des dents aigues et inclinées vers le sommet (pl. Xl, fig. 3.) pag. 61.

EN SERPE * (*Runcinatus*), à découpures aigues, et dont les sommets sont dirigés vers la base de la feuille. *Dent-de-Lion* (pl. XI, fig. 27.) pag. 61.

ENTE , ENTER. — Greffer. pag. 37,

EN TÊTE ou **CAPITÉ**, on applique quelquefois cette expression aux fleurs agglomérées, il faut la réserver aux formes globuleuses des Stigmates, etc, pag. 171.

ENTIER * (*Integer*), surface dont les bords ne présentent aucune denture. Pag. 64, 62.

EN TIRE-BOUCHON *, = spiralé. pag. 174.

EN TOUPIE* (*Turbinatus*), mince en bas et s'évasant graduellement en montant. pag. 28 , 154.

ENTOURANT*, La base de la feuille sessile entoure par fois la tige
(pl. IX, fig. 5. pl. X , fig. 2), d'autrefois l'Albumen enveloppe l'Embryon (pl. XXVI, fig. de 18 à 21). pag. 62 , 155.

ENTOURÉ *, La tige se trouve entourée par la base de la feuille dans
le premier cas cité précédemment. pag. 155.

ENTUILÉ ou EMBRIQUÉ * (*Imbricatus*), disposé en recouvre-
ment comme les tuiles sur nos toits , les écailles des poissons. pag. 57.

ENVELOPPANT *, lorsqu'une feuille plié, sur la dorsale dans le
bouton, enveloppe les deux lamelles d'une autre feuille (pl. VIII ,
fig. 16).

ENVELOPPE DE LA RACINE , membrane dans laquelle se trouve
souvent la Racine avant son développement, et qu'on peut facilement
observer dans les *Radis* jeunes (pl. II , fig. 14. et pl. III , fig. 3, 3*).
pag. 10.

ENVELOPPÉ *, se dit de la Racine lorsqu'elle est enfermée dans
une membrane propre (pl. III , fig. 3 et 3*). pag. 153.

EN VIOLON * (*Panduriformis*), lame de feuille ovale et présentant
latéralement deux échancrures opposées. pag. 60.

EN VRILLE * (*Cyrrhosus*), s'enroulant sur les corps voisins comme
les tiges des *Liserons* (pl. XXVIII , fig. 10). pag. 29.

ÉPERON (*Calcar*) , espèce de sac conique produit par une expen-
sion de quelques portions de Pétal , d'anthère, etc. (pl. XIX , fig. 18).

ÉPHÉMÈRE *, fleur dont les Pétals s'ouvrent à une heure déterminée et se ferment ou tombent le même jour à une heure presque
fixe. pag. 93.

ÉPHÉMÈRE DIURNE , fleur qui s'épanouit à 5 ou 6 heures du
matin et périt avant midi. *Hélianthèmes.* pag. 93.

ÉPHÉMÈRE NOCTURNE , fleur qui s'épanouit à 7 ou 8 heures du
soir et se ferme vers minuit. *Cierge à grandes fleurs.* pag. 93.

ÉPI (*Spica*), Pédoncule portant des pédicelles tellement courts que
les fleurs paraissent sessiles (*Blé , Orge , Plantin.* pl. XV , fig. 5).

pag. 102. — Les épis des GRAMINÉES sont divisés en d'autres plus petits, nommés *Epiets.*

ÉPIDERME, couches mortes d'utricules desséchées et affaissées, qui recouvrent les parties des plantes exposées á l'air, dès la seconde ou troisième année de leur existence. pag. 5.

ÉPIET (*Spicula*), petits groupes alternes et distiques de fleurs sessiles constituant l'épi des GRAMINÉES.

ÉPINE (*Spina*), |piquant fibreux et utriculeux qui peut occuper toutes les parties des plantes, excepté les Racines et les Graines (pl. XXVIII, fig. 8, 9). pag. 175.

ÉPINEUX* (*Spinosus*), hérissé de piquants qui font corps avec la partie qui les porte. pag. 64.

ÉPIGYNE, Etamine adhérente aux Carpes et paraissant naître de dessus ces organes.

ÉQUINOXIAL* (*Æquinoxialis*), fleur qui se rouvre et se ferme à une heure déterminée, puis s'ouvre et se referme le lendemain et quelquefois plusieurs jours de suite. Les unes sont EQUINOXIALES DIURNES, d'autres ÉQUINOXIALES NOCTURNES. pag. 73.

ÉQUITATIVES *(*Folia equitativa*), lorsque deux feuilles vis-à-vis l'une de l'autre et demi-pliées sur leur dorsale, sont placées alternativement aux deux précédentes et aux deux suivantes. pag. 35.

ERGOT (*Sclerotium*), developpement maladif du Carpe et de l'Albumen des GRAMINÉES en corne allongée, probablement dû à des Champignons parasites.

ÉRODÉ ou **RONGÉ*** (*Erosus*), inégalement et faiblement entamé sur les bords. pag. 61.

ESPÈCE (*Species*), collection d'individus qui se ressemblent plus entre eux qu'ils ne ressemblent à d'autres, qui peuvent produire des individus fertiles semblables, et qu'on peut supposer tous sortis d'un seul individu.

ESTIVATION — **PRÉFLEURAISON.**

ÉTALÉ* (*patulus*), placé presque horizontalement et dont conséquemment le sommet est un peu plus élevé que la base (pl. X, fig. 18). pag. 29, 58.

ÉTAMINE (*Stamen*), troisième spire d'organes floraux dans la

fleur complette et constituée par le filet, l'Anthère et le Pollen (pl·
XXII). pag. 74, 107, 113, 174, 175.

ÉTENDARD (*Vexillum*), Pétal supérieur et presque toujours extérieur à tous les autres, et qui, dans le bouton, les enveloppe
(LÉGUMINEUSES IRRÉGULIÈRES pl. XIX, fig. 6).

ÉTIOLER *, tenir des plantes dans un lieu obscur, de manière à
empêcher la décomposition du gaz acide carbonique qu'elles contiennent, et conséquemment la fixation du carbone. pag. 52.

ÉTIOLEMENT, état de la plante dite vulgairement *blanchie*, p. 51.

ÉTOILÉ *, disposition de poils, partant d'un même point et diver-
gents ensuite. pag. 171.

ÉVOLUTION (*Evolutio*), développement des bourgeons, développement des boutons.

EXALBUMINÉ * (*Exalbuminosus*), graine dont le Derme ne contient que l'Embryon (pl. II, fig. 11. pl. XX, fig. 10, 10*, 12). 154.

EXCITABILITÉ des Feuilles. pag. 69.

EXCRÉTION (*Excretio*), suc d'un végétal rejeté au dehors et qui
pourrait lui nuire.

EXFOLIATION (*Exfolatio*), chute de parties desséchées de l'é-
corce qui quittent la partie vivante. (*Platane*, *Groseiller rouge*.)

EXOCARPE, membrane extérieure du Carpe, laquelle avec l'Endocarpe et le Mésocarpe constituent le Carpe ou vrai fruit. Il est lisse
dans la *Cerise*; efflorescent dans la *Prune*, *le Raisin*, cotonneux
dans *la Pêche*. pag. 132.

EXODERME, membrane extérieure de la peau de la Graine mieux
nommée **DERME** (pl, II, fig. 11, la plus extérieure). pag. 8, 151.

EXOGÈNE = **DICOTYLÉDONÉ** (pl. IV). pag· 17, 153.

EXOTIQUE (*Exoticus*), plante qui croît sans culture dans l'une des
cinq parties du globe, où l'on n'habite pas. Ainsi les plantes de l'Amérique, de l'Asie, de l'Afrique et de l'Australasie sont exotiques pour
nous Européens. pag. 35.

EXSUDATION DES RACINES, matière liquide nuisible à la
plante et qu'elle rejette de nuit par ses Racines. pag. 11.

EXTRAXILLAIRE * (*Extraaxillaris*) , se dit d'un Bourgeon qui ne naît pas de l'aisselle d'une feuille, mais sur ses parties latérales. Le mot, dans ce cas, est synonyme d'*adventif*.

EXTRORSE * (*Extrorsus*) , se dit de l'anthère qui s'ouvre du côté des Sépals, ou de l'inflorence dont les fleurs inférieures s'ouvrent les premières. pag. 121.

F.

FALQUÉ * (*falcatus*) , en faux.

FASCICULÉ (*fasciculatus*) *, disposé en faisceaux, comme les rameaux du *Peuplier d'Italie*.   pag. 14. Se dit aussi des poils.

FASTIGIÉ * (*Fastigiatus*) , se dit des pédoncules dont les fleurs s'élèvent à la même hauteur. S'entend aussi des rameaux rapprochés en faisceaux.

FÉCULE, substance végétale insoluble à l'eau froide et qui bleuit par son contact avec l'Iode.   pag. 153 , 167.

FÉCULENT * qui contient beaucoup de fécule (Albumen des **GRAMINÉES**).   pag. 156.

FESTONÉ ou **CRÉNELÉ** * (*Crenatus*) , à lobes peu profonds , égaux et arrondis (pl. XI , fig. 4 ; pl. XII , fig, 1).   pag. 61.

FEUILLAISON (*foliatio*) , apparition des Feuilles.

FEUILLE (*folium*) , organe ordinairement membraneux , fréquemment applati en lame, qui naît sur la Tige ou sur ses ramifications, et élabore la sève du végétal (pl. IX , X , XI , XII.   pag. 42.

FEUILLE COMPOSÉE * (*Folium compositum*), présente une ou plusieurs articulations dans la longueur (*Rosiers* , *Orangers* à un ou trois folioles , *Robinier faux Acacia*) , (pl. XII , fig. de 6 à 20). pag. 45, 65, 112.

FEUILLE SIMPLE * (*Folium simplex*) , ne présentant aucune articulation dans son étendue (pl. XI , fig. 1 à 35 , et pl. XII , fig. 1 à 5). La feuille du *Persil* est simple , quoique profondément découpée ; ses divisions sont autant de lobes et non des folioles. pag. 45 , 53.

FEUILLU* (*foliosus*), plante garnie d'un grand nombre de Feuilles.

FIBRATION disposition des fibres dans les feuilles ou autres organes foliacés. Voir les articles **FIBRES PALMÉES, RAYONNANTES, PÉ-DALÉES, PENNÉES.**

FIBRÉ ou **FIBREUX** (*Fibrosus*), muni de fibres. pag. 6, 107.

FIBRES (*Fibræ*), filaments visibles à l'œil nu, formés d'autres beaucoup plus petits, unis par des utricules et constituant les **VÉGÉTAUX FIBRÉS** (pl. XI et XII).

FIBRILLES, filaments extrêmement fins, visibles seulement à une forte loupe ou plutôt au microscope, lesquels sont engagés dans les utricules et unis par elles. Elles existent dans un grand nombre de végétaux (pl. I, fig. 8, 9, 10). pag. 3, 5.

FIBRILLES PONCTUÉES*, marqués de points très-rapprochés, posés en ligne (pl. I, fig. 10, fibr. ponctuées). pag. 6.

FIBRILLES RAYÉES*, présentant transversalement des lignes nombreuses (pl. I., fig. 10. fibres rayées). pag 6.

FILET (*Filamentum*), support ordinairement filiforme de l'anthère (pl. XXII, fig. 1 à 24). pag. 116.

FILETS CARPOSÉPALS*, adhérence des Etamines aux Sépals et aux Carpels, tandis que les Pétals sont libres dans leur partie visible. **POMACÉES, ONAGRARIÉES.** pag. 119.

FILETS LIBRES*, Etamines sans union, ni adhérence avec aucun organe (pl. XVII, fig. 1). **RENONCULACÉES.** pag. 119.

FILETS PÉTALOSÉPALS*, adhérence des Etamines aux Sépals et aux Carpels ainsi qu'aux Pétals, ceux-ci étant unis. **VALÉRIANÉES, SYNANTHÈRÉES** (pl. XX, fig. 3, 4). pag. 120.

FILETS-PÉTALS*, adhérence des Etamines aux Pétals unis, sans aucune adhérence aux Sépals, ni aux Carpels. **PRIMULACÉES, JAS-MINÉES** (pl. XIX, fig. 16). pag. 120.

FILETS SÉPALS*, adhérence des filets au tube des Sépals, ainsi que les Pétals, sans adhérence aux Carpels. **ROSÉES AMYGDALÉES** (pl. XVIII, fig. 4). pag. 119.

FILETS UNIS*, sans adhérence avec les Sépals, ni avec les Carpels. **MALVACÉES** (pl. XX, fig. 1; pl. XVII, fig. 9).

FILIFORME* (*Filiformis*), mince, allongée et flexible comme un fil. pag. 130, 147, 154.

FISTULÉUX * (*Fistulosus*) , tige vide au centre. La plupart des Blés, toutes les Orges.   pag. 28.

FLEUR (*Flos*), ensemble des organes de la fructification (pl. de XIV à XXIV),   pag. de 74 à 147. l'X est son abréviation.

FLEUR COMPLÈTE*, celle qui a ses Sépals , ses Pétals, ses Etamines et ses Carpels. pag. 74.

FLEUR DOUBLE* (*Flos plenus*), celle dont les Etamines sont transformées en Pétals ; mais dans les **SYNANTHÉRÉES** on nomme fleurs doubles celles dans lesquelles les Etamines avortent et les Pétals réguliers se transforment en fleurs ligulées (pl. XX , fig. 5 , 7). 110 , 123.

FLEUR FLOSCULEUSE, fleur régulière des Capitules de **SYNANTHÉRÉES**.

FLEUR INCOMPLÈTE* (*Flos incompletus*), celle à laquelle il manque l'un des organes. Les Sépals sont les organes qui manquent le moins souvent , par fois ils accompagnent seuls les Etamines ou les Carpels.

FLEURAISON, époque où les divers organes de la fleur ont acquis toute leur perfection. pag. 74. Cette fleuraison peut être considérée 1° relativement à l'époque de l'année.   pag. 77. 2° A l'heure de la journée. pag. 78. 3° Aux divers états de l'atmosphère. pag. 99.

FLEXUÉUX* (*Flexuosus*), courbé en tous les sens.   pag. 118.

FLEURON (*Flosculus*), fleur régulière d'une **SYNANTHÉRÉE** , comme le sont toutes celles du genre *Chardon*. Il vaut mieux leur donner le nom de *fleur régulière*.

FLOCONNEUX* (*Floccosus*), se dit des organes revêtus de touffes de poils [entrelacés, qui se détachent en petits pelotons (*Molène floconneuse*). pag. 170.

FOLIOLE (*Foliola*), partie d'une feuille qui peut s'en séparer sans déchirure. Les Rosiers ont des feuilles composées de 3, 5, 7, 9 folioles qui, à la fin de leur vie , se désarticulent du pétiole (pl. XII, fig. 6 à 20).   pag. 45, 65, 175.

FOLIACÉ* (*Foliaceus*), de la nature et de l'apparence de la Feuille.   pag. 32.

FOLIATION, voyez feuillaison.

FONCTIONS DES FEUILLES, voir Nutrition.

FONGUEUX* (*Fungosus*), mou et se décomposant facilement (comme les CHAMPIGNONS).

FORCE DES FIBRES. pag. 30.

FORMATION DE L'ECORCE. pag. 18.

FORME DES FEUILLES. pag. 59.

FORME DES GRAINES. pag 150.

FRANGÉ* (*Fimbriatus*), divisé en lanières longues et étroites (*Bractéoles des Peupliers*). pag. 61.

FRISÉ* ou **CRÉPU** (*Crispus*), plissé irrégulièrement sur toute la surface, comme les feuilles des *Sauges*.

FRONDE (*Frons*), rameaux annuels et foliacés des FOUGÈRES de l'Europe (pl. VI, fig. 9, et VII, fig. 7, 8).

FRUCTIFICATION (*Fructificatio*), phénomènes qui accompagnent la production du Carpe, depuis l'époque de la fleuraison jusqu'à celle de la maturité de la Graine.

FRUIT (1) (*Fructus*), **CARPE.** pag. 132.

FUMER LA TERRE, c'est lui ajouter des matières animales et végétales en décomposition. pag. 48.

FUNICULE (*Funiculus*), cordon utriculeux et quelquefois fibreux, qui unit la Graine au Carpe. Il est destiné à transmettre la sève du Carpe à la Graine jusqu'à la maturité de celle-ci (pl. XXIII, fig. 15; pl. XXV, fig. 18). pag. 147, 148, 151.

---

(1) Nous nous sommes vus forcés d'abandonner le mot *fruit* (voir p. 132) auquel les Botanistes, ni le langage ordinaire n'ont attaché une assez grande précision. Les progrès du langage doivent suivre les progrès de l'observation et de la théorie. On voit d'abord les ensembles, et on les nomme; puis on sépare par l'analyse ce que la nature a uni, et l'on arrive aux organes simples. Il faut que chacun d'eux ait son nom, ou la description des êtres ne répondra pas à l'idée que l'on se fait de l'organisation. Si le langage reste immobile quand la science marche, il l'entrave, lui qui doit être un de ses puissants moyens d'avancement. Il faut donc bien se garder d'appliquer, sans modification au langage technique soit de l'organographie, soit de la physiologie les règles de stabilité, que l'on a posées avec raison pour les noms des espèces et des genres.

FURFURACÉ * (*Furfuraceus*), garni de lames écailleuses minces, sèches, et presque transparentes (Rameaux aériens de quelques FOUGÈRES de l'Europe telle que le *Polystic aiguillonné*.   pag. 64.

FUSIFORME * (*Fusiformis*), en forme de fuseau (Racine de *Radis long*, pl. III, fig. 5).   pag, 14.

G.

GAINE (*Vagina*), pétiole dilaté et aminci, qui entoure la tige des GRAMINÉES, etc. pag. 44.

GALBANUM. Résine retirée du *Bubon Galbanum*.   pag. 166.

GALLE, excroissance plus ou moins arrondie, qui naît sur une partie d'un végétal et surtout sur les feuilles, à la suite de la piqûre et de la déposition d'œufs de divers insectes.

GAZ, corps réduit à l'état de fluide aériforme par sa combinaison permanente avec le calorique.

GEMME, Bourgeon (pl. VIII).   pag. 31.

GENOUILLÉ * (*Geniculatus*), courbé en formant un angle marqué.

GENRE (*Genus*), réunion d'un certain nombre d'espèces, qui ont entre elles des caractères communs (*Rosa* , *Cerasus* , *Quercus* , etc.

GERME, ce mot a été employé tantôt pour l'Embryon, tantôt pour le Carpe.

GERMINATION (*Germinatio*), si la Graine est humectée convenablement, et que l'air et le calorique agissent simultanément sur elle , une certaine chaleur se produit et l'Embryon commence à se développer.

GLABRE * (*Glaber*), privé de poils.   pag. 53, 151.

GLADIÉ *, en sabre (feuilles des *Iris*).

GLAND (*Glans*), Carpe du *Chêne*.

GLANDE (*Glandula*), organe formé d'utricules plus ou moins transparentes et diversement entassées, qui occupent les parties aé riennes des plantes et paraissent destinées à séparer de la Sève des liquides particuliers. pag. 158.

GLANDULEUX * (*Glandulosus*), organe portant des Glandes soit à sa surface; soit enfoncées dans le tissu. pag. 91.

GLANDULIFÉRE *, Poil (ou tout autre organe) qui porte une glande à son extrémité (pl. XXVIII, fig. 2, 4). pag. 171.

GLAUCESCENT * (*Glaucescens*) ,couvert d'une exsudation grisâtre de nature heureuse (*Ricin*). Souvent l'apparence glaucescente est produite par des poils fins et entrelacés. pag. 64.

GLAUQUE (le), matière cireuse répandue sur plusieurs parties aériennes des plantes , et qui les préserve de l'humidité. (*Cirier*).

GLOBULAIRE*, **GLOBULEUX** (*Globosus*, *Globulosus*), se dit de tout organe qui a une forme à peu près sphérique. pag. 159.

GLOMÉRULE, **CYME CAPITULÉE.** pag. 103.

GLUANT ou **VISQUEUX** * (*Glutinosus*, *viscosus*), couvert d'une exsudation collante (*Robinier glutineux*) pag. 64.

GLUME, **BRACTÉE** des **GRAMINÉES**. Cependant ce mot a souvent été employé très-vaguement.

GLUMELLE, **SÉPALS** des GRAMINÉES.

GLUMELLULE, **PÉTALS** très-courts et peu apparents des GRAMINÉES.

GOMME, produit végétal soluble à l'eau en la rendant visqueuse , insoluble à l'alcool , à l'éther et aux essences. pag. 164.

GOMME-GUTTE, gomme résine Gutte, produit obtenu de plusieurs plantes de la famille des GUTTIFÈRES, pag. 166.

GOMME RÉSINE, produit végétal formé d'un mélange de Gomme et de résine , et conséquemment participant des caractères de ces deux substances. pag. 166.

GORGE, orifice d'un tube de Sépals ou de Pétals.

GOURMAND (terme d'horticulture), rameau d'arbre vigoureux, long et bien feuillé. pag. 34.

GOUSSE (*Legumen*), Carpe solitaire s'ouvrant ordinairement aux bords séminifères et à la dorsale (Pois, pl. XXIV, fig. 1, 5).

GRAINE (*Semen*), Embryon végétal , enveloppé d'une peau nommée Derme (pl. XXV et XXVI). pag. 7. 49, 147.

GRAPPE (*Racemus*). Pédoncule une ou plusieurs fois divisé, et dont les ramifications portent à leur extrémité des fleurs pédicellés. L'ensemble présente la forme avoïde ou pyramidale (pl. XV, fig. 1, 2). pag. 101.

GREFFE (*Insertio*), transport sur un autre individu d'une partie de tige ou d'écorce munie d'un ou de plusieurs Bourgeons. pag. 35, 37. GREFFE EN ÉCUSSON, greffe au moyen d'une portion d'écorce munie d'un bourgeon. pag 40. — GREFFE EN FLUTE, ou SIFFLET au moyen d'un cylindre d'écorce muni de Bourgeons. p. 40.—GREFFE HERBACÉE, au moyen de l'insertion d'une extrémité très-tendre de branche, dans une incision faite à l'aisselle d'une feuille. pag. 41. — GREFFE PAR APPROCHE, deux branches entaillées sont tenues en contact. pag. 39 —GREFFE PAR RAMEAU, un rameau de l'année précédente est engagé sur un sujet coupé en travers. pag. 40. — GREFFE PAR SCIONS LIGNEUX la même que la précédente. pag 40.

GRENIER DE DEMARSAY, pour la conservation des grains en grand. pag. 157.

GRIMPANT * (*Scandens*), tige ou rameau long flexueux qui s'appuye sur les corps voisins. pag. 29.

H.

HAMPE (*Scapus*), Pédoncule ou pédicelle naissant d'une tige souterraine,

HASTÉ* (*Hastatus*), lancéolé (pl. XI, fig. 14; pl. XII, fig. 6 sans les ailes du pétiole).

HÉMISPHÉRIQUE * (*Hemisphæricus*), présentant la forme de la moitié d'une sphère.

HERBACÉ* (*Herbaceus*), faible et de la consistance de l'herbe. pag. 28, 59.

HERBE (*Herba*), plante tendre, qui vit au plus une année, au moins dans ses parties exposées à l'air (*Epinard*, *Blé*).

HERBIER (*Herbarium*), collection de plantes séchées entre des feuilles de papier, soumises à une pression convenable et disposées méthodiquement par Classes, Ordres, Familles, Genres et espèces.

La dessication prompte est la meilleure; une feuille de papier mince, grand in-folio, un peu collé, reçoit, selon sa grandeur, une ou plusieurs plantes recueillies le plus possible en fleur et en fruit. Cette plante est légèrement écrasée avec la main afin de lui donner une position convenable. On ferme la feuille et on la couvre d'un gros cahier de papier ou matelas. Une deuxième feuille de papier collé reçoit de nouvelles plantes, sans qu'elles chevauchent les unes sur les autres. On la ferme encore et on y place un nouveau matelas de papier non collé.

On empile ainsi un certain nombre de feuilles, contenant des plantes et séparées par autant de cahiers. On recouvre le tout d'une planche du format du papier et on charge le paquet d'un poids d'environ 10 à 15 kilogrammes.

Le lendemain on remplace les matelas humectés, mais l'on a soin d'étaler les parties qui seraient repliées. Dans ce moment les échantillons sont souvent trop flasques pour pouvoir être déplacés. On continue à changer tous les jours ou tous les deux jours les matelas, seulement jusqu'à ce que la dessication soit parfaite, en ayant soin de continuer à charger le paquet de poids convenables.

Si l'on veut ensuite assurer la conservation des plantes, il faut les plonger pendant une ou deux minutes dans une solution de deutoxide de mercure dans l'alcool (1). On remet aussitôt en presse les échantillons dans le papier de dessication, et deux ou trois jours après on peut les introduire dans l'herbier.

Chaque plante doit être accompagnée de son étiquette. Elle y est fixée par une bande de papier enduite d'une solution aqueuse très-épaisse de Gomme arabique, dans laquelle on a ajouté un peu de sucre. L'étiquette indiquera le lieu, l'époque de la récolte, et, s'il se peut, le nom de la plante. Les exemplaires seront assujettis par leur étiquette à une demi-feuille de papier d'herbier, au moyen d'une petite épingle. Il faut faire choix de papier collé un peu ferme. Chaque espèce sera renfermée dans une feuille entière, qui portera à l'extérieur une étiquette; par ce moyen on pourra égaliser les paquets, les échantillons étant disposés de manière à remplir tous les vides, et en

____

(1) 30 grammes sur un litre d'alcool.

feuilletant l'herbier les échantillons ne risquent pas d'être déplacés. Si l'on veut les détacher pour les examiner, on n'a qu'une épingle à enlever et à replacer ensuite.

Si l'on reçoit des plantes sèches, il faut, après les avoir empoisonnées, ajouter à l'*étiquette originale* (*que l'on doit toujours conserver*), le nom du donataire et l'année de la réception.

Des étiquettes dépassant la tranche, et fixées de gauche à droite à des demi-feuilles de papier, indiqueront les classes, les ordres, les familles et les genres.

Un herbier bien fait, et présentant tous les états de la plante, offre de très-grands avantages pour l'étude. On peut y comparer, dans toutes les saisons, des plantes que l'on ne trouve souvent fraîches qu'à des époques très-éloignées les unes des autres.

HERBORISER, c'est aller à la recherche des plantes. Elles doivent être recueillies les plus complètes possible. Si leur grandeur ne permet pas de les sécher entières, il faut prendre sur divers points les parties les plus dissemblables. On ne doit pas négliger de recueillir des échantillons en fruit, ils sont toujours du plus grand intérêt.

Lorsqu'on est en herborisation on doit récolter les plantes qu'elles soient sèches ou humides. Dans ce dernier cas on les change de papier un peu plus souvent, et lors même qu'elles seraient un peu moins belles, elles n'en seraient pas moins utiles pour l'étude.

HIGROSCOPICITÉ, faculté qu'ont beaucoup de plantes de s'humecter lorsque l'air contient la vapeur d'eau.

HILE (*Hilum*), cicatrice que laisse sur l'Exoderme le décollement du funicule (pl. II. fig. 1 H).   pag. 8, 147, 151.

HISPIDE * (*Hispidus*), présentant des poils raides, forts et un peu piquants (*Bourrache*).   pag. 64.

HISTOIRE NATURELLE, description de tous les corps de la nature avec leurs caractères tant extérieurs qu'intérieurs.   pag. 1.

HUILES GRASSES, produits végétaux retirés des Embryons ou de leur Albumen, rarement des Carpes. Leurs caractères sont d'être liquides, visqueuses, jaunâtres, combustibles, plus légères que l'eau à laquelle elles ne peuvent se mêler. Elles se décomposent à une haute température et se saponifient par les dissolutions de Potasse ou de Soude caustiques.   pag. 161.

HUILES VOLATILES, elles sont plus fluides que les huiles grasses, plus légères qu'elles, et se vaporisent facilement. Elles sont très-odorantes et sont peu saponifiables. pag. 161.

HUILEUX *, de la nature des huiles grasses; l'Albumen et l'Embryon sont souvent huileux. pag. 156.

HORIZONTAL (*Horizontalis*), placé de manière que le sommet d'un organe ne soit pas plus élevé que sa base. pag. 14. 58.

HORLOGE DE FLORE , jardin dans lequel on a disposé des plantes dont les fleurs s'épanouissent à des heures déterminées. pag. 92 , 98.

HUMUS , débris végétaux et animaux très-décomposés. pag. 47.

HYBRIDE , plante due au croisement de deux espèces très-voisines par leurs caractères botaniques.

I.

IMBRIQUÉ＊—Entuilé.

IMPAIRPENNÉ * ou penné avec impaire (*Impari pennatus*), feuille composée, terminée par une foliole.

INADHÉRENT＊ se dit d'organes de nature différente , qui ne sont pas collés les uns aux autres.

INARTICULÉ＊ (*Inarticulatus*), se dit d'une partie dont l'organisation ne présente aucun point de rupture naturelle. Ainsi les feuilles des OMBELLIFÈRES ne pouvant se désarticuler à aucun point de leurs lobes , sont des feuilles simples.

INCANE＊ (*Incanus*), couvert de poils fins, courts et d'un blanc mat. pag. 64.

INCISION ANNULAIRÉE. Enlèvement d'un anneau d'écorce à une branche. Voir l'effet physiologique de cette opération. pag. 50.

INCOMPLET * , fleur qui manque d'un ou plusieurs des organes qu'on y trouve ordinairement. Ainsi quelques fleurs manquent de Pétals, d'autres d'Etamines ou de Carpels, et sont dites incomplètes.

INDÉFINI＊, en nombre très-grand , variable, et qu'on n'a pas d'intérêt à indiquer.

INDÉHISCENT* (*Indehiscens*), carpe qui ne s'ouvre pas à la maturité. pag. 48, 144.

INDIGÈNE*, qui croît sans culture dans le pays que l'on habite.

INEMBRYONÉ*, graine dont l'embryon ne s'est pas développé.

INFLÉCHI* (*Inflexus*), courbé en haut et en dedans. pag. 58.

INFLORESCENCE, ordre dans lequel les fleurs s'épanouissent, et la forme que prennent les différentes agglomérations qu'elles affectent. pag. 100. — On dit que l'INFLORESCENCE EST EXTRORSE lorsque le développement des fleurs a lieu de bas en haut ou, autrement dit, de dehors en dedans du rameau. pag. 100.—Dans l'INFLORESCENCE INTRORSE la première fleur qui s'épanouit est au haut du rameau, et l'épanouissement a lieu du centre à la circonférence. pag. 103.—L'INFLORESCENCE MIXTE participe des deux précédentes, c'est-à-dire, que l'ensemble des fleurs se développe de bas en haut ou inflorescence extrorse, et que l'aisselle de chaque bractée donne naissance à l'inflorescence introrse. pag. 105.

INFONDIBULIFORME* (*Infundibuliformis*), imitant en quelque sorte un entonnoir, comme les Pétals unis des PRIMULACÉES (pl. XVIII, fig. 10).

INHALATION.═Absorption.

INSERTION.═Point de départ apparent des organes floraux.

INTERMÈDE* (*Intermedium*), base des Filets et des Pétals devenue charnue, soit par union, soit par adhérence de ces organes, soit avec les Sépals, soit enfin par des avortements d'Etamines. pag. 126.

INTRORSE* (*Introrsus*), se dit des anthères qui s'ouvrent du côté du Carpel (pl. XVIII, fig. 6, 8), et des fleurs dont l'épanouissement commence par le centre du rameau (pl. XVI, fig. 1, 2, 3). pag. 120.

INVERSE* (*Inversus*), se dit de l'Embryon lorsque les Cotylédons sont dirigés vers le hile au lieu de la Racine.

INVOLUCELLE. ═Assemblage de bractéoles sous une Ombellule (pl. XV, fig. 12.

INVOLUCRE. ═ Bractées disposées en anneau immédiatement sous une ombelle (pl. XV, fig. 12, en bas) ou autour d'un capitule (pl. XX, fig. 8).

IRRÉGULIER* (*Irregularis*), dont les parties ne se ressemblent pas. Les Pétals et les Sépals sont irréguliers dans les LABIÉES, les LÉGUMINEUSES (pl. XVII, fig. 8), **RÉGULIERS** dans les PRIMULAGÉES, le *Tabac* (pl. XVIII, fig. 10 , pl. XVII, fig, 2, 5),

J.

JARDIN BOTANIQUE, terrain dans lequel les plantes sont disposées d'après une classification, et étiquetées, ou au moins dont on peut apprendre les noms au moyen d'un catalogue. La disposition en familles est bien préférable aux autres.

L.

LACÉRÉ═Frangé.

LACHE* (*laxus*), ramifications ou organes disposés de manière à laisser des vides entre eux.

LACINIÉ═Découpe en lanières étroites et inégales,

LACTESCENT* (*Lactescens*), plante qui , lorsqu'on la blesse , laisse couler un liquide ayant l'apparence du lait (FIGUIER, EUPHORBES). Le liquide obtenu a des propriétés très-dissemblables dans les diverses familles. Il est purgatif dans les EUPHORBIACÉES , narcotique dans les PAPAVÉRACÉES.

LAITEUX* (*Lanuginosus*), à poils longs et grossiers. pag. 64.

LAIT DE COCO, Albumen des graines du *Cocotier* non encore solidifié.

LAIT, — suc lactescent.

LAME (*Lamina*), partie plane de la Feuille , du Pétal , etc., formée par l'épanouissement des fibres du pétiole , et dont les intervalles sont comblés par les utricules. La face inférieure de la lame , par le nombre souvent considérable de ses stomates, est surtout destinée de jour à l'émanation des liquides et des gaz, et de nuit à l'absorption. pag. 43 , 108, 111.

LAMELLE (*Lamella*) ; nous nommons ainsi chaque moitié de la feuille, séparée surtout dans les DICOTYLÉDONÉS, par la dorsale ; et comme le Carpel n'est évidemment qu'une feuille modifiée, nous employons la même expression pour les deux pièces du Carpe. Nous en faisons autant, au besoin, pour les Sépals et les Pétals. pag. 43. Les LAMELLES sont semblables et par conséquent **ÉGALES** dans les feuilles de la plupart des plantes (*Erable* , *Vigne* , *Hortensia*), Pl. XII, fig. 3, 6). Elles sont **INÉGALES** dans les *Tilleuls* , les *Ormes* (pl. XI, fig. 22,) pag. 60 , ainsi que dans les folioles des *Haricots* (pl. XII, fig. 8).

LAMELLÉ *, terminé ou étendu en lame.   pag. 132.

LANCÉOLÉ * (*Lanceolatus*), aplati, ovale et pointu comme le fer d'une lance (pl. XI, fig. 14). pag. 60.

LANGUETTE. ⸗ Ligule.

LANUGINEUX. ⸗ Laineux.

LATÉRAL * (*Lateralis*), qui part des côtés d'un organe. La feuille est latérale à la tige, les stipules sont ordinairement latérales au pétiole (pl. IX, fig. 4, 5, 7). L'Embryon est latéral à l'albumen dans les GRAMINÉES (pl. II, fig. 13, 14, 15).   pag. 155.

LÉGUME (*Legumen*), Carpe à lamelles qui ordinairement se désunissent au bord seminifère et se déchirent à la dorsale (LÉGUMINEUSES, pl. XXVI, fig. 2).

LENTICELLES (*Lenticellœ*), petites saillies utriculeuses et un peu de la nature du liége, que l'on observe sur l'écorce jeune de la plupart des arbres.

LENTICELLÉ *, muni de petites saillies de la nature du liége.

LENTICULAIRE * (*Lenticularis*), en forme de la graine de Lentille. pag. 150, 155, 159.

LÈVRE (*Labium*), Sépals ou Pétals unis, dissemblables et disposés en lèvres : une supérieure, l'autre inférieure (LABIÉES, pl. XXI, fig. 1 , 2).

LIBÉR (*Liber*), couches intérieures, jeunes et minces de l'écorce.

LIBRE * (*Liber*), ni uni, ni adhérent (les organes de même nature entre eux, ni un rang d'organe à un autre rang). Les Sépals des *Renoncules* sont libres, ceux des *OEillets* sont unis, mais non adhérents. Les Pétals des POMACÉES sont unis et adhérents aux Sépals et aux Carpes.

Ceux des ROSÉES ne sont adhérents qu'aux Sépals, non aux Carpes. pag. 45, 112, 131.

LIGNEUX * (*Lignosus*), de la nature et de la consistance du bois. pag. 14, 28, 102, 168.

LIGULE (*Ligula*), appendice membraneux qui se trouve souvent entre la gaine et la lame des feuilles des GRAMINÉES (pl. X, fig. 3). pag. 44.

LIMBE. = Lame.

LINÉAIRE * (*Linearis*), extrêmement étroit et allongé (pl. X, fig. 5, 11). pag. 60.

LISSE * (*Levigatus*), sans aucune protubérance qui puisse la rendre rude au toucher. pag. 63. 150.

LOCULICIDE *, Carpe ouvrant par déchirure de la dorsale.

LOBE (*Lobus*), découpures de formes variables, mais en général présentant une certaine largeur, qui à aucune époque de l'existence de l'organe ne peut se désarticuler. Les feuilles des OMBELLIFÈRES ont des lobes (pl. XI, fig. 3, 5, 10 et de 29 à 35) et jamais des folioles.

LOBÉ *, organe foliacé, divisé de manière à imiter quelquefois une feuille composée, mais dont chacun des lobes ne peut se désarticuler.

LOGE ou poche d'Anthère (pl. XXII, fig. de 1 à 17). Chacune d'elles a deux loges.

LUISANT * (*Lucidus*, *Splendens*), comme verni. pag. 63, 150.

LYMPHE. = Sève.

LYRÉ * (*Lyratus*), organe de la nature de la feuille, lobé latéralement et terminé par un lobe plus grand que les deux autres (pl. XI, fig. 25).

MARCESCENT * (*Marcescens*), organe foliacé, desséché, persistant jusqu'au moment de la nouvelle évolution des bourgeons (*Chêne*, *Charmille*). pag. 59.

MARCOTTE (*Malleolus*), tige ou rameau couché en terre (tenant encore à la plante) et produisant des racines. pag. 35, 36.

MARGE, MARGINAL. = Qui a rapport aux bords d'un organe laminé.

MATURATION (*Maturatio*), élaboration de la sève dans le Carpe depuis la fleuraison jusqu'à l'état parfait, et pendant laquelle l'Embryon se forme et devient susceptible de reproduire une nouvelle plante. pag. 142, 143. Le sucre augmente à mesure que la maturité avance, ains ; dans l'*Abricot* vert on en trouve à peine des traces, plus avancé il en contient 6, 64, et mûr 16, 48.

MATURITÉ (*Maturitas*), état du Carpe et de la graine qui ont acquis leur complet développement, après lequel le Carpe tend à se dessécher ou à tomber et à disséminer ses graines. Celles-ci sont mûres lorsqu'elles ne contiennent plus que l'eau latente ou de végétation. Alors elles sont plus lourdes que l'eau.

MÉATS, vides (pl. I, fig, 1) le plus souvent invisibles (pl. I, fig. 2, 3), même au microscope, que les utricules laissent entre elles.

MÉDIANE* (fibre). $=$ Dorsale.

MEMBRANE (*Membrana*), Organe qui, par sa consistance faible, sa demi-transparence, rappelle les membranes des animaux. Et un organe est membraneux quand il a l'apparence de la bractée qui entoure les fleurs de l'*ognon*, du *porreau*, des *Iris*. pag. 59.

MÉSOCARPE (*Mesocarpon*), membrane moyenne, qui avec l'Exocarpe et l'Endocarpe constituent le Carpe, ou fruit proprement dit. Le Mésocarpe est mangeable dans les AMYGDALÉES, excepté dans le genre *Amandier*.

MÉSODERME, membrane moyenne qui concourt à la formation du sac embryonaire ou derme (pl. II , fig. 11 la moyenne). p. 8, 151.

MÉTÉORIQUE*, plante dont la fleuraison est modifiée par l'état de l'atmosphère. pag. 99.

MILIEU (eau ou air), espace dans lequel les plantes peuvent vivre. pag. 46, 56.

MILLIAIRES*, voir le mot Glande. pag. 159.

MIXTE, Bourgeon qui renferme fleurs et feuilles.

MOELLE (*Medulla*), amas d'utricules contenues dans des canaux fibreux formés chaque année, et renfermant ceux qui sont précédemment formés. Les utricules de la moelle sont d'abord vertes et très-tendres, mais par la suite elles se dessèchent graduellement. — Chaque couche ligneuse a sa propre moelle ; ce qui explique comment les *arbres dicotylédonés*, quoique creux peuvent vivre.

MOLÉCULE. parties infiniment petites d'un corps. pag. 2.

MOL * ou **OLÉRACÉ** (*Oleraceus*) , tendre et un peu charnu, comme les *Laitues* , les *Epinards*, même les *Choux*. pag. 59.

MONOCLAMIDÉES * (*Monoclamideœ*) , fleurs sans Pétals (*Epinards*).

MONOCOTYLÉDONÉ, végétal qui germe avec un seul cotylédon, a ses fibres parallèles à couches ligneuses et sans prolongements médullaires , et le nombre de ses organes floraux est ternaire. pag. 153.

MONOPÉTAL. * ⸗Pétals unis.

MONOSEPAL. * ⸗Sépals unis.

MONSTRUOSITÉ. ⸗Mutation d'organe.

MOU. *Voir* MOL.

MOYENNE *, feuille qui n'est ni près de terre , ni près des fleurs , mais qui se trouve intermédiaire. p. 56.

MUCILAGE, substance glaireuse qui se gonfle par l'eau chaude , mais ne s'y dissout pas; elle reste sur le filtre. Le mucilage abonde dans les MALVACÉES , les TILIACÉES. pag. 165.

MUCRONÉ * (*Mucronatus*), terminé brusquement par une pointe plus ou moins ferme et peu prolongée (pl. XI , fig. 18). pag. 62 , 171.

MULTICAULE * (*Multicaulis*) , dont la tige se ramifie sous terre ou près du sol , de manière à donner dès le bas un grand nombre de ramifications.

MULTIFLORE *, pédoncule qui se ramifie et porte beaucoup de fleurs. Comme dans la grappe (surtout composée).

MUTATION , phénomène accidentel par lequel un organe se trouve où l'on s'attendait à en voir un autre. Le fait le plus connu en ce genre est celui des fleurs doubles. On n'y trouve plus d'Etamines ou l'on en trouve moins que dans les fleurs simples , et à la place de celles qui manquent sont des Pétals. Dans les *Cerisiers doubles* on ne trouve souvent plus de Carpels , mais à leur place on voit des feuilles. Parmi les Pétals qui remplacent les Etamines , on en trouve qui , au bout d'un filet ont une poche d'anthère , tandis que l'autre est pétaloïde. Dans la *Primevère élevée* (de nos jardins) on voit souvent les Sépals devenus pétaloïdes , le nombre des Etamines restant le même. Les Carpels ont été vus transformés en feuilles dans l'*Hellébore* , la *Fraxinelle* , le *Diplotaxis* , les *Gesses* , etc.

MUTIQUE * (*Muticus*) , se terminant obtusément , ou autrement dit , sans mucrone , ni arête , etc.

N.

NACÈLE, = *Carène*.

NATURE, propriétés qu'un être tient de sa naissance, par opposition à celles qu'il peut devoir à l'art, ou bien : ensemble des êtres qui composent l'univers, ou enfin : lois qui régissent les êtres. pag. 1.

NECTAIRE (*Nectarium*), mot abandonné, ayant été employé d'une manière beaucoup trop vague.

NECTAR, on donnait autrefois ce nom à un liquide Végétal sucré, sécrété par des glandes.

NERVATION, = Fibration.

NERVÉ*, **NERVURES**, = Fibres.

NOEUD, tuméfaction des utricules et des fibres vers des points donnés des végétaux, ce qui les rend cassants (*OEillets*).

NOYAU (*Pyrena*, *Nucleus*, *Ossiculus*), Endocarpe osseuse des **AMYGDALÉES**.

NOMBRE, il caractérise le plus souvent deux des grandes classes de végétaux. Ainsi les **DICOTYLÉDONÉS** ont ordinairement leurs organes floraux en nombre *quinaire*. pag. 17, tandis que les **MONOCO-TYLÉDONÉS** présentent le nombre *ternaire*. pag. 25.

NU* (*Nudus*), la fleur qui n'est pas accompagnée de bractées, le pétiole sans stipules ; se dit aussi, mais très-faussement, de la graine, qui ne peut être nue, car toutes avant leur maturité sont renfermées dans le Carpe.

NUTRITION (*Nutritio*), assimilation des molécules organiques et souvent même inorganiques par les êtres vivants. pag. 11, 46, 54.

O.

OB, particule indiquant que l'organe est porté par son extrémité la plus étroite ; ainsi la feuille est dite **OBCORDÉE** lorsque la lame offre son échancrure au sommet, au lieu de se trouver à l'extrémité du pétiole. pag. 59, 61.

OBLIQUE * (*Obliquus*), ce mot s'employe dans deux sens : 1º Quand un rameau, un pédoncule, etc., forme un angle avec la ligne horizontale et la ligne verticale. 2º Quand une feuille, au lieu de présenter une face vers le ciel, l'autre vers la terre, a un bord en l'air et un autre en bas (*Laitue vireuse*), pag. 58.

OBLITÉRÉ * (*Obliteratus*), se dit de quelques organes ou de quelques-unes de leurs portions qui se sont détruites, comme cela arrive dans les Carpes des CARYOPHYLLÉES.

OBLONG * (*Oblongus*), allongé et obtus aux deux extrémités. pag. 60, 150, 151.

OBOVALE * (*Obovalis*), obtus, et plus large au sommet qu'à la base. pag. 60.

OBSERRETÉ * (*Obserratus*), lorsque les dents qui bordent une surface sont dirigées vers la base de l'organe. pag. 61.

OBTUS * (*Obtusus*), arrondi au sommet ou à la base. page 62.

OGNON, = Bourgeon souterrain (pl. V, fig. 7, pl. VI, fig. 11, pl. VIII, fig. 9, 10).

OEIL (des jardiniers), = Bourgeon. On nomme *œil dormant*, le Bourgeon d'une greffe, lorsqu'il ne pousse qu'après l'hiver ; et *œil poussant*, celui qui se développe peu de jours après que la greffe a été pratiquée. pag. 39

OLÉRACÉ * (*Oleraceus*), mou et demi-charnu, comme l'*Epinard*) le *Chou*. pag. 59.

OMBELLE (*Umbella*), groupe de fleurs dans lequel les pédoncules et les pédicelles partent circulairement comme les rayons d'un parapluie (pl. XV, fig. 12). pag. 101.

UMBELLULE (*Umbellula*), groupe de fleurs dans lequel les pédicelles partent circulairement comme les branches d'un parapluie.

OMBELLIFORME * (*Umbelliformis*), fleurs disposées de manière à imiter une ombelle comme se présente la cyme ombelliforme du *Sureau* (pl. XV, fig. 4). page 104.

OMBRELLE, = Ombelle.

ONDULÉ * (*Undulatus*), lame dont les bords présentent des flexuosités imitant des ondes. pag. 63.

ONGLET (*Unguiculus*), c'est le Pétiole d'un Pétal. pag. 111.

OPPOSÉ * (*Oppositus*), ou en vis-à-vis , naissant des deux côtés d'une tige ou de ses ramifications , sur le même plan horizontal. Les LABIÉES ont leurs Feuilles opposées , ainsi que le *Lilas* (pl. X , fig, 6, et de 13 à 18). pag. 56.

OPPOSÉ-CROISÉ * (*Cruciatim oppositus*), lorsque deux feuilles opposées se croisent avec la paire qui est au-dessus et au-dessous d'elles (pl. X , fig. 9). pag. 57.

ORBICULAIRE * ou **CIRCULAIRE**. pag. 59.

OREILLE , OREILLETTE (*Auricula*). = Stipules libres (pl. IX , fig. 4 , 7). *Saules , Passiflores , Violettes* , ou unies au pétiole (pl. IX. fig. 5. *Trèfles*).

ORGANE (*Organum*), instrument végétal ou animal capable d'exécuter des fonctions. La Racine est l'organe essentiel de l'absorption ; la feuille , celui de l'élaboration de la sève , et conséquemment de la nutrition; les organes floraux, ceux de la production de la graine.

ORGANES ACCESSOIRES , ceux dont les fonctions sont encore mal connues , et qu'on n'a pas encore cru devoir rapprocher des organes déjà décrits. pag. 158.

ORGANES COMPOSÉS , ceux qui sont constitués par des *fibrilles* et des *utricules* , tels que les Racines . les Tiges, les Feuilles, les Fleurs , les Carpels , les Graines, etc. pag. 7.

ORGANES ÉLÉMENTAIRES , ou bien *utricules* et *fibrilles* , ceu qui ne sont visibles qu'au microscope ou à la loupe et qui constituent les organes composés (pl. I). pag. 3, 4, 5, 6, 7.

ORGANOGRAPHIE , description des Organes. Elle est la base de toutes les parties de la science des êtres organisés : considérée en ce qui tient à la symétrie des Etres , elle est le fondement de toute la théorie des classifications; considérée dans l'usage des organes , elle est la base de la physiologie ; considérée dans ce qui tient à la description exacte de ces organes , elle est le principe de la langue botanique et de l'histoire naturelle descriptive.

OVAIRE (*Ovarium*). Nous avons abandonné cette expression à cause de l'ambiguité qu'elle présente. Dans les cas d'un Carpel unique

(LÉGUMINEUSES) , il constitue notre Carpe. Il en est de même pour les Capitels à Carpes libres (*Renoncule*). Mais dans les *Nigelles*, les Carpes sont unis et forment des Capitels collamellaires. Les Styles et Stigmates dans les *Orangers* ont leurs Carpels aussi collamellaires mais unis par leur Carpe, leur Style et leur Stigmate; dans les *Violettes* et les *Hélianthèmes* les trois Carpels sont ablamellaires et nécessairement unis, les Styles et Stigmates n'en constituent en apparence qu'un. Dans les ROSÉES on nomme ovaire le tube des Sépals, qui avec l'âge se tuméfie, devient charnu avec l'intermède qui le tapisse; tandis que les vrais Carpes (libres) sont pris par beaucoup de botanistes pour les graines. Dans les IRIDÉES on nomme ovaire les trois Carpels collamellaires adhérents à la base du tube des Sépals, ainsi que dans les ONAGRARIÉES.

OVAL * (*Ovalis*), plane, obtus aux deux extrémités, mais plus obtus au sommet qu'à la base (pl. XI, fig. 1). pag 60.

OVÉ * (*Ovatus*), en forme d'œuf. pag. 28.

OVOIDE * (*Ovoideus*), approchant de la forme d'un œuf. Ces deux expressions ne doivent s'employer que dans les cas où les Feuilles ne présentent pas de surfaces planes; elles sont fréquemment appliquables aux Carpes. pag. 150, 151.

OXIDE, s'applique plus particulièrement aux combinaisons de l'Oxigène à un métal. pag. 47.

OXIGÈNE, corps simple qui oxide les métaux, et donne l'acréte à la plupart des acides. Combiné avec le carbone il forme l'acide carbonique, avec l'hydrogène il forme l'eau, etc. pag. 48.

P.

PAIRPENNÉ * (*Paripennatus*), Feuille composée pennée, dont les Folioles soit opposées, soit alternes, sont en nombre pair, ou autrement dit **BRUSQUEMENT PENNÉE** (*Casse*. pl. XII, fig. 13, 14, 17)

PALMATIFIDE (*Palmatifidus*), lorsque la lame à fibres palmées est divisée environ jusqu'à la moitié (pl. XI, fig. 32). pag. 60.

PALMATILOBÉ * (*Palmatilobatus*), Feuille simple à fibres et lobes palmés (pl. XI, fig. 3, 29, 31). pag. 60.

PALMATIPARTIE * (*Palmatipartitus*) , lame de feuille simple à fibres palmées et profondément divisées en lobes palmés (pl. XI, fig. 33). pag. 60.

PALMÉ * (*Palmatus*), se dit des fibres et des folioles , lorsqu'elles divergent d'un centre commun de manière à imiter la main dont les doigts seraient écartés (*Erable* , *Vigne*, pl. IX , fig. 1, 4, pl. XI, 31). pag. 58.

PALMÉ-QUINQUÉFOLIOLÉ * (*Palmato-quinquefoliolatus*) , à cinq folioles dont les pétiolules partent à peu près d'un centre commun, et sont de longueur égale. pag. 67.

PALMÉ SEPTEMFOLIOLÉ * (*palmato-septemfoliolatus*) , à sept Folioles dont les pétiolules sont à peu près d'égale longueur, et partent d'un centre commun. pag. 67.

PALMÉ-TRIFOLIOLÉ * (*Palmato-trifoliolatus*) , à trois folioles partant à peu près du même point et dont les pétiolules sont d'égale longueur (pl. XII , fig. 9). pag. 67.

PANACHÉ * (*Variegatus*) , bigarré de couleurs inégalement étendues. pag. 65.

PANICULÉ * (*Paniculatus*) , lorsque le Pédoncule et ses ramifications sont minces , allongées et faibles (pl. XV , fig. 3). pag. 101.

PAPILLAIRE * glandes en forme de mamelons. Stigmates du *Rhododendron ponctué.*

PAPILLEUX * (*Papillosus*) , d'un aspect granuleux par la saillie et le léger écartement des utricules sur une surface. pag. 132.

PARASITE * (*Parasiticus*) , plante qui vit sur d'autres végétaux vivants et en absorbe la sève. Elles manquent ordinairement de Feuilles (*Cuscute Orobanche*).

PAR NCHYME (*Parenchyma*) , utricules qui comblent les intervalles qne les fibrilles laissent entr elles dans les Feuilles , les Carpes , etc. pag. 5.

PAUCIFLORE * (*Pauciflorus*) , Pédoncule ou plante qui porte peu de fleurs.

PECTINE * ou en **PEIGNE** * (*Pectinatus*), se dit des Feuilles linéaires dirigées sur deux rangs opposés , comme dans le *Sapin en peigne,* aussi nommé *Sapin blanc* (pl. X , fig. 5), et lorsqu'une Feuille simple est divisée latéralement en lobes étroits rapprochés et parallèles entre eux, de manière à imiter les dents d'un peigne double (*Achillée pectinée*).

PÉDALÉ * (*Pedatus*), fibres ou lobes dirigés presque parallèlement de manière à rappeler la position des Orteils (*Hellébore* , pl. XI, fig. 5). pag. 38, 60.

PÉDICELLE (*Pedicellus*), support propre à chaque Fleur. pag. 106, 173, 175.

PÉDICELLÉ * (*Pedicellatus*), fleur, Carpe ou glande pédicellé. pag. 159.

PÉDONCULE (*Pedunculus*), support commun à plusieurs Fleurs. pag. 106.

PELTÉ * (*Peltatus*). ⸗ En bouclier.

PELTÉ QUADRIFOLIOLÉ *, **P. QUINQUÉFOLIOLÉ**, **P. MULTIFO-LIOLÉ**, lorsque toutes les folioles , au nombre de quatre ou cinq , ou plus, partent en rayonnant du sommet du pétiole. (*Lupin*). p. 67.

PELURE DE LA POMME, DE LA COURGE, etc. ⸗ Tube des Sépals accru et adhérent. pag. 142.

PENDANT * (*Pendulus* , *Propendens*), dont le sommet se dirige vers la terre sans rigidité (*Saule de Babylone* , *Frène* , *Tilleul* , etc., à rameaux pendants.). pag. 29, 58, 101.

PENNATIFIDE * (*Pennatifidus*), découpé latéralement environ jusqu'à moitié de la largeur (pl. XI, fig. 35). pag. 61.

PENNATILOBÉ * (*Pennatilobatus*), à lobes latéraux peu profonds (pl. XI, fig. 34). pag. 61.

PENNATIPARTIE * (*Pennatipartitus*), divisé très-profondément, de manière à imiter une Feuille composée (pl. XI, fig. 36). pag. 61.

PENNÉ * (*Pennatus*), Feuille composée à Folioles disposées sur deux rangs opposés , qu'elles soient en vis-à-vis ou bien alternes (pl. XII , fig. 13, 14, 15). *Rosiers.* pag. 58, 66.

PENNÉ AVEC IMPAIRE * (*Impari pennatus*). Lorsque le petiole commun est terminé par une foliole , outre les folioles latérales (pl. XII, fig. 15). pag. 67.

PENNÉ AVEC VRILLE * (*Pennato cirrhosus*), lorsque, dans une Feuille pennée, la Foliole terminale est remplacée par une vrille (*Vesce*, pl. XXVIII , fig. 12). pag. 67.

PENNÉ BITRIFOLIOLÉ * (*Pennato trifoliatus*) , lorsque le Pétiole commun trifurqué porte trois folioles à chaque extrémité.   pag. 67.

PENNÉ SANS IMPAIRE * ou **BRUSQUÉMENT PENNÉ** (*Abrupte Pennatus*), lorsque la Feuille simplement pennée manque de Foliole terminale (pl. XII , fig. 13, 14).   pag. 67.

PENNÉ TRIFOLIOLÉ * (*Pennato trifoliolatus*) , lorsque la feuille se termine par une Foliole plus longuement pétiolulée que les autres (pl XV, fig. 8).   pag. 67.

PENNÉ TRITRIFOLIOLÉ * (*Pennato tritrifoliolatus*), lorsque le Pétiole commun, deux fois trifurqué, porte à ses dernières ramifications trois Folioles, dont la terminale est plus manifestement pétiolulée que les autres (pl. XII , fig. 19).   pag. 67.

PERFEUILLÉ * ou **PERFOLIÉ** * (*Perfoliatus*), lorsque la Feuille est comme traversée par le rameau (pl. XI , fig. 9). *Buplèvre à feuilles rondes.*   pag. 62.

PERFORÉ * (*Perforatus*) , se dit surtout des poils lorsqu'ils sont troués dans toute leur longueur (*Orties*, MALPIGHIACÉES, pl. XXVIII, fig, 4 *).   pag. 171.

PÉRICARPE. = Carpe.

PÉRIGONE. = Fleurs sans Pétals.

PERSISTANT * (*Persistens*), qui ne tombe que long-temps après d'autres organes ; ainsi les Feuilles de la plupart des CONIFÈRES ne tombent que la troisième ou quatrième année de leur existence, les Sépals des *Hellébores* qu'avec leurs Carpes , etc.   pag. 59 , 108, 130.

PÉTAL (*Petalum*), organe ordinairement demi charnu , demi transparent, presque toujours autrement coloré qu'en vert , placé dans une Fleur complète entre les Sépals et les Etamines (pl. XIV, fig. 3 , 4 , P., pl. XVI, fig. 1. P., pl, XVII et XVIII, toutes les parties de figures étiquetées P).   pag, 74, 109, 173, 175.

PÉTALOIDE * (*Petaloïdeus*) , imitant la texture et l'apparence des Pétals.   pag. 111, 130, 152.

PÉTIOLAIRE * (*Petiolaris*) , formé par les pétioles seuls , dilatés , comme dans quelques Bourgeons dont les écailles ne sont dues qu'à la dilatation de la base de cet organe.   pag. 33.

PÉTIOLE (*Petiolus*), faisceau de fibres qui s'épanouissent pour former la lame de la feuille (pl. IX, fig. 1, 4, partie étiquetée Pétiole). pag. 44, 173, 174.

PIERRE A BATIR. = Carbonate de chaux.

PIERRE A CHAUX. = Carbonate de chaux.

PIERRE A PLATRE. = Sulfate de chaux hydraté.

PISTIL (*Pistillum*), mot trop vague pour être conservé; car , **1°**, il est pris dans le sens qu'on aurait dû lui laisser , celui de CARPEL ; **2°**, il est donné à tous les Carpels d'une même fleur unis par leur Carpe ; **3°**, à ceux dont les Carpes et les Styles sont unis , et 4°, enfin aux Carpes , Styles et Stigmates unis , et alors il est pris pour un ovaire (Carpe) , un Style et un Stigmate uniques.

PIVOTANT * (*Perpendicularis*) , se dit de la racine qui descend perpendiculairement dans la terre (pl. II, fig. 8 , pl. III , fig. 3. *Radis* , *Carotte*). pag. 14.

PLANE * (*Planus*) , présentant deux surfaces sans flexion bien marquée. pag. 62.

PLANTE. = Végétal.

PLEIN * (*Plenus* , *solidus*), sans cavité au centre (d'une Tige, d'une Pédoncule). pag. 28.

PLICATILE * (*Plicatilis*) , qui est plié comme les Pétals des *Liserons* , des *Datures* , etc.

PLIÉ DU SOMMET A LA BASE *, cette plicature des Feuilles dans le Bourgeon présente deux modifications , dans l'une elle a lieu brusquement et est dite alors en *Crochet* (pl. VIII , fig. 12.) , dans l'autre elle a lieu en spirale plate ou en **CROSSE** (pl. VIII , fig. 13). pag. 34.

PLUMULE (*Plumula*) , Bourgeon formé de Feuilles placées entre les Cotylédons des LÉGUMINEUSES et de quelques autres plantes.

POCHE ou loge d'Anthère.

POIL (*Pilus*) , prolongement utriculeux plus ou moins filiforme et ordinairement mou , qui s'observe souvent sur les organes extérieurs des plantes (pl. XXVI, fig. 1 , 2, 3 , 4). pag. 169.

POILU * (*Pilosus*), garni de poils. pag. 151.

POINTU * (*Acutus*), terminé insensiblement en pointe, par la rencontre de deux lignes droites. pag, 62.

POLLEN* (*Pollen*), substance ordinairement pulvérulente, renfermée dans les poches des Anthères des végétaux (pl. XXII, fig. 26 à 30). pag. 124.

PONCTUÉ* (*Punctatus*), garni de petits points saillants ou enfoncés. pag. 64.

POSITION DES GRAINES DANS LE CARPE. *Ascendantes* (pl. XXIII, fig. 5). *Descendantes* (pl. XXIII, fig. 6, 9). *Horizontales* (pl. XXIII, fig. 10). pag. 149, 150.

PRÉFLEURAISON (*Æstivatio*), disposition qu'affectent les diverses parties de la fleur dans le bouton (pl. XIX, fig. de 1 à 10). pag. 109, 110, 117.

PRÉFOLIATION (*Prefoliatio*), disposition des feuilles rudimentaires dans le bourgeon (pl. VIII, fig. de 11 à 24). pag. 34.

PROLONGEMENTS MÉDULLAIRES, rayons utriculeux qu'on observe dans les DICOTYLÉDONÉS et partent de l'une des couches de moelle; puis se continuent à travers toutes les couches ligneuses et corticales. pag. 24.

PROPAGATION PAR GREFFE ET PAR MARCOTTE. de 36 à 41.

PROVIN. = Marcotte de la vigne : 36.

PUBESCENS * (*Pubescens*), couvert de poils mous, faibles, courts.

PULPE * (*Pulpa*), substance molle et succulente, dans laquelle se trouvent quelquefois plongées les graines (*Casse en bâton*, pl. XXIV, fig. 8

Q.

QUADRANGULAIRE * (*Quadrangularis*), présentant quatre angles et quatre faces. 18, 60.

QUATERNAIRE *, disposé quatre à quatre comme les Pétals des PAPAVÉRACÉES, des CRUCIFÈRES.

QUINAIRE * (nombre), s'applique à la disposition des parties florales propre aux DICOTYLÉDONÉS, qui ont ordinairement cinq Sépals, cinq Pétals, cinq Etamines ou leurs multiples. pag. 17.

R.

RABOTEUX * (*Scaber*), rude au toucher ou à la vue. pag. 151.

RACINE (*Radix*), Organe souterrain, qui tient à la base de la tige et croît du haut en bas par ses dernières extrémités (pl. II, fig. 8, 12 et pl. III). pag. 7, 9, 49.

RACINE ADVENTIVE *, celle qui se développe des tiges tenues à l'humidité (pl. III, fig. 2, 7, 12).

\ **RACINE AU HILE** (pl. XXVI, fig. 18, 20). 153.

RACINE EMBRYONAIRE *, celle qui existe dans la graine et s'allonge par la germination (pl. II).

RACINE INVERSE * (pl. XXVI, fig. 19). pag. 153.

RADICAUX *, poils qui naissent sur les jeunes racines, lorsqu'elles se développent dans un terrain très-poreux et légèrement humecté.

RADICULE = Racine de l'Embryon.

RADIÉES * Capitules de SYNANTHÉRÉES présentant au centre des fleurs régulières, et à la circonférence des fleurs irrégulières et déjetées toutes en dehors du Capitule (*Soleil.* pl. XX, fig. 8).

RAMEUX *, **RAMIFIÉ** * (*Ramosus*), qui se divise une ou plusieurs fois, comme les tiges de nos arbres, la plupart de leurs racines. pag. 14, 29, 58, 170.

RAMPANT * (*Repens*), étalé sur terre et y poussant des racines. 29.

RAPIFORME * (*Rapiformis*), en forme de rave (pl. III, fig. 4, 7). pag. 14.

RAYONS MÉDULLAIRES ou **PROLONGEMENTS MÉDULLAIRES**, lignes divergentes d'utricules très-serrées qui, dans les DICOTYLÉDONÉS, partent du centre du bois, et se prolongent jusque dans l'écorce (pl. IV, fig. 2). pag. 24, 26.

RÉCEPTACLE (*Receptaculum*), dilatation du Pédoncule, qui porte un certain nombre de fleurs sessiles, entourées de bractées (*Artichaut*, pl. XX, fig. 9). pag. 103.

REDRESSÉ * (*Erectus*), se dit des tiges qui, d'abord horizontales, deviennent verticales.   pag. 29.

RÉFLÉCHI * (*Reflexus*), dont le sommet se dirige en bas. 58, 170.

RÉGULIER * (*Regularis*), parties de même nature, semblables entre elles, et symétriquement formées. Les *Roses*, les *Mauves* sont régulières (pl. XIV, fig. 3. 4), les LABIÉES (pl. XXI, fig. 1, 2) ont leurs fleurs irrégulières, par la dissemblance de leurs Pétals. pag. 79.

RÉNIFORME * (*Reniformis*), large, court et échancré à la base (pl. XI, fig. 4).   pag. 59, 150.

RENFLÉ * (*Ventricosus*), présentant des évasements de distance en distance (pl. VI, fig. 5, 8. 10, 12, 13). Les *pommes de terre* sont des tiges renflées.   pag. 28.

REPLIÉ * (*Replicatus*), courbé transversalement, en sorte que le sommet est rapproché de la base, de manière à former un crochet (pl. VIII, fig. 12).   pag. 34, 150.

RESERVOIRS DE SUC PROPRE, les uns sont accidentels, d'autres en sœcum, en faisceaux, ou tubuleux. pag. 160.

RÉSINE, produit végétal non volatil, insoluble dans l'éther, soluble dans l'alcool et susceptible de brûler avec une flamme très-fuligineuse. pag. 162.

RÉSUMÉ DE LA NUTRITION. pag. 34.

RÉSUMÉ GÉNÉRAL. pag. 176.

RÉTICULÉ * ou en **RÉSEAU** (*Reticulatus*), les lames des feuilles par les ramifications nombreuses de leurs fibres sont réticulées (pl. X, fig. 2, 3). 124, 151.

RÉTUS (*Retusus*)*, légèrement échancré au sommet. pag. 62.

RÉVOLUTÉ ou révolutif* (*Revolutus*), roulé en dessous (pl. VIII, fig. 21). pag. 35.

RIDÉ *, relevé de boursouflures nombreuses, petites et inégales (*Sauge*.) pag. 63.

RONCINÉ ou en **SERPE** * (*Runcinatus*), à lobes anguleux, dont les sommets sont courbés vers la base de l'organe (Feuilles de la *dent-de-lion*, pl XI, fig. 27). pag. 61.

RONGÉ * (*Erosus, præmorsus*), entamé irréguliérement sur les bords, ou rongé transversalement (Racine de l'*Epervière rongée*). pag. 14.

RUBANÉ* (*Fasciatus*), peint de lignes de couleurs variées. p. 63.

RUGUEUX* (*Rugosus*), relevé de très-petites inégalités dues à des rides, des glandes ou des poils sensibles au toucher. pag. 63, 125.

S.

SAGITTÉ* = en flèche (pl. XI. fig. 10.).

SANDARAQUE, Résine retirée du *Thuya-articulé*. pag. 164.

SARMENTEUX* (*Sarmentosus*), tordu, allongé, flexible, noueux (*Clématite*) pag. 29.

SCABRE* = **RUDE**.

SCARIEUX* (*Scariosus*), mince, sec et bruyant, lorqu'on le frotte pag. 59. 170.

SCION (*Tales*), dernière ramification de la tige. S'applique surtout aux rameaux qui ont acquis une certaine solidité (terme employé dans la greffe). pag. 40.

SCORPIOIDE*. Inflorescence qui présente une grappe à fleurs dirigées d'un même côté, et roulée en crosse dans sa jeunesse (pl. XVI. fig. 4. 5.). pag. 104.

SEMBLABLE* (*similis*) conformé comme un autre organe de la même spire. pag. 45.

SÉPAL (*Sépalum*), spire la plus extérieure d'organes dans une fleur complète (qu'ils soient libres, pl. XIV fig. 3. ou unis, pl. XVIII. fig. 10.), abstraction faite des bractées. Cet organe est étiqueté S dans toutes les figures de cet ouvrage. Il a été nommé anciennement *phylle*, mot qui n'a pas été admis. L'ensemble des Sépals a été aussi appelé *calice*, mot qu'il faut abandonner. pag. 74. 107. 173.

SERRETÉ* = **EN SCIE**. pag. 61.

SERRULÉ* (*serrulatus*) très-finement denté en scie. pag. 61.

SÉTACÉ * (*setaceus*). Extrèmement étroit, très-long, avec une certaine rigidité.   pag. 60.

SÈVE (*lympha*). Eau contenant en solution ou en suspension des matières terreuses, animales et végétales. Elle est absorbée par les racines et accidentellement par les Feuilles, circule dans la plante, s'élabore surtout dans les feuilles et redescend (surtout de nuit) pour aller nourrir les Racines, qui rejettent au dehors les matières qui pourraient être nuisibles au végétal.   pag. 49.

SILICE. ⚌ Oxide de silicium.   pag. 47.

SILICULE (*silicula*) et SILIQUE (*siliqua*), capitel de deux carpes ablamellaires qui caractérise les CRUCIFÈRES et dont les bords prolongés en cloisons membraneuses unies le divisent en deux cavités, renfermant chacune deux rangées de graine. La *silicule* ne diffère d'ailleurs de la *silique* que par la brièveté.

SIMPLE * (*Simplex*), se dit d'une tige qui ne se ramifie pas (*Palmier*) ou d'une feuille, quelque divisée qu'elle soit, pourvu que les parties qui la constituent ne présentent aucune articulation. p. 14, 45, 29, 101, 170.

SINUÉ * (*sinuatus*) bords de feuilles ou autres organes planes qui présentent des échancrures.   pag. 61.

SOL ARGILEUX, ⚌ Silicate d'aluminium impur.

SOMMEIL DES FEUILLES, position nocturne des Feuilles, surtout des folioles de feuilles composées. Cette diversité d'attitude des folioles est surtout visible dans quelques LÉGUMINEUSES (*Robinier, Faux-acacia, Gleditschia, sensitive.*)

SOMMET (*Vertex, cacumen*), extrémité libre de la Feuille, de la Racine, etc. Dans quelle position que l'organe se présente.

SOUCHE, portion souterraine des Tiges et Racines principales.

SOUDÉ* ⚌ UNI et dans quelques cas **ADHÉRENT**, deux mots très-différents.

SOULIGNEUX* un peu ferme et presque herbacé (*Douce-Amère*).

SOUTERRAIN * (*Subterraneus*), qui habite sous terre ou sort de la terre (*Tiges, Bourgeons*, etc.).   pag. 29, 33, 36.

SOYEUX * (*Sericeus*), brillant par la présence de poils fins, serrés, et appliqués.

SPATHE ⎓ Bractée enveloppant ordinairement plusieurs fleurs (pl. XV. fig. 6.). *Ail, Oignon, Gouet*, PALMIERS,

SPATULÉ * ou **SPATHULÉ** * (*Spathulatus*), étroit en bas et s'élargissant graduellement vers le sommet. pag. 60.

SPHÉRIQUE * (*Sphœricus*) arrondi en globe.   pag. 150. 154.

SPIRALÉ * (*Spiralis*) s'enroulant autour des corps comme les tiges des *Haricots*. pag, 29., ou disposé en spire. Les feuilles ont toujours cette disposition, si elles ne sont pas opposées, et même dans ce cas la spire est double.

SPIRE (*Spira*). On donne ce nom à chaque tour complet d'un tire-bouchon, qui peut avoir un nombre déterminé de spires. 74. 114. 121.

SPIRILLE. Animalcule microscopique nouvellement observé dans les globules de Pollen des MOUSSES, des HÉPATIQUES, des CHARACÉES. Cette découverte, toute récente encore, vient d'être confirmés par les observations microscopiques de M. G. *Thuret*, faites à Lyon en juillet 1840. pag. 125.

SPONGIEUX * (*Spongiosus*) lacuneux et compressible. pag. 28.

SPONGIOLE (*Spongiola*), dernière extrémité mince et capillaire d'une racine, par laquelle s'introduisent l'eau et les corps inorganisés qui servent à la nourriture de la plante (pl. V, fig. 6 SP,). pag. 49.

SPONTANÉ * (*Spontaneus*). Qui croît sans culture. Les plantes de l'Europe sont spontanées pour les Européens ; celles des quatre autres divisions du globe sont exotiques pour nous.

STIGMATE (*Stigmata*), masse d'utricules nues qui termine le style (pl. XXI. fig. 3. C") ou le borde (pl. XXI. fig. 8. 9. C.). p. 127. 131.

STIPE (*Stipes*). Tige des champignons, et rameaux-feuilles (ou annuels) des FOUGÈRES, surtout européennes (pl. VI. fig. 9, pl. VII. fig. 7, 8. pl. VIII. fig. 8.)

STIPELLE (*Stipella*), Petits appendices ordinairement étroits et pointus, que l'on observe quelquefois à la base des folioles ou des pétiolules (*Robinier hispide*.).

STIPULACÉ * (*Stipulaceus*), écailles d'un bourgeon formé par les stipules (*Tulipier*, pl. VIII. fig, 6 F").

STIPULE (*Stipula*), les stipules sont des appendices le plus souvent foliacés qui accompagnent souvent la base du pétiole (pl. IX. fig. 4. 7), ou leur sont unis, etc. (pl. IX. fig. 5).   pag. 44, 173, 175.

STOLON (*Stolo*), rameau couché qui part de la portion de tige souterraine et pousse des racines adventives (*Rosiers, Fraisiers*).

STOMATE (*Stomata*), vides que laissent entre elles les utricules de la cuticule, lesquels sont ouverts à la lumière, fermés à l'obscurité, et au moyen desquels s'opère la transpiration aqueuse et la sortie des gaz de la plante (pl. I. fig. 5. 6. 7).   pag. 4, 5, 43, 46.

STRIÉ * (*Striatus*), présentant des lignes longitudinales alternativement creuses et saillantes.   pag. 63.

STYLE (*Stylus*), filament plus ou moins long qui sépare le carpe du stigmate et est formé par les bords (unis ou libres) de ce même carpe (pl. XVII. fig. 10 C' pl. XXI. fig. 3 C').   pag. 127, 129, 174, 175.

STYLÉ * (*Stylatus*), carpe terminé par un style qui porte le stigmate, et carpe dont le style est persistant (*Pois, Haricot.*).   pag. 132.

SUB *, préposition employée dans le sens de *presque* (sub cordiforme ⊐ presque en cœur, etc.).

SUBÉREUX (*Suberosus*), qui approche de la texture du *liége*. p, 17,

SUBULÉ * (*Subulatus*) ou **EN ALÈNE**. Etroit, rigide et très-pointue (*Genévrier commun*).

SUCCULENT * (*Succulentus*), tendre, aqueux et s'écrasant facilement.   pag. 28.

SUÇOIRS (*Haustoria*). Renflements utriculeux, qui se développent sur les tiges des *Cuscutes*, du *Lierre*, et au moyen desquels ces plantes fixent leurs tiges sur les autres plantes, et en absorbent le suc. 176.

SUCRE (*Saccharum*), matière végétale blanche, cristalline, soluble dans l'eau et l'alcool, et se décomposant rapidement en alcool et en acide carbonique, s'il est en contact avec un ferment et une température appropriée.   pag. 168.

SUJET, voir l'article Greffe.   pag. 37.

SULFATE DE CHAUX, combinaison de l'eau à l'acide sulfurique et à l'oxide de calcium. Cette matière saline est presque toujours mélangée avec des substances qui lui sont étrangères.

SUPERVOLUTIF * (*Supervolutivus*), surface plane, dont les bords sont roulés en dessus   pag. 35.

SURFACE DE LA GRAINE, quoique souvent très-lisse et d'une apparence imperméable elle est cependant très-propre à l'absorption. 150.

SYMÉTRIE (*Symmetria*) Proportion et rapport de grandeur et de figure que les parties d'un corps ont entre elles et avec l'ensemble. — C'est dans la fleur que l'on observe surtout une symétrie parfaite; elle existe même dans celle qui semble la plus irrégulière. Ses parties y sont dans une telle proportion, tant de variété s'y joint à tant de régularité dans les deux moitiés prises verticalement, que l'on ne peut la contempler sans éprouver tout le plaisir que fait naitre une parfaite harmonie. Ces effets résultent de *l'égalité et l'alternance.* Par la première les organes de même ordre sont disposés en une courte spire, dont chacun d'eux occupe une partie égale; ils ont dans chaque fleur la même forme et la même grandeur; un Sépal ressemble à un Sèpal, un Carpel à un Carpel : développés dans le même espace avec les mêmes moyens, ils ont dû prendre le même accroissement. Les diverses spires d'une fleur possèdent le même nombre d'organes : s'il y a cinq Sépals, il y a autant de Pétals, autant d'Étamines, ou leurs multiples.

L'alternance est aussi générale que l'égalité, elle semble destinée à corriger la monotonie des effets que celle-ci produirait, si elle agissait seule. La seconde spire d'une fleur est alterne avec la première, la troisième avec la seconde, et ainsi de suite, quel que soit le nombre des spires, et celui des organes dont elles sont formées. Dans ces séries de groupes alternes, si les organes du même nom se multiplient, leur disposition entraine encore la variété. La nature écarte encore l'uniformité, en employant tantôt une spire de chaque organe, tantôt deux, trois, quatre ou davantage; et dans chacune des spires elle développe tantôt cinq Pétals, tantôt quatre ou deux ou trois.

Les fleurs ne méritent donc pas seulement de plaire aux regards par l'aspect nuancé de leurs couleurs, elles occupent la pensée par l'étude profonde de leur symétrie.

Il est des fleurs qui semblent n'être pas symétriques, cependant les plus irrégulières présentent encore une régularité parfaite. Dans ce cas la moitié de la fleur est parfaitement conforme à l'autre. Les PERSONÉES, les LABIÉES présentent des fleurs qui semblent n'avoir aucune symétrie et cependant si on les divise en deux parties égales au moyen d'une section qui passe par la dorsale des Carpels, ces deux moitiés seront parfaitement semblables.

La connaissance des lois de la symétrie est une partie importante de la théorie générale : elle est du plus grand secours pour l'explication des phénomènes qui semblent sortir de l'ordre régulier et dont la singularité embarrasse souvent l'observateur. La Symétrie fait reconnaître les organes qui ont subi des altérations, des mutations ; elle indique ceux qui ne se sont pas développés, et les fait retrouver au moyen de leurs plus faibles traces.

T.

TABLIÉ (*Labellum*) = Pétal inférieur des ORCHIDÉES.

TACHETÉ * (*Maculatus*) présentant de petites taches diversement colorées. pag. 65.

TAILLE DES ARBRES. Enlèvement des branches, des bourgeons, ou des fleurs inutiles à une plante. pag. 21. 42.

TÉRÉBENTHINE (*Térébenthina*), suc résineux, propre aux CONIFÈRES. pag. 164.

TERMINAL* (*Terminalis*), qui finit un rameau. pag. 130, 132. L'inflorescence terminale est celle dont la fleur du sommet s'ouvre la première.

TERNAIRE*. Ce nombre s'applique à la disposition des organes floraux dans les MONOCOTYLÉDONÉS.

TERRAIN ARGILEUX, forme avec l'eau une pâte onctueuse, qui se vitrifie à demi par la calcination.

TERRAIN CALCAIRE, celui dans lequel le carbonate de chaux domine. On le reconnait par l'effervescence qu'un acide produit sur lui. pag. 47.

TERRAIN SILICEUX, mélangé à l'eau il n'a aucune cohérence, de petits graviers se précipitent aussitôt; le liquide se clarifie très-vite.

TERRE (*Terra*), mélange pulvérulent de carbonate et de sulfate de chaux, de silicate d'aluminium, d'oxide de silicium et de quelques autres matières, provenant soit du sol, soit des débris végétaux et animaux. pag, 41.

TERRE A BRIQUE, TERRE A POTERIE, TERRE GRASSE, = SILICATE D'ALUMINIUM, pag. 47.

TERREAU, terre obtenue par la décomposition de végétaux et d'animaux, pag. 47.

TEST. ⊐ **EXODERME.**

THALAMIFLORE. ⊐ Plantes à filets libres.

THÉORIE (*Theoretica*). C'est le jugement des faits observés. Ces faits bien jugés font soupçonner de nouveaux faits et conduisent à leur découverte. La théorie doit donc être le fil conducteur du genre humain dans la recherche des phénomènes que nous ne pouvons atteindre ; elle est le fanal des découvertes.

TIGE (*Caulis*), partie de la plante qui part du collet, le plus souvent se divise et forme les rameaux, organisés comme elle, et porte les feuilles, les fleurs et les fruits. (pl. IV, fig. 1, 2, 3, 4, 9, pl. V, fig. 1, 2, 3, 4, 7, et pl. VI), pag. 7, 15.

TIGE DE DICOTYLÉDONÉS, formée *d'écorce*, dont une couche s'ajoute annuellement à la face interne ; de *couches ligneuses*, annuellement superposées près de la couche corticale de l'année, de *prolongements médullaires*, qui rayonnent de la moelle jusqu'à l'écorce, qu'ils traversent aussi. En conséquence, chaque tige et toutes ses ramifications, acquièrent chaque année un cône de bois et un cône d'écorce, qui sont chaque année séparées par une nouvelle couche ligneuse et une nouvelle couche corticale (pl. IV), pag. 17.

TIGE DE MONOCOTYLÉDONÉS, point de couches ligneuses ni corticales, ni prolongements médullaires ; accroissement par l'extrémité, (pl. V), pag. 25, 26, 27.

TIGES SOUTERRAINES, sont souvent prises pour des racines, (pl. III, fig. 2, T. 12. T, pl. VI, fig. 6, 7. 8, 9, 10, 12, 13.) pag. 15.

TOMBANT, * s'applique aux organes foliacés qui tombent à l'approche des frimats, pag. 59, et aux sépals des **AMYGDALÉES** après la fleuraison, pag. 59, 130.

TOMENTEUX * ou cotonneux, (*Tomentosus*), couvert de poils longs et entrelacés, pag. 64.

TORUS, ⊐ Intermède.

TRACHÉES, faisceaux plats de fibres roulées en spirale et enveloppés par une membrane (pl. I. fig. 8, 9, 10). pag. 6.

TRANSPLANTATION, pag. 12.

TRIANGULAIRE, * (pl. XI, fig. 23), pag. 28, 60.

TRIFURQUÉ,* poils ou autres organes à trois embranchements, 170.

TRIPENNÉ *·(*Tripennatus*), lorsque le Pétiole se divise trois fois, et que la dernière ramification porte les folioles disposées sur deux rangs, pag. 66.

TRIQUÈTRE * (*Triqueter*), à trois faces séparées par trois angles, et dont la coupe transversale serait un triangle, pag. 63.

TRISANNUEL * (*Triennis*) , plante qui existe pendant trois ans et meurt.

TRITERNÉ ou triplement trifoliolé (*Triternatus*), lorsque le pétiole présente trois trifurcations , et qu'au bout des pétiolules sont autant de folioles (pl. XII , fig. 19.)

TRON (*Troncus*), axe aérien , duquel partent les ramifications primaires. Nos arbres sont dénudés de branches jusqu'à une certaine hauteur, parce qu'ils sont trop rapprochés dans les forêts , et que les branches périssent, manque de lumière ; ou bien parce que nous leur ôtons continuellement toutes les branches qui se développent dans le bas.

TRUNQUÉ * (*Truncatus*), qui se termine brusquement par une ligne horizontale.

TROUÉ (*Perforatus*), lorsque le réseau fibreux n'est pas complètement rempli et recouvert par les utricules. Ce cas est rare. (*Ovirandra fenestralis*, famille des **NAYADÉES**). On s'est servi à tort de cette expression pour les feuilles des *Millepertuis*, qui par la transparence des glandes dispersées dans le parenchyme , semblent avoir des feuilles trouées.

TUBE des *Sépals, des Pétals*, etc., formé par l'union des bords des organes d'un même ordre (pl. XVIII, fig. 10), ou ces deux spires d'organes ont chacune un tube qui est couronné par les lames (libres) des cinq Sépals et des cinq Pétals, pag. 108. (**PRIMULACÉES, LABIÉES**).

TUBERCULÉ * (*Tuberculatus*), relevé de petites inégalités comme verruqueuses.

TUBÉREUX * (*Tuberosus*), inégalement renflé ; se dit des tiges , des racines (pl. III, fig. 9.), pag. 14. Ces renflements présentent diverses modifications. — **TUBÉREUX GRUMELÉ** , * présentant de petits renflements nombreux (pl. III, fig. 8), pag. 14. — **T. INDIVIS**, se dit des racines tubéreuses simples. (pl. III, fig. 9.) — **T. PALMÉ**, si l'organe présente des divisions qui ressemblent à la main (pl. III , fig. 10.) pag. 14.

TUNIQUÉ * (*Tunicatus*), bourgeon souterrain de la plupart des **LILIACÉES**, dont la base persistante des feuilles , qui était très-large, fait presque toujours un tour (pl. VI, fig. II et VIII , fig. 9), pag. 32.

TURBINÉ * ou en toupie, (*Turbinatus*), mince dans le bas, et s'évasant graduellement, pag. 28.

U.

UNI * (*Junctus*), nous employons ce mot dans le sens de collé, ou soudé par le bord, et nous ne l'appliquons qu'aux organes d'un même nom. Ainsi les Sépals sont *unis* dans les œillets, ils sont *libres* dans les *Renoncules*, ils sont *unis* et *adhérents* dans les **POMACÉES**, pag. 45, 62, 108 , 112 , 131.

UNION DES CARPES, pag. 140.

UNION DES ÉTAMINES, pag. 119 , 123.

UTRICULE (*Utricula*), on donne ce nom à ces sacs membraneux sans ouverture connue, de grandeur et de forme très-variées, qui, répandus dans toutes les parties du végétal, servent à la circulation de la sève, à la nutrition (pl. l, fig. 1 , 6), pag. 3.

V.

VAISSEAU. ⚌ **FIBRILLE.**

VALVAIRE. ⚌ **BORD A BORD**, se dit surtout des organes floraux laminés, lorsque avant leur épanouissement les bords s'affleurent (Sépals des **MALVACÉES**, pl. XIX, fig. I.)

VALVE (*Valva*), partie séparable d'un carpel à sa maturité, (pl. XXV, fig. 8, 9, 21.)

VÉGÉTAL (*Planta*), corps organisé privé d'instinct, de sensibilité, de locomotilité, et qui conséquemment est réduit à la vie organique. pag. 2. — On nomme **VÉGÉTAL UTRICULÉ** celui qui n'est formé que d'utricules (HÉPATIQUES MOUSSES, pl. I, 6, 7.) pag. 3. — Le **VÉGÉTAL FIBRÉ** est composé de fibrilles et d'utricules qui les unissent entre elles; tous les **VÉGÉTAUX DICOTYLÉDONÉS** et **MONOCOTYLÉDONÉS.** pag. 5, 17, 26.

VÉGÉTATION (*Vegetatio*), ensemble des fonctions d'un végétal, depuis le moment où il commence à germer, jusqu'à ce qu'il meure.

VELOUTÉ * (*Velutinus*), couvert de très-petits poils droits, serrés, doux au toucher, mais sans éclat, pag. 63.

VELU * (*Villosus*), parsemé de poils épars plus ou moins longs (opposé à glabre). pag. 63.

VERRUQUEUX * (*Verrucosus*), relevé de saillies plus ou moins grosses, portant elles-mêmes de petites inégalités. pag. 64.

VERTICILLE, VERTICILLÉ * (*Verticillus Verticillatus*), se dit des feuilles, des rameaux, lorsqu'ils naissent en cercle sur un même plan (*Laurier-Rose*).

VÉSICULAIRE *, se dit des glandes lorsqu'elles ressemblent à des vésicules. pag. 159.

VISQUEUX * (*Viscosus*), couvert d'une exsudation gluante (*robinier gluant*). pag. 64, 125.

VIVACE * (*Perennis*), plante qui existe indéfiniment, en perdant chaque année ses parties aériennes. pag. 14.

VOLUBILE * (*Volubilis*), spiralé en tire-bouchon. (*Liserons*).

VRILLE (*Cyrrha*), prolongement mou, filiforme, spiralé, qui s'enroule autour des corps qu'il rencontre, et qui est dû à la déformation d'un grand nombre d'organes. (pl. XXVIII, fig. 10). pag. 176.

NOMS VULGAIRES

DES

PLANTES ET DES FAMILLES

RAPPORTÉS AUX NOMS LATINS.

A.

B.

C.

(1) On donne très-vaguement le nom de chardon à des plantes qui n'ont aucun rapport avec ce genre.

D.

E.

G.

H.

I.

J.

K.

L.

M.

O.

P.

S.

T.

U.

V.

X.

Y.

FIN.

ERRATA.

Pag. Lign.

13   30 lisez Radis au lieu de *Radix*.

14   7 *id.*

27   24 après *jardins* , ajoutez une virgule.

28   37 lisez Polygone au lieu de *Polygonée* et ajoutez une virgule avant Persicaire.

32   24 après *Viorne* effacez la virgule.

35   9 lisez Alternativement au lieu d'*oppositivement*.

61   10 avant *pennée* effacez la parenthèse et transportez-la après *pennée*.

62   29 lisez bien au lieu de *bie*.

64   6   gros au lieu de *gras*.

81   34 2ᵉ colonne , effacez le point après Narcisse.

87   6 2ᵉ colonne , lisez Myricaire au lieu de *miricaire*.

87   11 2ᵉ colonne ,   anthrisque au lieu de *anthérisque*.

87   13 id.   Berce au lieu de *Berle*.

91   6 2ᵉ   Nyctage au lieu de *nychtage*.

121 34 après Carpel ajoutez une virgule.

129   manque de pagination.

139 19 lisez Mélèzes au lieu de *Méleses*.

155 ·3 avant *œillet* ajoutez : et fixé par un point de l'une de ses faces.

189 35 après Pins ajoutez une virgule.

193 22 lisez Louisiane au lieu de *Louiciane*.

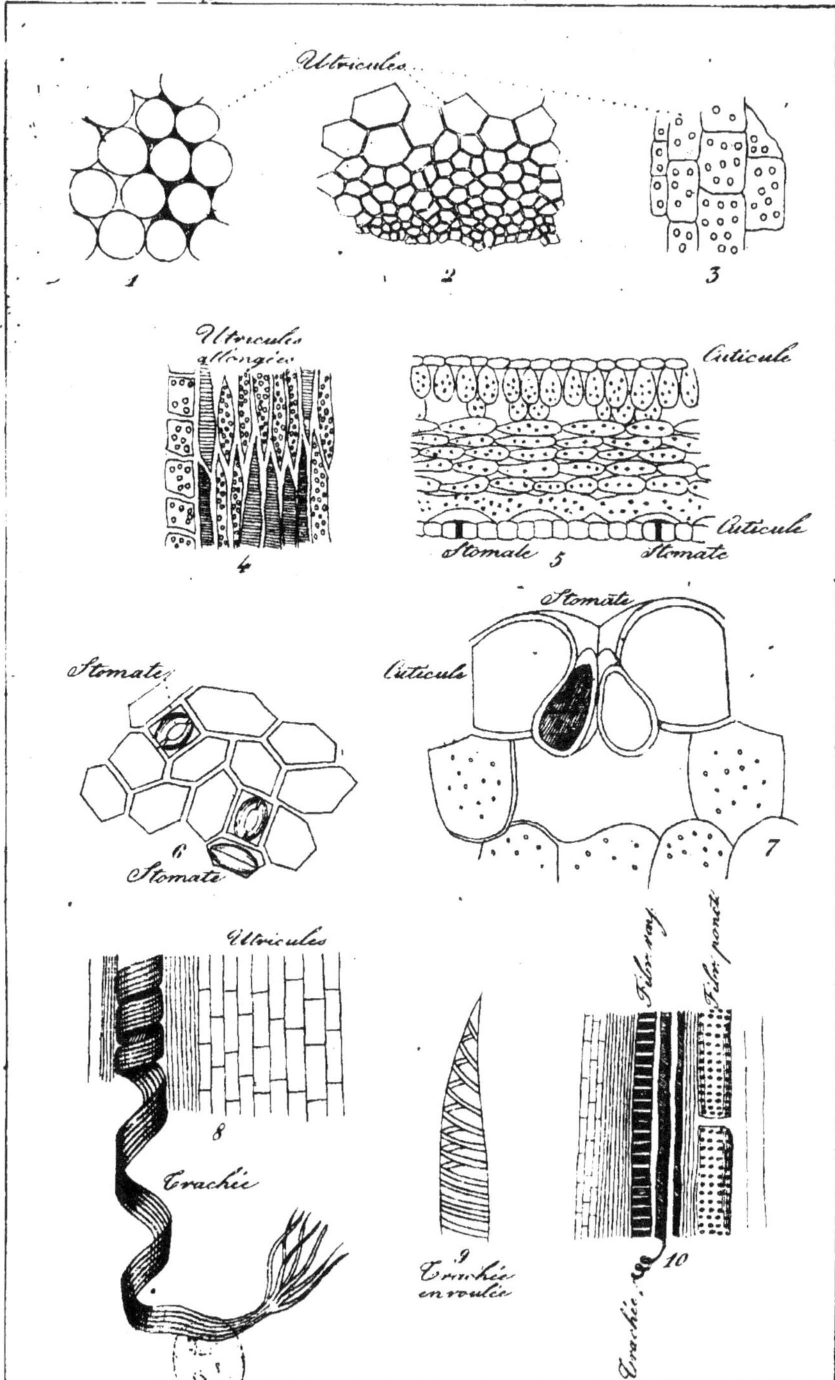
Utricules
1
2
3
Utricules allongées
Cuticule
4
5
Stomate
Stomate
Cuticule
Stomates
6
Stomate
Stomate
Cuticule
Utricules
8
Trachée
9
Trachée enroulée
Fibr. ray.
Fibr. ponct.
10
Trachée

ORGANES ÉLÉMENTAIRES.

(Ces figures ont été faites d'après de forts grossissements.)

1. Utricules qui n'ont éprouvé aucune pression et entre lesquelles les intervalles ou méats sont très-distincts.
2. Utricules déformées par leur pression mutuelle et dont les intervalles sont peu distincts.
3. Utricules fortement pressées les unes contre les autres, dont les méats sont invisibles et qui renferment des granules amilacés.
4. Utricules alongées, jointes à quelques autres de forme cubique. Toutes contiennent des granules.
5. Coupe transversale d'une feuille de *Lis blanc*, présentant en dessus la couche d'utricules formant la cuticule, en bas la cuticule de la face inférieure, sur laquelle s'observent des stomates; entre ces deux couches extérieures sont des utricules oblongues, séparées souvent par de grands méats.
6. Utricules très-grossies, avec des méats distincts. Trois d'entre elles sont munies de stomates, dont deux sont ouverts (comme ils le sont à la lumière); le troisième ou inférieur est fermé (comme ils le sont à l'obscurité).
7. Coupe verticale d'utricules très-grossies, dont la couche supérieure présente la cuticule et un stomate.
8. Utricules de diverses grandeurs, fortement pressées les unes contre les autres et entourant une trachée qui s'est déroulée.
9. Trachée très-grossie, encore enveloppée par la membrane, qui la tient roulée en spirale.
10. Coupe longitudinale d'un végétal fibré, présentant des utricules pressées les unes contre les autres, dont les méats sont invisibles et qui enveloppent des trachées, des fibrilles ponctuées et des fibrilles rayées.

GRAINES.

(Les figures 5, 6, 7, 10, 12, 13, 14, 15 sont grossies.)

DICOTYLÉDONÉS.

1. Graine de *Féve*, enveloppée de son derme. (**H.**), Hile. (**R.**) Racine soulevant le derme.
2. La même privée de son derme. (**COT.**) cotylédons. (**R.**) Racine.
3. La même aussi privée de son derme, l'un des cotylédons est enlevé pour mettre à découvert le premier bourgeon de la plante. (**R.**) Racine. (**COT.**) Cotylédon.
4. Féve présentant son embryon en germination, son derme déchiré par la racine. (**R.**) Ces quatre figures ont l'embryon courbé.
5. Embryon annulaire, renfermant l'albumen.
6. Coupe longitudinale d'un fruit de *Belle de nuit* grossi. (**S.**), base persistante du tube des sépals. (**Y.**) Embryon courbé entourant l'albumen (**A.**).
7. Fruit de *Belle de nuit*, comme la figure 6. (**T.**) portion de tige. (COLL.) Collet, (**R.**) Racine.
8. Germination de la même plante, plus avancée. (**COT.**) Cotylédons. (**T.**) Tige. (**R.**) Racine. (COLL.) Collet.
9. Graine de *Ricin* de grandeur naturelle.
10. La même, coupée en long et grossie. (**R.**) Racine. (**COT.**) Cotylédons.
11. Graine de *Courge* pour montrer les trois membranes du derme. Extérieurement l'exoderme, intérieurement l'endoderme, et entre elles deux le mésoderme ; en haut se voit l'embryon à nu.

MONOCOTYLÉDONÉS.

12. Germination de *Glorieuse*. (**G.**) Graine. (**R.**) Racine. (**COT.**) Cotylédon. (COLL.) Collet. (**F.**) Feuille.
13. Carpel d'*Orge éventail*. (**C.**) Carpel. (**C.**) Portion du stigmate. (**Y.**) Embryon, dont on a enlevé une portion du carpel et du derme.
14. Embryon de la même. (**COT.**) Cotylédon. (**R.**) Racines encore enveloppées (très-grossies).
15. Carpel d'orge éventail coupé en travers (**A.**) Albumen, (**COT.**) Cotylédon. (**R.**) Racine.
18. Embryon droit (**Y.**), dans l'albumen (**A.**).

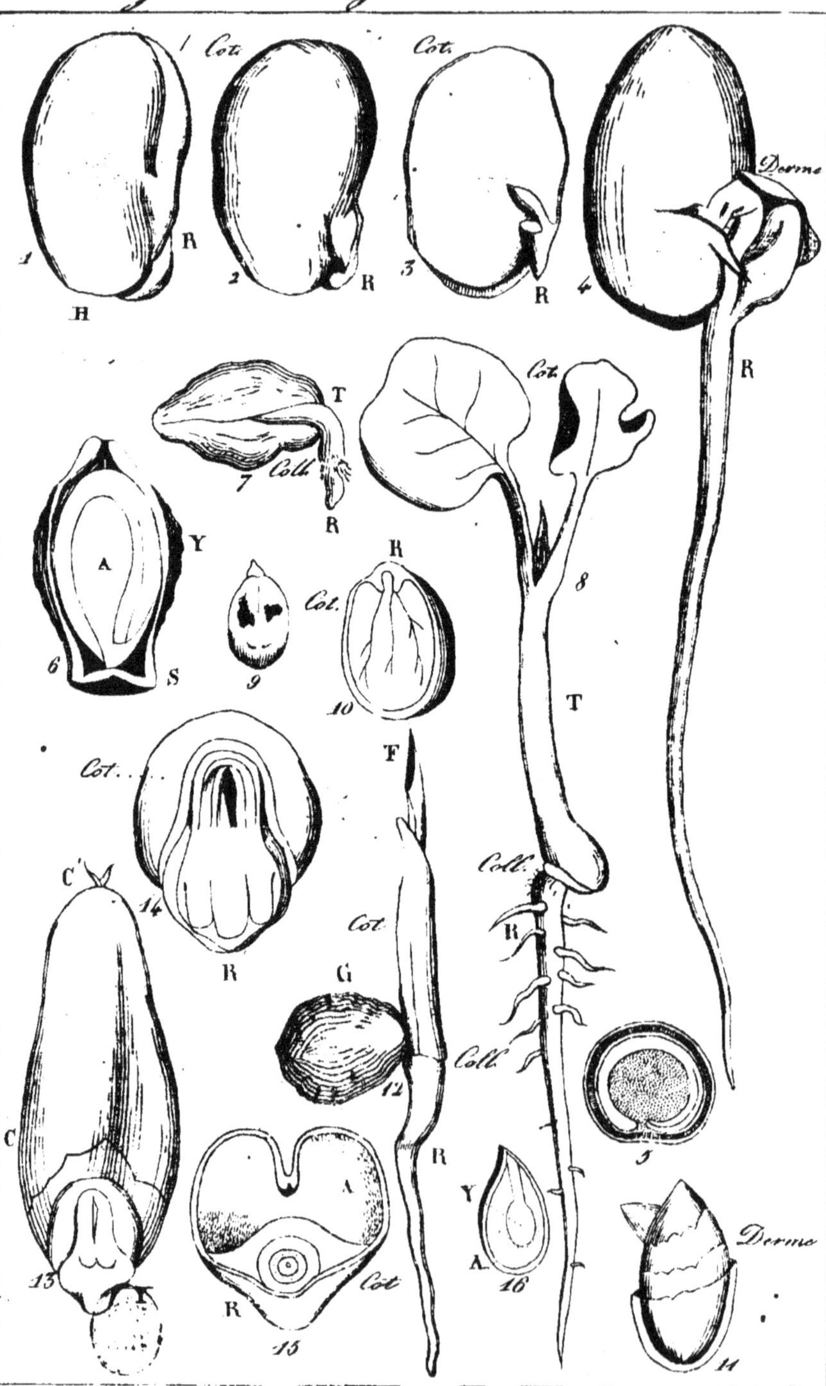
1 Cot.
Cot.
Derme
H
R
R
R
R
T
Coll.
R
Cot.
Y
A
R
8
6
S
Cot.
R
9
10
T
F
Cot...
Coll.
C'
R
14
Cot.
R
R
C
G
Coll.
12
5
R
Y
A.
13
A
16
Cot.
R
15
Derme
11

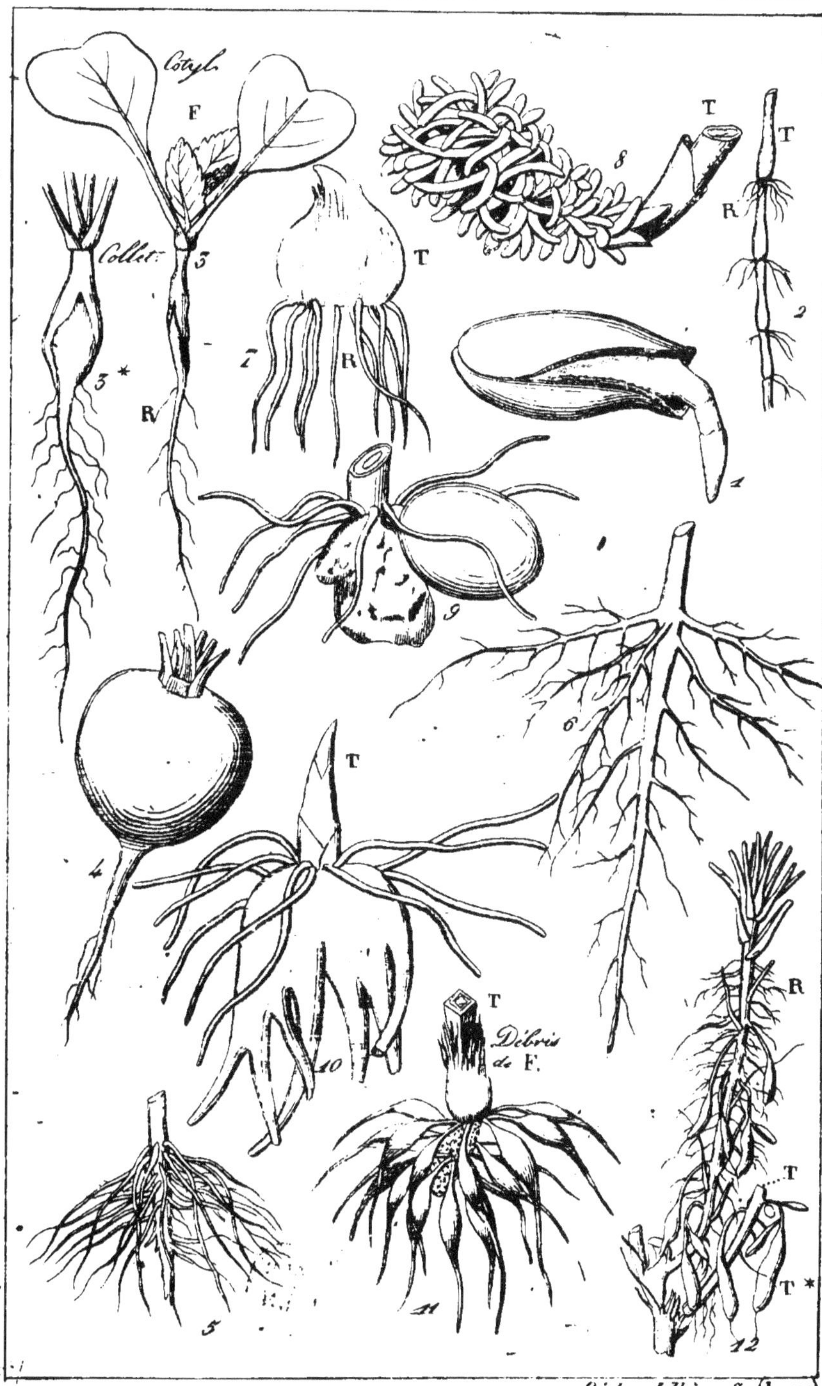

Racines
Pl. III.
Cotyl.
F
Collet.
3
R
3 *
R
1
R
T
8
T
T
R
2
T
9
6
T
Débris
de F.
10
R
4
T
5
11
T *
12
Déchaud Frères Sc. (Lyon)

—

RACINES.

1. Racine naissant d'une graine, dont la germination commence.

2. Racine adventive, ou naissant de la tige déjà développée. (T.) Tige.

3. Germination avancée du *Radix*. (R.) Racine principale pivotante avec ses ramifications. (COT.) cotylédons. (F.) Feuilles.

3* La même un peu plus avancée en âge, et dont le déchirement de la gaîne est plus avancé.

4. Racine du *Radix rond* très-développée.

5. Racine rameuse.

6. Racine plusieurs fois très-ramifiée.

7. Iridée à tige renflée (T.) et à racines non divisées (R.).

8. Racine tubéreuse grumelée (*Nid-d'oiseau.*) (T.) Tige.

9. Racines tubéreuses-géminées ovoïdes, et racines fibreuses non ramifiée, (quelques ORCHIDÉES.) (Celle qui se fane est de l'année précédente.).

10. Racines tubéreuses-palmées, et racines fibreuses non ramifiées. (T.) jeune tige qui se développe (quelques ORCHIDÉES.)

11. Racines tubéreuses en faisceau, mais non pivotantes. (T.) Tige. (Débris de F.) Débris de feuilles.

12. Tiges souterraines et racines du *Liseron Patate*. (R.) Racines filiformes. (T.) Tige non renflée. (T*.) Tiges jeunes renflées. (Patates) (F.) Base des feuilles coupées.

DICOTYLÉDONÉS.

1. Figure idéale, pour faire comprendre l'emboitement successif de l'écorce et du bois. Elle offre la coupe d'une tige de 2 ans, formée de deux gaines d'écorce s'ajustant de l'extérieur à l'intérieur, et de deux couches de bois, dont la formation a lieu de dedans en dehors. Les couches corticales ont leurs utricules extérieurement aux fibres de cette même année. L'inverse a lieu pour le bois.

2. Coupe transversale et longitudinale d'une portion de tige ligneuse de dicotylédoné. Extérieurement l'écorce formée par dix gaines corticales très-rapprochées, indistinctes. En dedans dix couches ligneuses numérotées d'après leur ordre annuel de formation, de l'intérieur à l'extérieur. Les lignes qui rayonnent du centre vers la circonférence sur la coupe transversale sont les prolongements utriculaires, que l'on retrouve en plaques foncées sur la coupe en long.

3. Fragment d'écorce, présentant deux bourgeons à feuilles, et en outre des traces ovales transversalement, qui sont des *Lenticelles*.

4. Lenticelles ovales dans le sens longitudinal.

5. Coupe longitudinale d'une graine, présentant un embryon dicotylédoné courbé, renfermé dans l'albumen.

6. Embryon dicotylédoné privé de ses enveloppes. (**R.**) Racine. (**COT.**) cotylédons.

7. Très-jeune dicotylédoné légumineux. (**R.**) Racine. (**F. COT.**) Feuilles cotylédonaires. (**F. SIMPL.**) *Lisez* feuille composée à une seule foliole. (**F. COMP.**) Feuille composée à plusieurs folioles.

8. Feuille à fibres ramifiées et pennées.

9. Feuille à fibres palmées.

10. Fleur de Crucifère (**S.**) Sépals libres et en nombre quaternaire, ainsi que les Pétals (**P.**)

11. La même, dont on a détaché les sépals et les pétals, afin de montrer les étamines libres entre elles et non adhérentes avec un autre rang d'organes. Au centre sont deux carpels unis, dont on découvre une partie du style et tout le stigmate.

12. Fleur dont les sépals (**S.**) sont unis par leur base, pétals (**P.**) adhérents aux sépals, ainsi que les étamines (**E.**). Au centre les carpels unis (**C.**). La fleur, coupée longitudinalement, montre le point où sont fixés les cordons nourriciers des graines. En outre un bourrelet charnu, non adhérent aux carpels, mais entourant leur base, est l'intermède.

13. Étamines (**E.**) adhérentes au tube des pétals (**P.**). avec lesquels elles alternent.

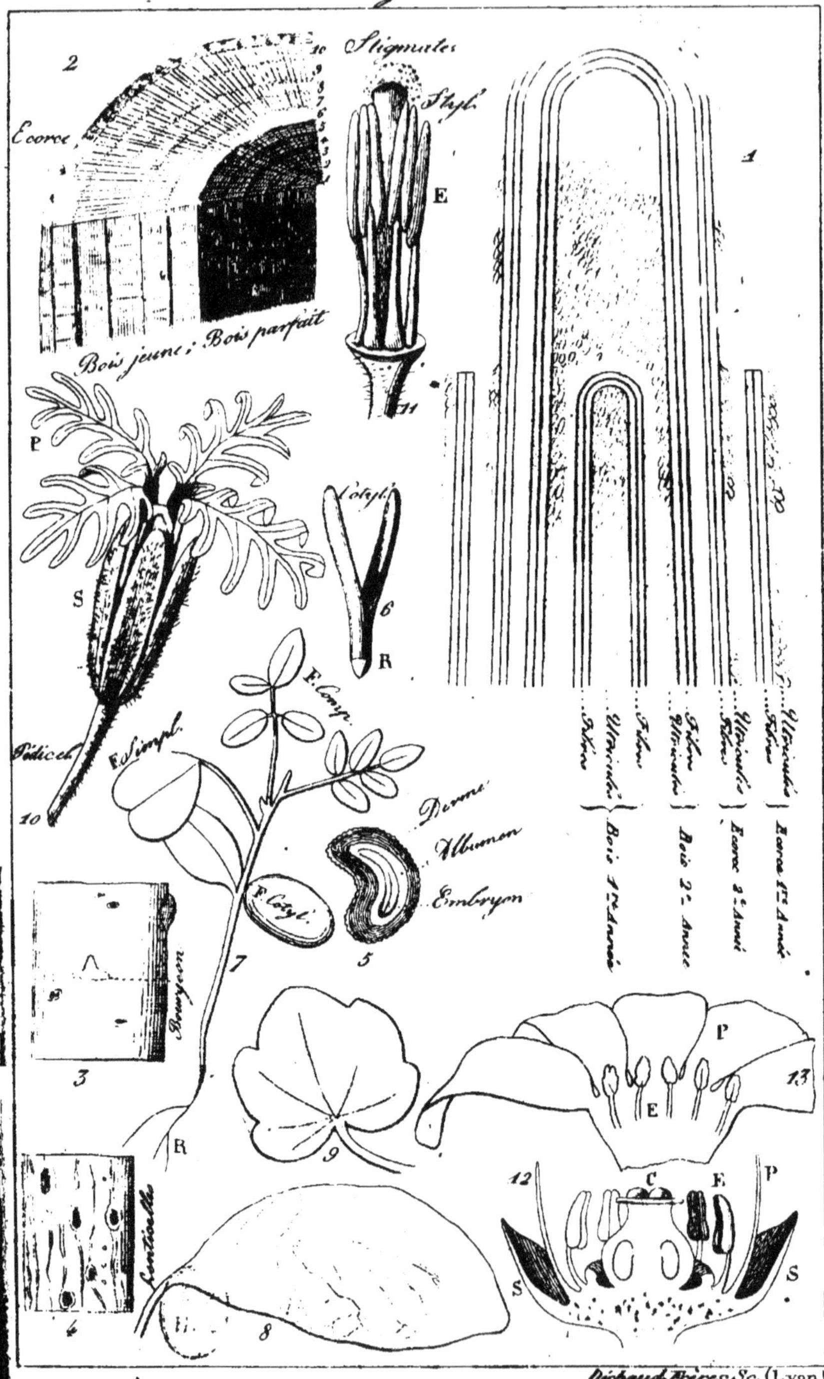

Déchaud Frères Sc. (Lyon)

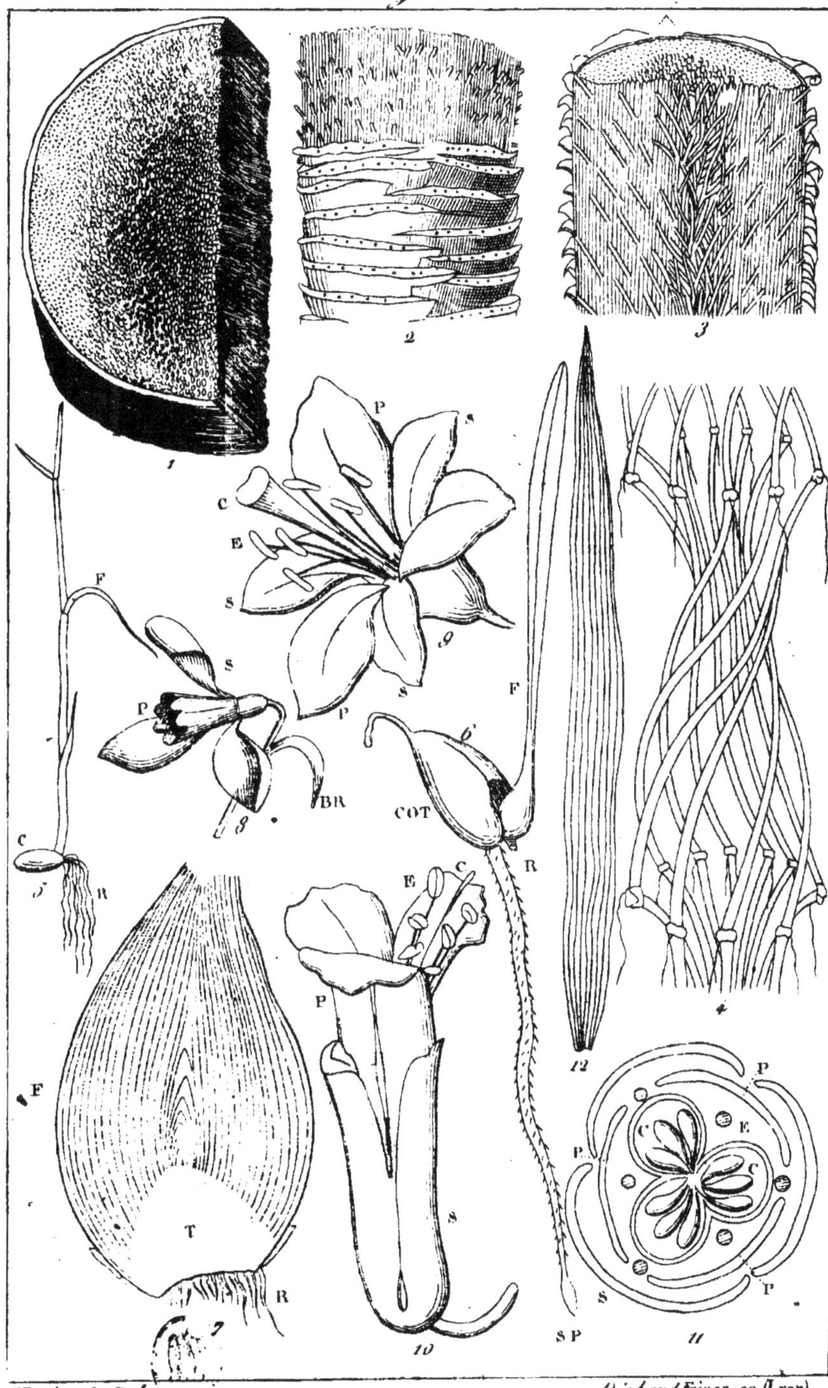
Heyland Del.
Déchaud Frères. sc. (Lyon)

—

MONOCOTYLÉDONÉS.

1. Coupe transversale et longitudinale de tige de *Yucca*.

2. Tige de *Yucca*. En bas, les cicatrices qu'ont laissées les feuilles, tandis que dans le tiers supérieur cette base a été déchirée, et il ne reste plus que le bout de quelques fibres.

3. Coupe longitudinale d'une tige de *Yucca*, pour montrer la direction des fibres.

4. Dissection grossie d'une portion de tige de *Palmier nain*, pour montrer la direction des fibres et leur espèce de racine. (Heyland.)

Le reste de la planche est donné pour compléter les caractères généraux des MONOCOTYLÉDONÉS.

5. Germination du Riz. (C.) Carpel contenant la graine. (R.) Racine. (F.) Feuille.

6. Germination de *Lis*. (R) Racine avec le duvet fin et fugace qui la revêt souvent à sa naissance. (COT.) Cotylédon. (F.) Feuille. (SP.) Spongiole.

7. Bourgeon tuniqué coupé en long. (R.) Racines. (T.) Tige. (F.) Base persistante des feuilles.

8. Fleur de *Perce-Neige*. (BR.) Bractée. (S.) Sépals. (P.) Pétals. (Ces deux organes sont bien distincts dans ce MONOCOTYLÉDONÉ.)

9. Fleur de *Lis-Blanc* (plus petite que nature.) (S.) Sépals. (P.) Pétals (presque semblables aux sépals.) (E.) Étamines libres. (C.) Carpels unis dans toute leur longueur.

10. Fleur de *Lachénalie* (grandie.) (S.) Sépals. (P.) Pétals (sans aucune ressemblance avec les sépals.) (E.) Étamine. (C.) Carpels. (Comme dans la fig. 8. Ce MONOCOTYLÉDONÉ offre une grande dissemblance entre ses sépals et ses pétals.

11. Coupe transversale d'une fleur de LILIACÉE, pour montrer le nombre et le rapport régulier des organes floraux en nombre ternaire. (S.) Sépals. (P.) Pétals.) (E.) Étamines, sur deux rangs : l'extérieur devant les sépals, l'intérieur devant les pétals. (C.) Carpels unis collamellaires renfermant les graines.

12. Feuille de MONOCOTYLÉDONÉ à fibres parallèles.

—

TIGES.

1. Tige cylindrique , sillonnée.

2. Tige creuse ou fistuleuse.

3. Tige irrégulièrement carrée.

4. Tige carrée et ailée (Feuilles décurrentes.).

4* Coupe transversale de la même , pour faire comprendre les parties foliacées qui bordent ses angles.

5. Tige noueuse et articulée d'une POLYGONÉE. (**F.**) Feuille. (**ST.**) Stipules unies engaînantes et ciliées. (Grandeur naturelle du *Polygone* des *teinturiers*.

6. Tige couchée, souterraine , articulée , portant des rudiments de feuilles. (Écailles) et quelques racines (**R.**) (de grandeur naturelle.

7. Tige couchée, avec un rameau filiforme. (**R.**) Racines. (**F**) Base de feuilles et stipules. (**T.**) Tige.

8. Tiges et racines de *Topinambour*. (**T.**) Tige aérienne. (**T***) Tiges souterraines, tubéreuses (nommées *Topinambour*.) (**R.**) Racines.

9. Tige souterraine de FOUGÈRE. (**T.**) Rameau annuel , dilaté en forme de feuille. (**T*.**) Tige souterraine vivace.

10. Tige souterraine articulée en partie renflée et en partie filiforme. (**T.**) Tige. (**R.**) Racines *(Avoine fromentale*, var. : en *chapelet.)*.

11. Bourgeon d'une LILIACÉE, coupé longitudinalement, présentant en (**T**) une tige très-courte surmontée (en **F**) de la base persistante des feuilles, et donnant naissance inférieurement à des racines (**R**) , qui le renouvellent chaque année.

12. Tige souterraine renflée d'une IRIDÉE *(Glayeul)*, dont la partie inférieure (plus grosse) appartient à une année. Elle est remplacée l'année suivante par celle qui est au-dessus. A la chute de la première pousseront des racines , comme en présente celle de l'année précédente. (**R.**) Racines.

13. Coupe longitudinale de la tige souterraine d'une IRIDÉE, qui donne naissance à deux jeunes rameaux. (**T.**) Tige souterraine , renflée. (**R.**) Racines.

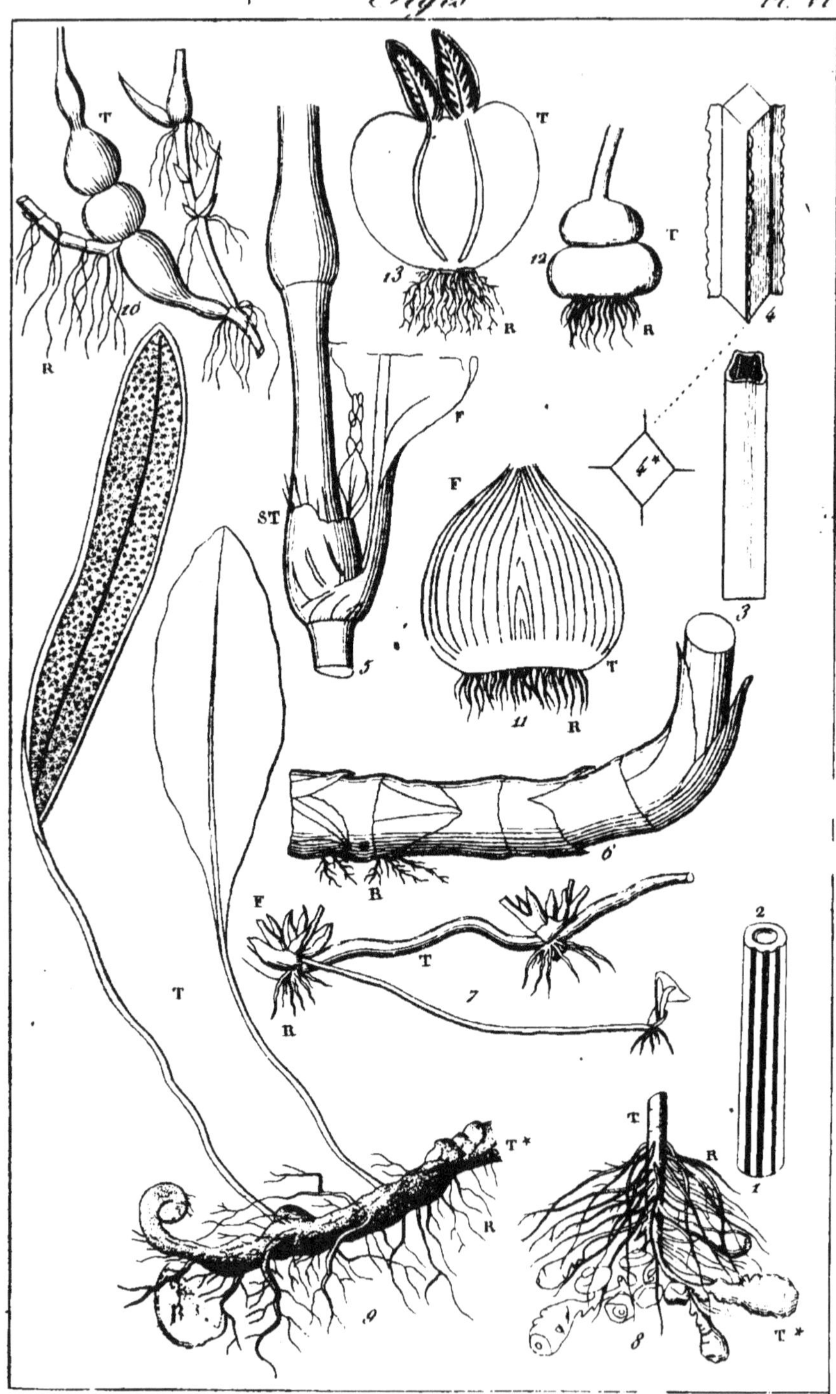
Déchaud Frères sc. (Lyon)

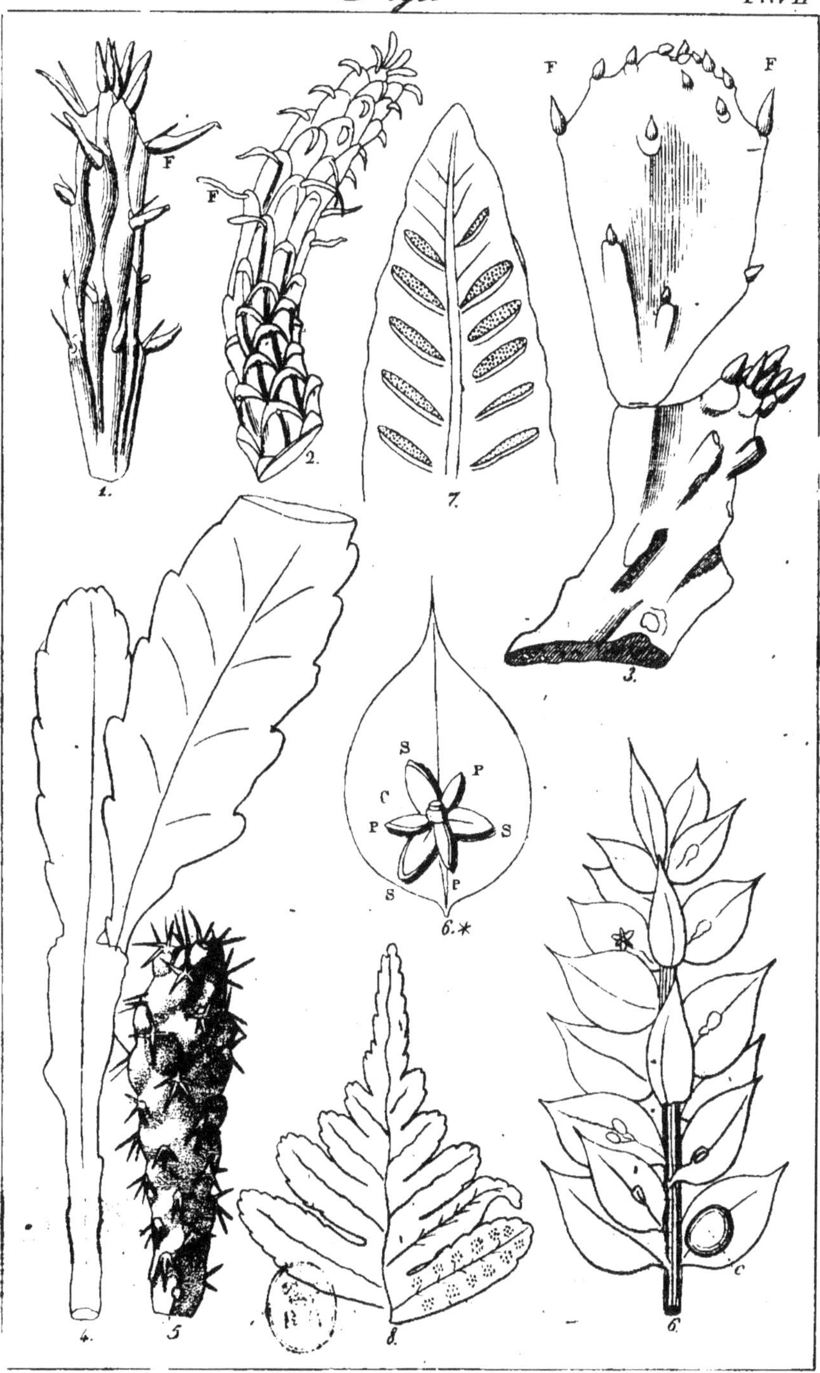

G. Roy. Del.

Déchaud. Frères. Sc (Lyon)

—

TIGES.

1. Tige charnue de *Cierge*, portant (en **F**) des feuilles linéaires, coniques, et à leur aisselle une épine.

2. Tige d'*Euphorbe Tête-de-Méduse*, présentant de distance en distance des mamelons, d'où les feuilles se sont détachées, tandis que ceux de sa partie supérieure en sont encore garnis. (**F.**)

3. Tige charnue comprimée d'*Opontie*, portant des feuilles (**F.**) de distance en distance. La partie inférieure n'en offre plus que les cicatrices.

4. Tige charnue de *Cierge phyllanthoïde*, cylindrique inférieurement, et s'élargissant jusque vers le sommet. Elle imite des feuilles charnues à larges crénelures.

5. Tige charnue, en forme de massue, garnie de mamelons dont les aiguillons rayonnent (*Cierge.*).

6. Rameau de *Houx fragon*, imitant des feuilles dures et épineuses. Sur la plupart de ces *rameaux-feuilles* sont des fleurs en bouton, ou bien ouvertes : sur l'un se trouve un fruit. (**C.**)

6* Un de ces *rameaux-feuilles* grossi, pour mieux montrer la fleur, formée de 3 sépals (**S.**) 3 pétales (**P.**) et au centre de carpels unis (**C.**)

7. Fragment de *rameau-feuille* de *Scolopendre officinale*, portant ses fructifications sur sa face inférieure, comme dans toutes les FOUGÈRES.

8. Sommet d'un *rameau-feuille* de *Polypode commun*, portant des fructifications.

—

BOURGEONS.

1. Bourgeons à fleurs du *Cerisier*. (*) Bourgeon détaché.

2. Bourgeons de *Poirier* (**F**) à feuilles, (**FX**) à feuilles et fleurs. (Les lignes transversales des rameaux indiquent les cicatrices qu'ont laissées les feuilles).

3. Bourgeon de *Platane*, renfermé dans le pétiole dilaté et entourant, dont on a enlevé la partie antérieure.

4. Deux bourgeons à feuilles et à fleurs, coupés en long (*Lilas.*).

5. Bourgeon de *Marronnier d'Inde*, très-avancé dans son développement. (**F.**) Pétioles dilatés sans lame, (**F*.**) feuille dont le pétiole est moins large et la lame déjà bien prononcée. (*) Cicatrice qu'à laissée la chute d'une feuille.

6. Bonrgeon stipulaire du *Tulipier ordinaire*. (**F.**) Feuille repliée de haut en bas ; (**F'**) stipules.

7. Feuille jeune d'*Aconit* repliée, et dont la fig. 12 présente la coupe longitudinale.

8. Bourgeon de FOUGÈRE, dont la fig. 13 donne la coupe longitudinale.

9. Bourgeon souterrain à tuniques. (**F.**) Partie persistante des feuilles ; (**T.**) Tige ; (**R.**) Racines.

10. Bourgeon souterrain écailleux du *Lis blanc*. (**F.**) Base persistante des feuilles. (**R.**) Racines.

11. Coupe transversale d'un bourgeon à feuilles appliquées (sans aucune plicature.) (*Amaryllis.*).

12. Coupe longitudinale de feuille *repliée* du sommet à la base (*Aconit.*).

13. Coupe longitudinale de bourgeon de *rameau-feuille* en crosse (FOUGÈRE.).

14. Coupe longitudinale de *feuilles côte-à-côte.*

15. Coupe transversale de *feuilles demi entourantes.*

16. Coupe transversale de *feuilles entourantes.*

17. Coupe transversale de *feuilles équitatives.*

18. Coupe transversale de *feuilles en éventail* (*Vigne*, *Mauves.*).

19. Coupe transversale de *feuilles en cornet* (*Abricotier.*).

20. Coupe transversale de *feuilles supervolutives.*

21. Coupe transversale de *feuilles révolutives.*

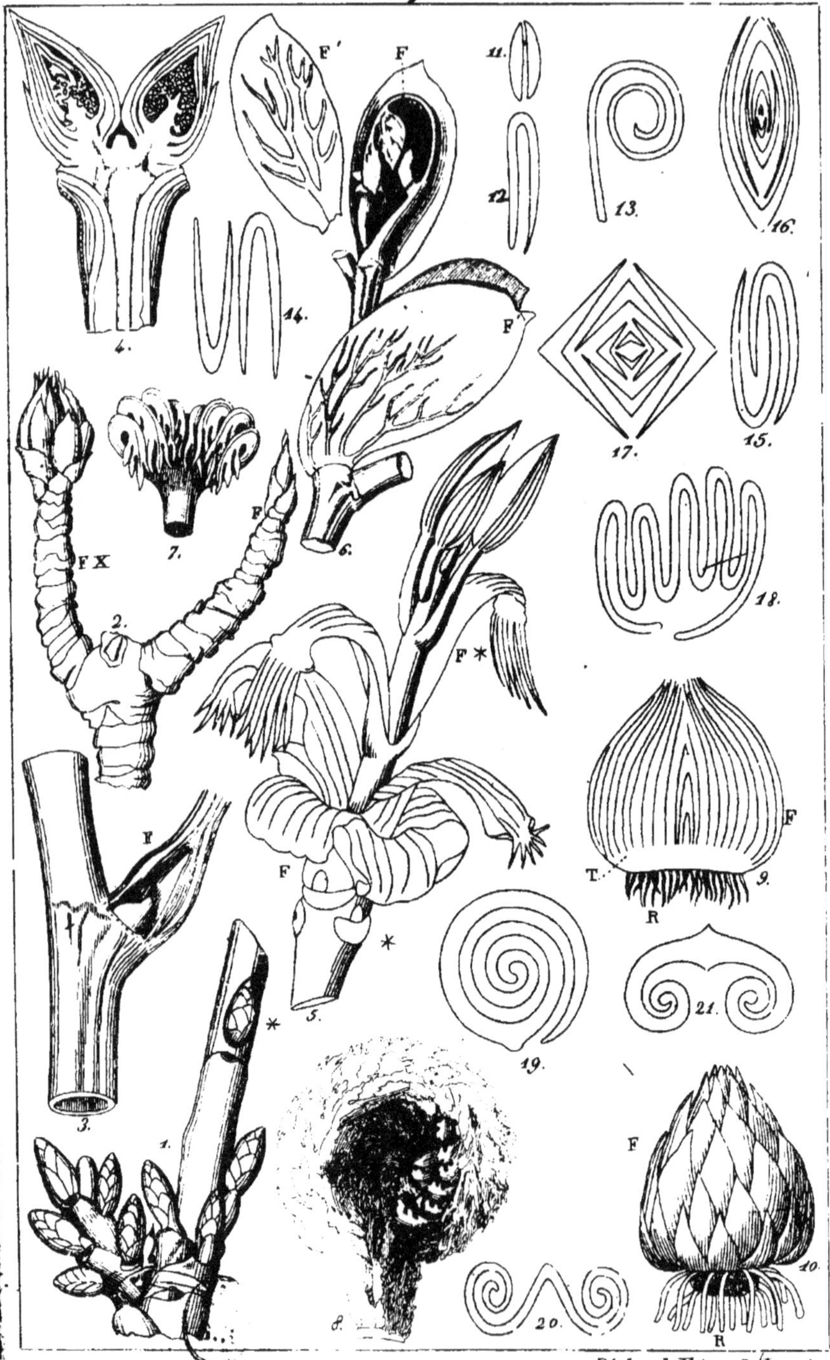

Déchaud. Frères. Sc (Lyon)

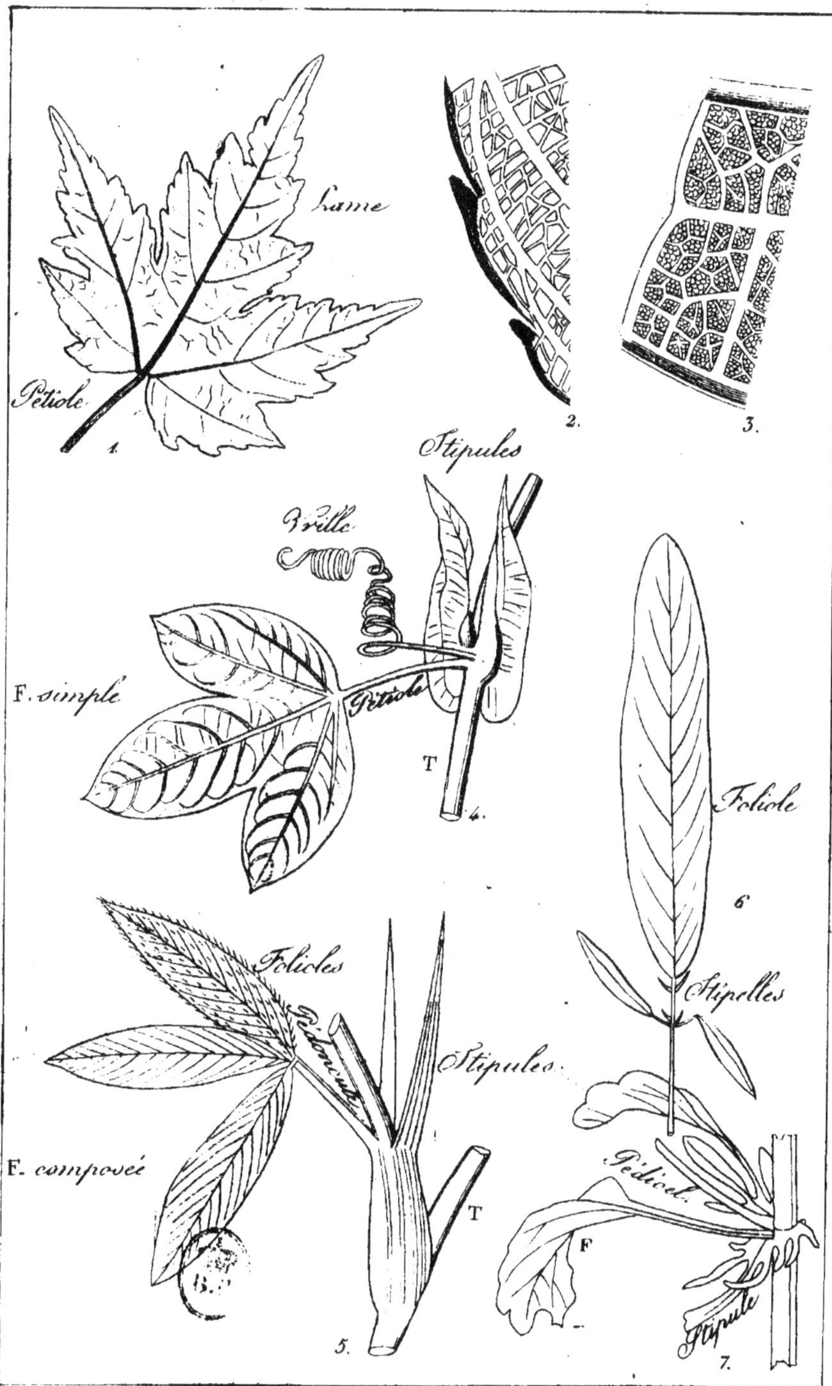

Déchaud Frères Sc Lyon)

—

FEUILLES.

1. Feuille d'*Erable*; fibres palmées, à 5 lobes, présentant son *pétiole* et sa *lame*.

2. Petite portion de feuille (vue au microscope pour en montrer la fibration), privée des utricules qui en comblaient les vides.

3. Autre portion de feuille.(grossie pour montrer sa fibration) dont les intervalles sont comblés par les utricules (*parenchyme.*).

4. Fragment de *Passiflore*. Feuille simple, *à fibres palmées*, accompagnée à la base de son pétiole de deux *stipules* libres, et à son aisselle d'un bourgeon, plus d'une vrille, due (dans ce cas) à un pedicelle, dont la fleur ne s'est pas développée. (**T.**) Fragment de tige.

5. Feuille composée d'un *Trèfle*, présentant deux longues stipules linéaires, unies au pétiole dans leur moitié inférieure. Le pétiole est terminé par trois folioles, et entre les stipules et la tige (**T**) s'élève un péduncule.

6. Feuille du sainfoin oscillant, composée de trois folioles, dont la terminale est très-grande ; elles sont munies de stipelles à la base de leur pétiolule.

7. Feuille et stipules découpées et libres de la Pensée.

—

FEUILLES.

1. Feuille horizontale sessile, ovale, longuement acuminée et à fibres pennées.

2. Feuille sessile, pennée, étalée, échancrée à sa base, et entourant la tige, et dont les deux lamelles sont prolongées inférieurement en deux lobes aigus.

3. Gaîne d'une feuille de GRAMINÉE grossie, pour montrer l'appendice membraneux ou *ligule* que l'on trouve souvent à la jonction du pétiole avec la lame, dans les plantes de cette famille.

4. Feuilles alternes étalées, lancéolées, légèrement acuminées, entières, à fibres pennées.

5. Feuilles d'*If*, alternes, mais déjetées sur deux rangs et étalées.

6. Feuilles opposées ou en vis-à-vis et horizontales.

7. Portion de RUBIACÉE (*Gaillet*) présentant (en **T**) une portion de sa tige, et deux rameaux; au-dessous d'eux sont les deux vraies feuilles (**F.**) Les quatre autres appendices, qui ressemblent aux feuilles, n'en sont que les stipules. Ces deux feuilles et leurs stipules sont horizontales.

8. Feuilles opposées réfléchies, unies par leur base dilatée, laquelle forme une espèce de coupe, d'où s'élèvent la suite de la tige et deux de ses ramifications.

8* Feuilles opposées, étalées, dont celle de gauche est enlevée; leur base se prolonge sur la tige, que l'on dit alors *ailée*.

10. Feuilles rayonnantes ou verticillées, et horizontales. (Elles peuvent être rayonnantes 3 à 3, 4 à 4, etc.)

11. Feuilles en faisceau ou fasciculées et ascendantes (*Mélèze.*).

12. Feuilles imbriquées ou entuilées et ascendantes.

13. Feuilles roulées en dessus et opposées.

14. Feuilles roulées en dessous et opposées.

15. Feuilles horizontales avec leur sommet ascendant.

16. Feuilles défléchies et opposées.

17. Feuilles dressées ou ascendantes et opposées.

18. Feuilles étalées et opposées.

19. Feuilles horizontales et alternes.

20. Feuilles pendantes et alternes.

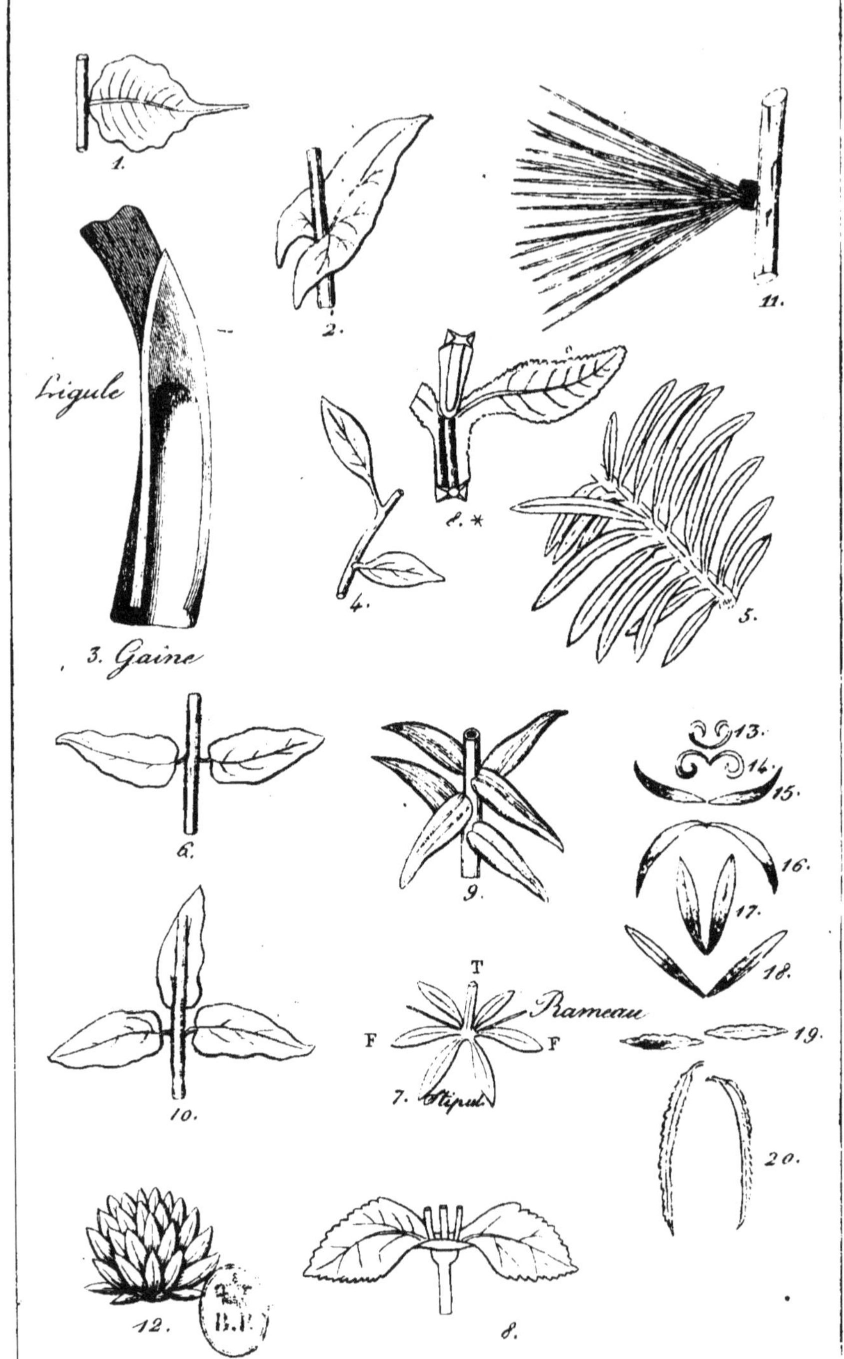
1.
2.
11.
Ligule
3. Gaine
2.*
4.
5.
6.
9.
13.
14.
15.
16.
17.
18.
T
F F
Rameau
7. Stipul.
19.
20.
10.
12.
8.
B.P.

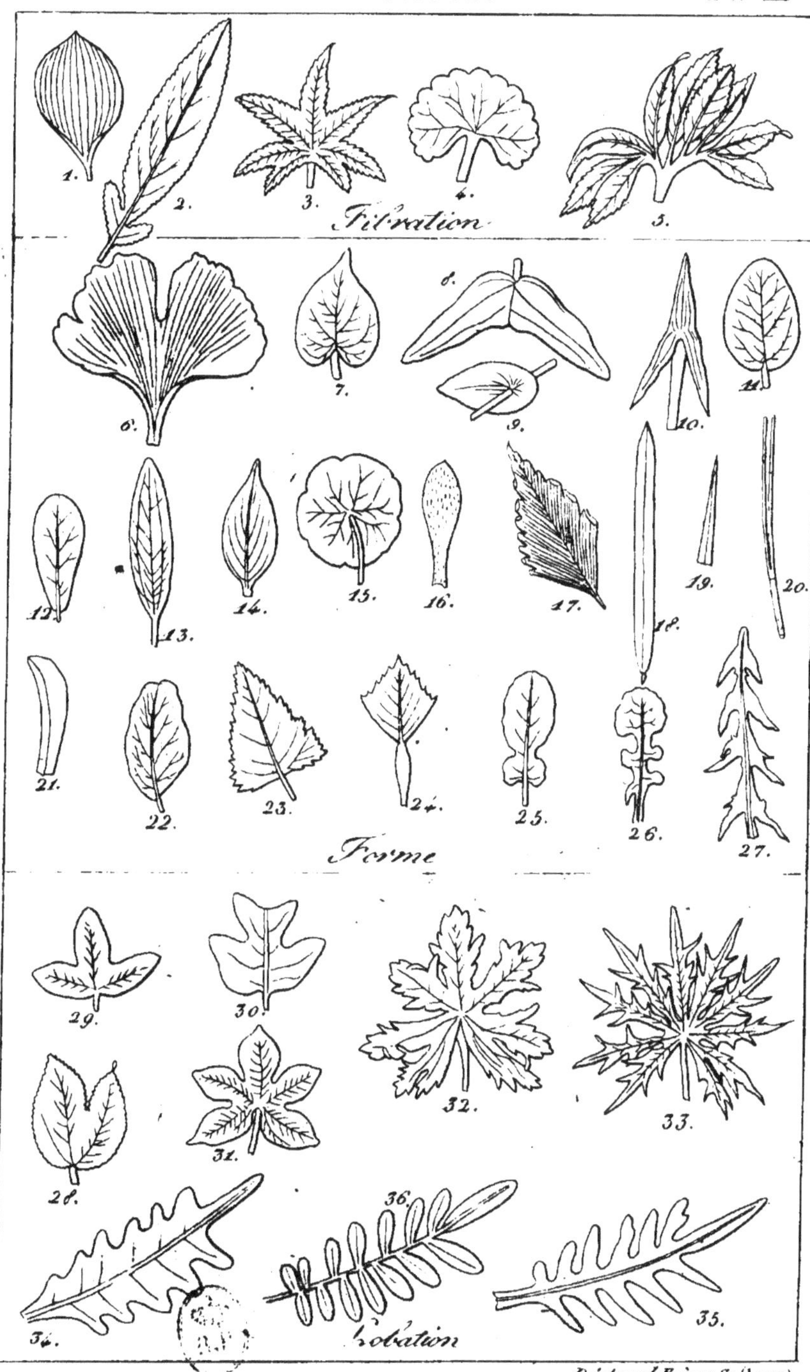

Filtration
Forme
Lobation

—

FEUILLES.

Fibration.

1. Feuille entière, à fibres parallèles, non ramifiées.
2.   — oblongue, à fibres pennées, serrulée sur ses bords.
3.   — à fibres rayonnantes ou en bouclier (*Ricin.*).
4.   — à fibres palmées, en rein et festonnée.
5.   — à fibres et lobes pédalés (*Hellébore.*).

Forme.

6. Feuille bilobée (*Ginko.*).
7.   — en cœur, acuminée et entière.
8.   — en croissant (*Passiflore.*).
9.   — sessile et entourant entièrement la tige.
10.   — en flèche (*Sagittaire à feuilles en flèche.*).
11.   — ovale, obtuse, entière, à fibres pennées.
12.   — obovale, obtuse, entière, à fibres pennées.
13.   — oblongue, entière, à fibres pennées.
14.   — lancéolée, acuminée, entière et à fibres pennées.
15.   — orbiculaire et à fibres rayonnantes.
16.   — spatulée, entière.
17.   — en coin, à fibres pennées.
18.   — linéaire, entière, pointue.
19.   — en alène.
20.   — sétacée, géminée, et entourée d'une gaîne à leur base.
21.   — en faulx.
22.   — ovale, échancrée au sommet, à lamelles inégales.
23.   — triangulaire, serrulée, à fibres pennées.
24.   — quadrangul., dentée sur ses bords supér. et à pétiolule renflé.
25.   — en violon et à fibres pennées.
26.   — en lyre et à fibres pennées.
27.   — en serpe (*Dent-de-lion.*).

Lobation.

28. Feuille bilobée; lobes denticulés (*Passiflore.*).
29.   — trilobée; lobes entiers (*Erable de Montpel.*).
30.   — quadrilobée; lobes entiers (*Tulipier.*).
31.   — palmatilobée; lobes entiers.
32.   — palmatifide; lobes inégalement dentés.
33.   — palmatipartie; lobes profondément dentés.
34.   — pennatilobée, et à lobes entiers.
35.   — pennatifide, et à lobes entiers.
36.   — pennatipartie, et à lobes entiers et ovoïdes.

PLANCHE XII.

FEUILLES.

1. Feuille oblongue, festonée ou crénelée, et à fibres pennées.
2.   —   à lobes dentés et à fibres parallèles.
3.   —   doublement serretée et à fibres pennées.
4.   —   oblongue-linéaire, aiguë, entière, pétiolée.
5.   —   ovale, épineuse (*Houx.*).

Feuilles composées.

6. Feuille à une foliole ; pétiole ailé (*Oranger.*).
7.   —   bifoliolée ; folioles obovales, opposées et entières.
8.   —   trifoliolée ; foliole terminale pétiolulée (Feuille pennée trifoliolée , *Haricot.*).
9.   —   trifoliolée ; folioles sessiles, tronquées au sommet (Feuille à fibres palmées.).
10.   —   quadrifoliolée ; folioles presque circulaires.
11.   —   quinquefoliolée, palmée ; folioles lancéolées, serretées.
12.   —   septemfoliolée palmée ; folioles ovales, lancéolées, denticulées.
13.   —   pennée ; folioles opposées sans terminale.
14.   —   pennée ; folioles alternes sans terminale.
15.   —   pennée ; folioles alternes avec terminale.
16.   —   pennée sans terminale, et simple inférieurement, par l'union de quelques folioles (*Gleditschia.*).
17.   —   imparfaitement doublement ailée, sans terminale (les folioles inférieures sont unies.).
18.   —   bipennée sans terminale ; folioles ovoïdes et entières.
19.   —   triplement trifoliolée.
20. Trois feuilles d'une *Acacie de la Nouvelle-Hollande,* dont deux pennées sans terminale et une sans folioles, mais dont le pétiole est alors dilaté en feuille simple ou *phyllodie.*

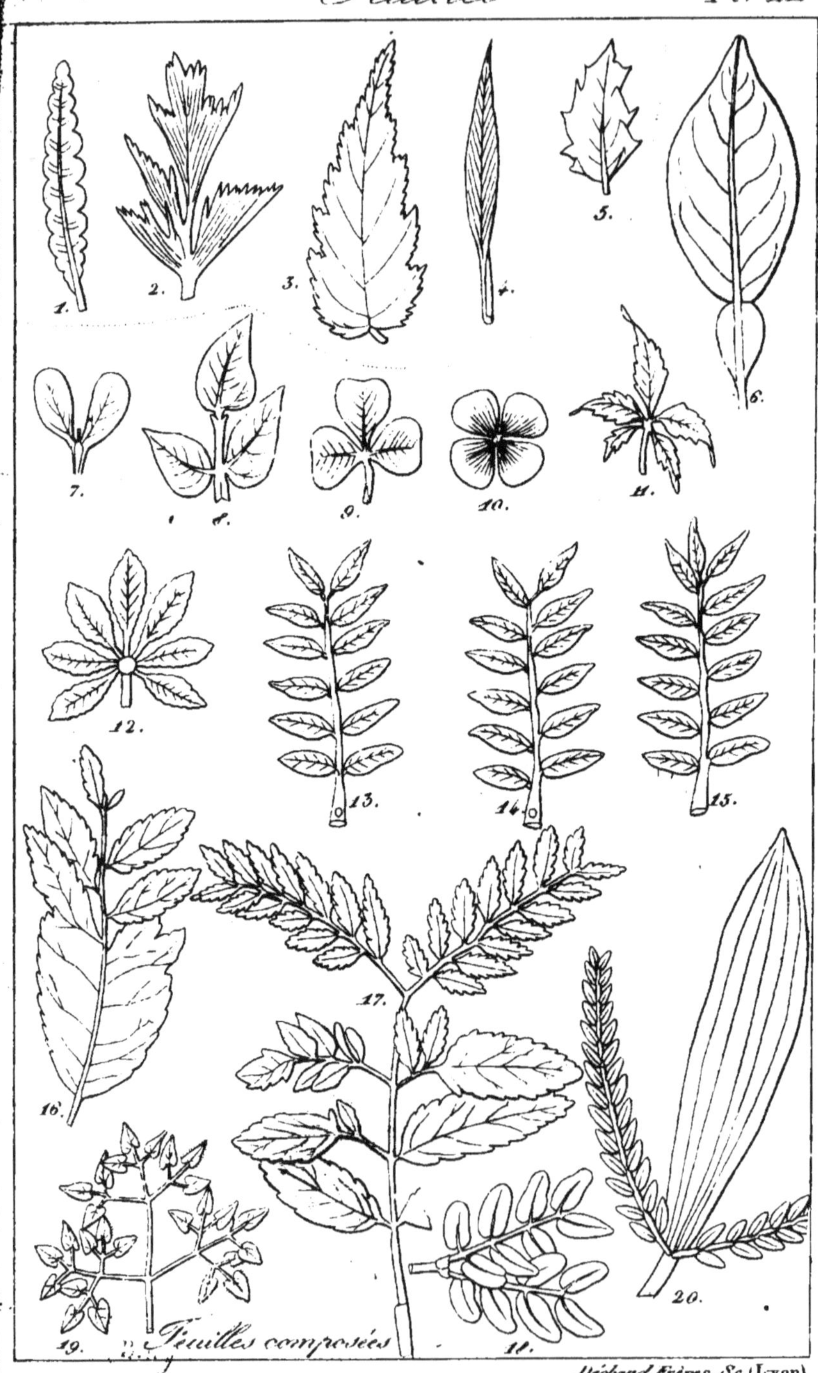

Déchand. Frères. Sc. (Lyon)

Bractées
Bractée
Bractée
Bractée
Bractée
Bractées
Bractées imbriquées
Sépales
Sépales
Feuilles
Bractéoles
Déchaud Frères Sculp. Lyon

—

BRACTÉES.

1. Fleurs disposées en *Ombelle simple*, et qui étaient enveloppées dans leur jeunesse par une grande *bractée*.

2. Rameau de fleurs de *Tilleul*, dont le pédoncule est adhérent, par sa partie inférieure, à une grande bractée oblongue, spatulée et sèche. Les *Sépals* (**S.**) dépassent les *Pétals* (**P**) La lettre **X** est le représentant de la fleur.

3. *Bractée* d'une CONIFÈRE, portant à sa base deux *Carpeles* (**C.**), dont les stigmates sont descendants.

4. *Épi* de fleurs, dont les *bractées* sont imbriquées.

5. *Spadice* d'une AROÏDÉE, nu dans ses deux tiers supérieurs, et garni de fleurs à sa partie inférieure. (Une portion de la grande *bractée* qui enveloppait cette inflorescence, a été enlevée pour montrer l'intérieur.)

6. *Bractées* linéaires, nombreuses, unies inférieurement et entourant la base du carpel d'un chêne (*Gland.*).

7. *Fruit* (grossi) d'une *Scabieuse*, présentant au centre le sommet des cinq Sépals, dont le tube est caché par des bractéoles unies en tube dans toute leur longueur.

8. La même figure, présentant le tube des bractéoles fendu et écarté, pour mettre à découvert celui des Sépals.

9. Rameau floral de *Genèvrier* (grossi), couvert inférieurement de feuilles lancéolées-acuminées, imbriquées, et terminé par des bractéoles demi charnues, qui cachent les Carpels.

10. Le même, que l'on a coupé en long, pour montrer les Carpels (**C.**) entourés de leurs bractéoles.

11. *Cône* de *Mélèze*, formé par des bractées entuilées et ligneuses.

12. Le même dont l'axe floral s'est continué, au-dessus des dernières bractéoles, en rameau à feuilles.

13. Rameau de fleurs à bractées-feuilles profondément bilobées, munies de stipules, et donnant naissance dans leur aisselle à autant de fleurs ou fruits solitaires.

14. Capitule de fleurs naissant de l'aisselle d'une feuille, entouré de bractées, qui ont la forme et presque la grandeur des feuilles.

—

FLEURS.

1. *Figure idéale*, pour montrer la disposition la plus fréquente des organes foliacés, qui, par leur transformation, forment : les cinq inférieurs, les *Sépals*, les cinq suivants, les *Pétals*, la troisième spire est constituée par les *Étamines ;* les *Carpels* enfin composent la quatrième.

2. *Figure idéale*, pour montrer les spires contractées, tandis que l'axe de la fleur est prolongé et dégarni entre chacune d'elles.

3. Fleur vue en dessous, dont l'axe est fortement contracté, et qui présente les *Sépals* (**S.**), alternes avec les *Pétals* (**P.**).

4. La même, vue par sa face supérieure, qui montre ses *Pétals* (**P.**); ses *Étamines* alternes avec les Pétals, et conséquemment devant les Sépals (**S.**) Au centre, se voient cinq *Carpels* (**C.**), unis inférieurement, et placés devant le milieu des Pétals (**P.**).

5. Fleur d'*Anemone Sylvie*, dont les organes floraux sont transformés en feuilles.

6. Rameau d'*OEillet des jardins*, dont toutes les spires florales sont de la nature des feuilles.

7. Autre rameau d'*OEillet des jardins*, dont les organes floraux sont aussi métamorphosés en feuilles rudimentaires, mais dont l'axe s'est plus prolongé que dans la déformation précédente.

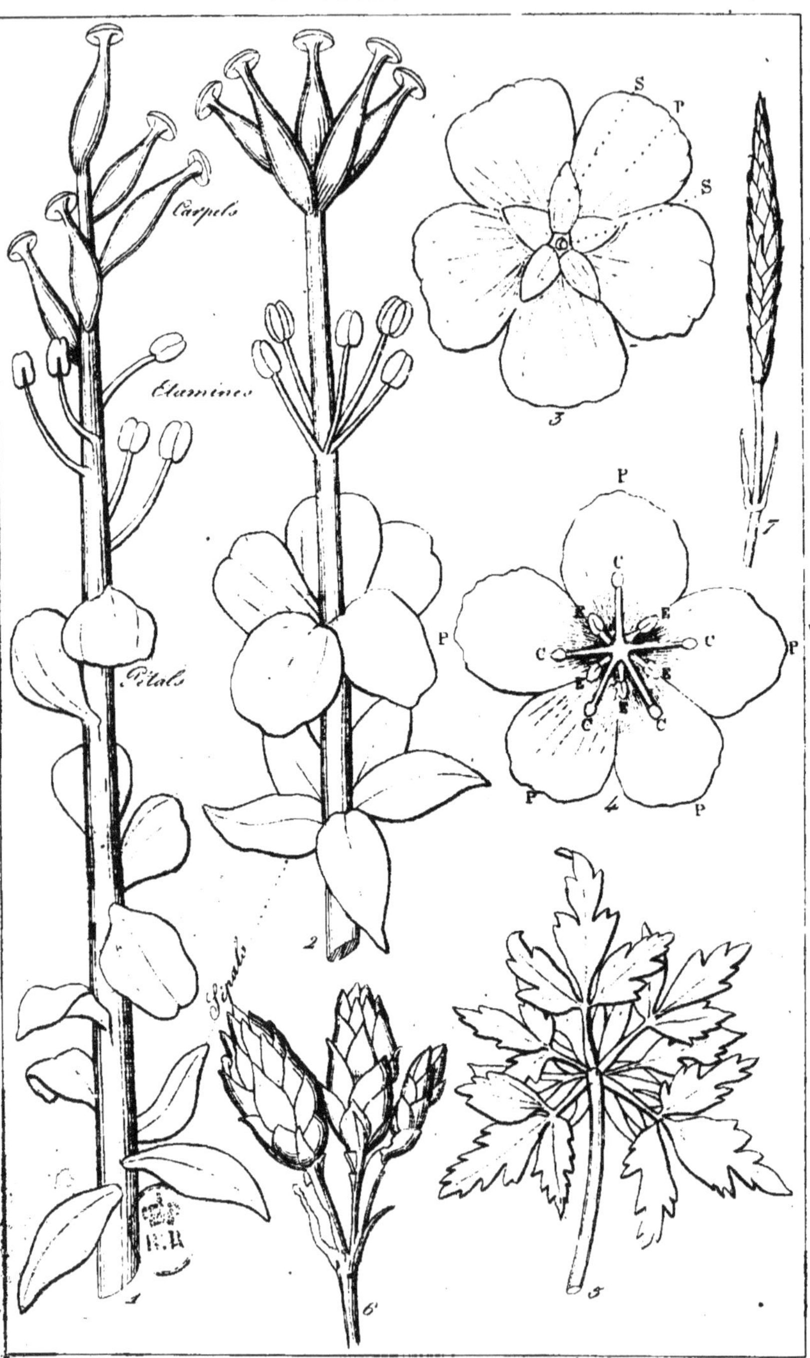

Dichaud Frères Sculp Lyon

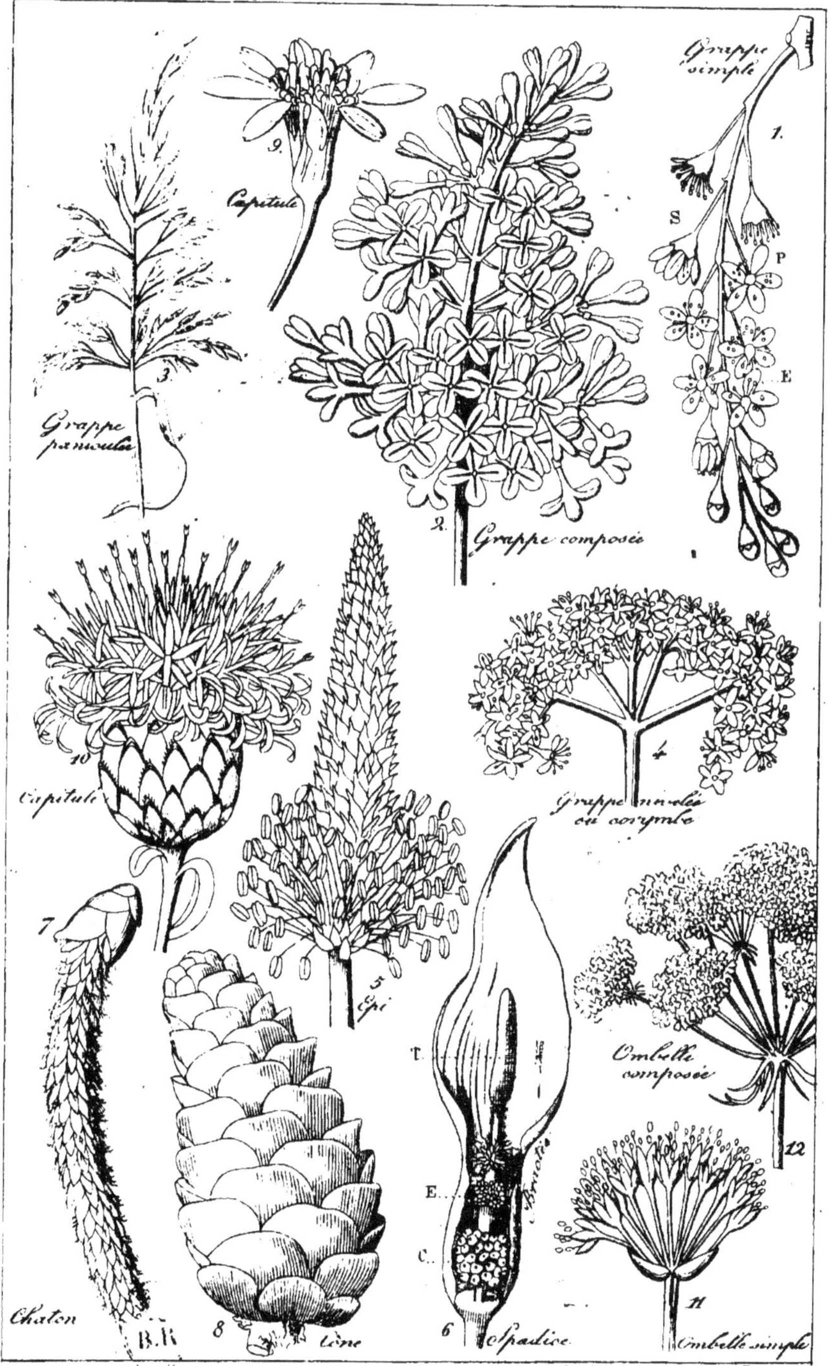

Inflorescence extrorse
Pl. IV
Grappe simple
1.
S
P
E
Capitule
9.
2. Grappe composée
Grappe paniculée
3.
Capitule
10.
4.
Grappe ombellée ou corymbe
7.
Chaton
B.R.
8.
Cône
5.
Épi
6.
Spadice
T.
E.
C.
Bractée
Ombelle composée
12.
Ombelle simple
11.
Déchaud Frères Sculp. Lyon

—

INFLORESCENCE EXTRORSE.

1. GRAPPE SIMPLE, pendante, d'un *Groseiller*, dont les bractées sont ali-
    mentaires. (**S.**) Sépals unis dans presque toute leur étendue, et
    présentant un tube en cloche. (**P.**) Pétals oblongs, adhérents infé-
    rieurement au tube des Sépals. (**E.**) Étamines.

2. GRAPPE COMPOSÉE de *Lilas*, accompagnée de bractées peu visibles.

3. GRAPPE (Panicule des GRAMINÉES.).

4. GRAPPE NIVELÉE OU CORYMBE du *Sureau*. Ne doit point être confondue
    avec l'Ombelle, dont les points de départ des pédoncules et des
    pédicelles out lieu, respectivement, sur un même plan horizontal.

5. ÉPI de *Plantin moyen*, dont les fleurs inférieures seulement sont
    ouvertes.

6. SPADICE du *Gouet tacheté* (beaucoup diminué), présentant en dehors
    une grande bractée, qui enveloppait la continuité de la tige. (**C.**)
    Carpels sessiles, amoncelés. (**E.**) Étamines sessiles. (**C'**) Carpels
    imparfaits (**T.**), fin de la tige devenue charnue, et qui est restée
    nue.

7. CHATON à Carpels du *Peuplier tremble*.

8. CONE de *Mélèze*, formé de bractées plattes et ligneuses.

9. CAPITULE de SYNANTHÉRÉE RADIÉE, formé de fleurs irrégulières dans la
    circonférence, et de fleurs régulières au centre.

10. CAPITULE de *Centaurée*, entouré de bractées imbriquées, qui enve-
    loppent des fleurs régulières à étamines et à carpels.

11. OMBELLE SIMPLE, accompagnée de quelques bractées (*Ail oblique.*).

12. OMBELLE COMPOSÉE, munie de bractées à la naissance de l'ombelle,
    et de bractéoles à la base des ombellules.

—

INFLORESCENCE INTRORSE.

1. Cyme très-simple d'un *Millepertuis*, dont la fleur terminale est passée, et dont il ne reste plus que les Sépals (**S.**), et les Carpels unis (**C.**). Pétals (**P.**).

2. Cyme composée du *Céraiste à pétals courts*, présentant deux ramifications successives.

3. Cyme encore plus composée de *Vivianie crénelée*.

4. Cyme scorpioïde de la *Tournefortie changeante*.

5. Cyme de l'*Héliotrope de l'Inde*, pour montrer la direction (unilatérale) des fleurs.

6. *Stéphanote de Thouars*, pour montrer les deux inflorescences réunies (*Extrorse* dans l'ensemble et *introrse* pour chaque rameau axillaire.)

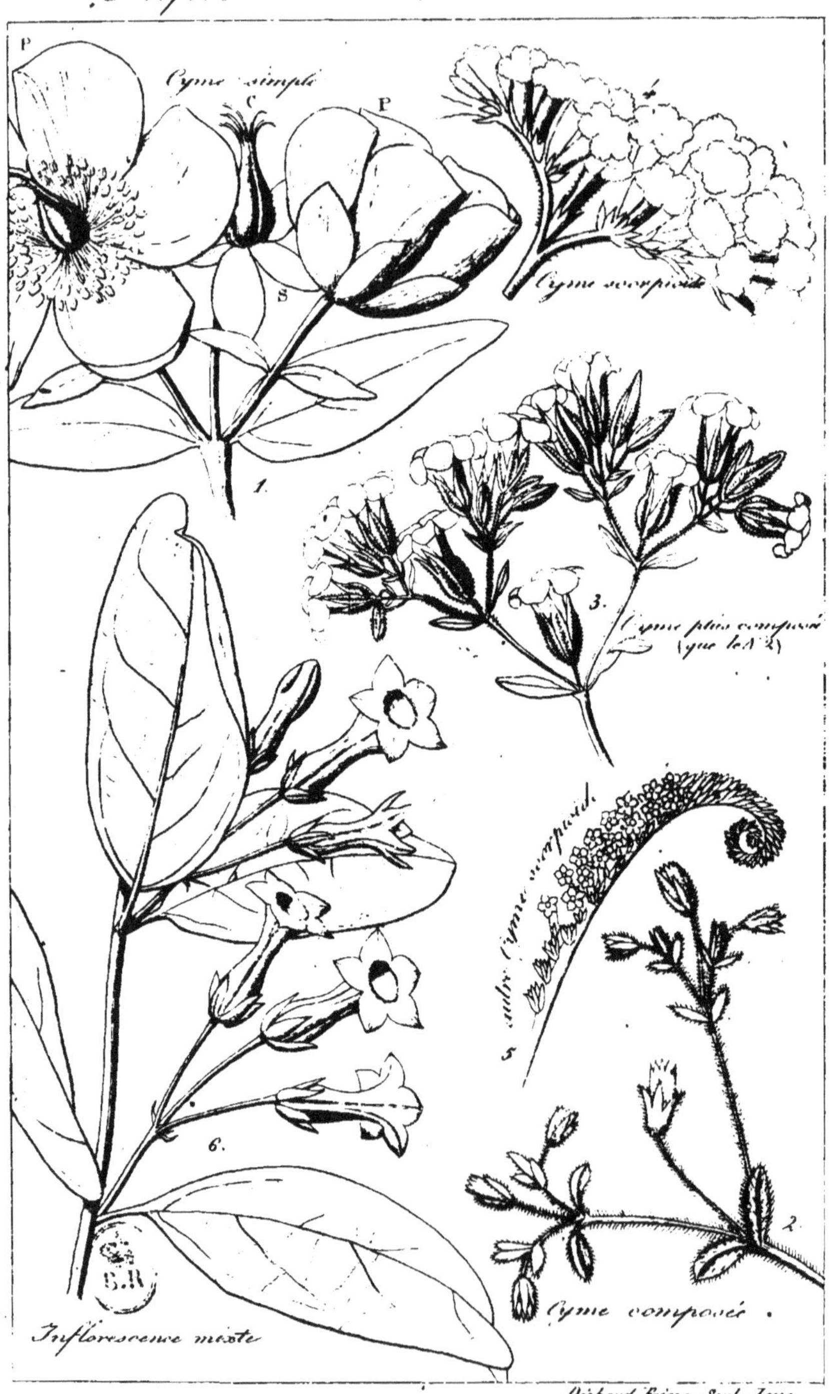

Inflorescence indéfinie et d. mixte Pl. XVI
P
Cyme simple
C
P
S
Cyme scorpioïde
3.
Cyme plus composée
(que les 2)
5
autre Cyme scorpioïde
2
6.
Cyme composée.
Inflorescence mixte
Déchaud Frères Sculp. Lyon

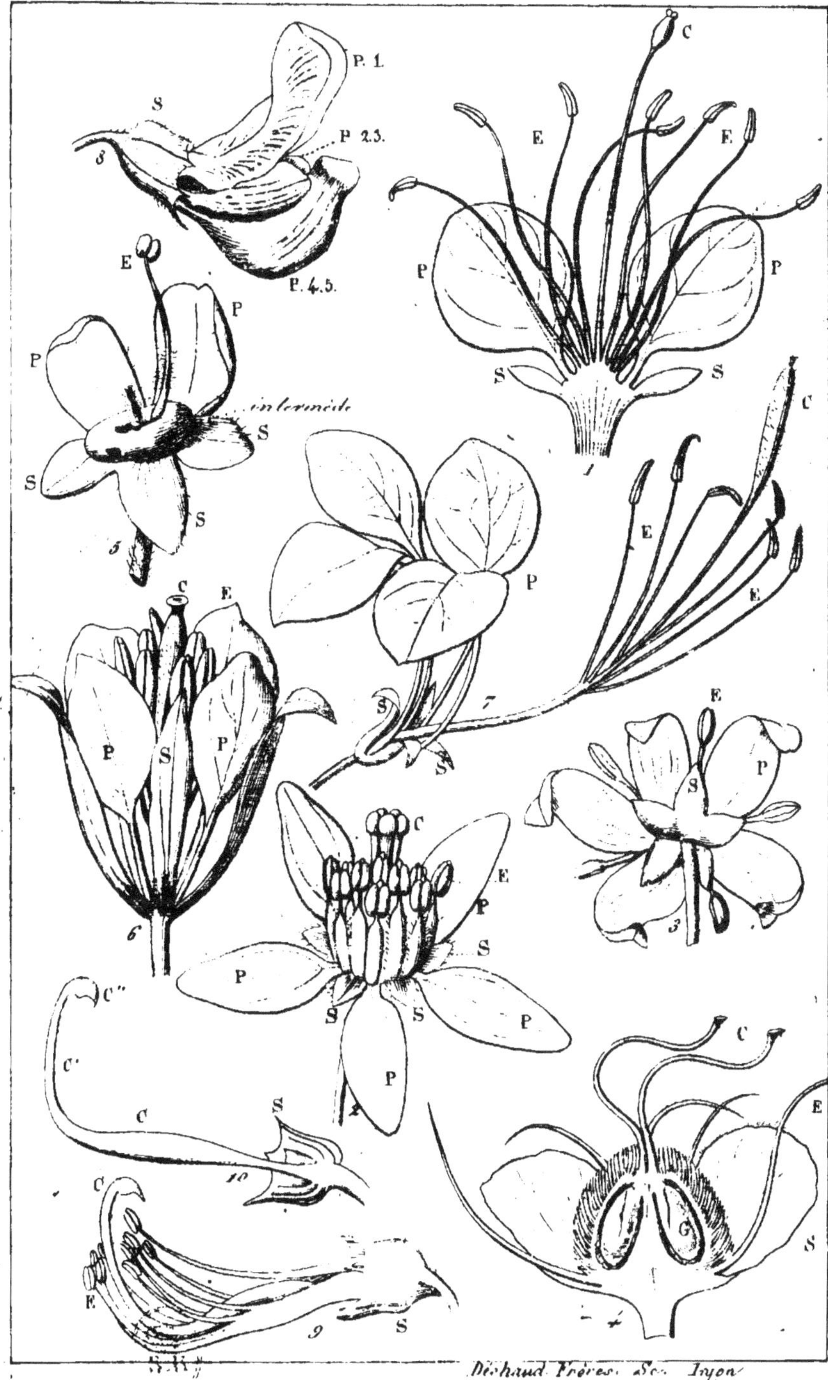

P. 1.
S
P. 2.3.
P. 4.5.
C
E
E
P
P
S
S
E
P
P
S
S
intermède
S
C
E
E
C
P
S
P
P
C
E
E
S
S
E
S
P
C
E
C
P
S
S
P
C''
P
S
C'
P
C
S
C
E
C
10
9
S
S
E

—

FLEURS.

1. Coupe longitudinale d'une fleur de CAPPARIDÉE (*Cratève d'Adanson*) pour
    montrer la position successive des spires de la fleur, dont tous les élé-
    ments sont libres (les carpels exceptés) (S.) Sépals. (P.) Pétals.
    (E.) Etamines. (C.) Carpels.
2. Fleur grossie d'une RUTACÉE (*Alophylle à feuilles aiguës*). Pour montrer
    les éléments des spires de la fleur très-rapprochés (les trois premiers
    libres). (S.) Sépals ovales, courts. (P.) Pétals oblongs lancéolés
    (E.) Etamines à filets dilatés. (C.) Carpels unis, mais dont on dis-
    tingue nettement les stigmates qui les terminent.
3. Fleur de TÉRÉBINTHACÉE (*Buchananie à larges feuilles*) présentant (en
    S.) les Sépals unis dans leur tiers inférieur. (P.) Pétals alternes
    avec les Sépals. (E.) Etamines alternes avec les Pétals et devant les
    Sépals.
4. Coupe longitudinale d'une fleur de MALPIGHIACÉE (*Byssoptérée de Timor*).
    (S.) Sépals. (Les Pétals enlevés.) (E.) Etamines, et enfin (C.)
    Carpels, unis inférieurement et libres par leur style et leur styg-
    mate. (G.) Graines pendantes.
5. Fleur de TÉRÉBINTHACÉE (*Garugue de Madagascar*) pour montrer l'in-
    terméde disposé en bourrelet continu, entre les Etamines (E.) et
    les Pétals. (P.) Extérieurement sont les Sépals (S.) et au centre de
    la fleur le Carpel.
6. Fleur jeune et grossie d'une CAPPARIDÉE, présentant (en S.) les Sépals
    libres; (E.) Etamines libres; et enfin (C.) deux Carpels unis.
7. La même fleur dans son entier développement (S.) Sépals; (P.)
    Pétals. (Ces deux spires d'organes sont très-rapprochés.) (E.) Eta-
    mines (naissant de l'axe de la fleur très-prolongé); (C.) Carpels
    unis, terminant l'axe de la fleur, aussi prolongé sous ces carpels.
8. Fleur irrégulière de LÉGUMINEUSE. (S.) Sépals unis presque complète-
    ment en tube. (P. 1.) Pétal supérieur et extérieur (Etendard.)
    (P. 2-3.) Deux Pétals latéraux ou ailes, dont le bord supérieur est
    recouvert par le Pétal supérieur. (P. 4-5.) Les deux Pétals inférieurs
    et les plus intérieurs, formant la carène par leur union ou leur simple
    rapprochement. (Leur bord supérieur est recouvert par les ailes,
    tandis que les deux inférieurs s'affleurent.)
9. La même fleur, dont on a enlevé les Pétals, afin de montrer les Eta-
    mines (E.) dont la supérieure, qui répond au milieu du Pétal su-
    périeur ou étendard, est libre, tandis que les neuf autres sont unies
    par une partie de leurs filets.
10. La même, dont on a enlevé la moitié du tube des Sépals et les Etamines,
    afin de montrer le Carpel libre, porté sur l'axe prolongé de la fleur
    (C') Style; (C") Stigmate.

—

FLEURS.

1. Fleur grossie d'une NAYADÉE (*Ouvirandre fenêtrée*) (**S.**) Sépals obovales; Pétals o ; (**E.**) Etamines. (**C.**) Carpels. Ces trois Spires sont libres.

2. Fleur de *Silène bicolor* (**S.**) Sépals unis presque jusqu'au sommet en un long tube , qui a été fendu et déjeté pour montrer les autres organes. Au dessus de sa naissance on voit une longue colonne (axe de la fleur prolongé) ; (**P.**) l'un des Pétals ; (**E.**) Etamines , naissant immédiatement de dessous les Carpels , comme les Pétals ; (**C.**) Carpels unis inférieurement.

3. La même en fruit, présentant (en **S.**) le reste du tube des Sépals , et les Carpes (**C.**) ouvrant par le sommet.

4. Fleur coupée verticalement, pour montrer l'adhérence des Pétals (**P.**) et des Etamines (**E.**) aux Sépals unis (**S.**); mais les Carpels quoique unis, ne sont point adhérents au tube.

5. Fleur de *Coignassier du Japon* , coupée verticalement , pour montrer l'adhérence de toutes les spires d'organes (**S.**) Sépals; (les Pétals ont été enlevés. (**E.**) Etamines. (**C.**) Carpels unis, par une partie de leurs styles.

6. Fleur grossie d'un rosier, dont les Sépals sont unis (**S.**); les Pétals sont tombés; (**E.**) Etamines adhérentes au tube très-épaissi par l'intermède ; (**C.**) Carpels libres (regardés communément comme ses graines.)

7. Fleur de l'*Eugénie tuberculée* grossie et coupée verticalement, pour montrer les quatre spires, formant l'appareil de la fleur et en même temps la base des Pétals et des Etamines, fortement tuméfiés en Intermède. (**S.**) Sépals; (**P.**) Pétals; (**E.**) Etamines ; (**C.**) Carpels unis. Sous le tube apparaissent deux bractéoles.

8. Fleur de *Pisonie élevée* (*Nyctaginée*) dont on a enlevé les Sépals et les Pétals, pour montrer l'union des Etamines (**E.**) et l'axe de la fleur prolongée sous les Carpels (**C.**).

9. Etamines unies en un tube , par le tiers inférieur de leurs filets.

10. Fleur de *Nicotiane Tabac* (**S.**) Sépals unis par leur moitié inférieure. (**P.**) Pétals également unis en un long tube, de l'orifice duquel sortent les Etamines (**E.**).

11. Filets d'Etamines unis, dans une EUPHORBIACÉE (*Colliguaie odoriférant*) et formant une espèce de lame pétaloïde.

12. Fleur carpellée de la même EUPHORBIACÉE, partant de l'aisselle d'une bractéole, présentant (en **S.**) les Sépals à peine unis et trois carpels unis et terminés par trois longs stigmates plumeux.

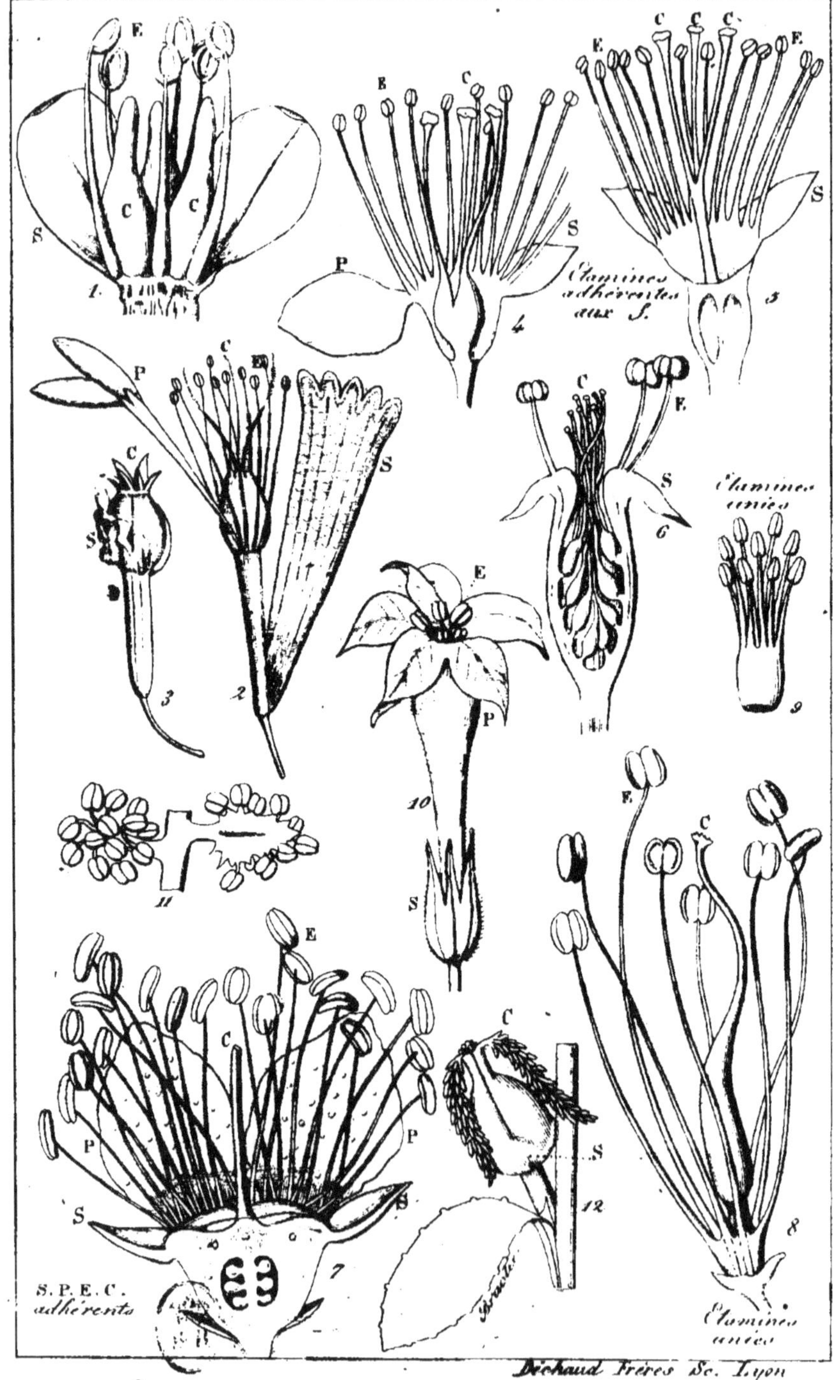
F
C C
S
C C
1
P
E C
Etamines
adherentes
aux S.
4
C C C
E F.
S
5
P C E
S
C
S C F.
Etamines
unies
6
C
S
3
2
E
P
10
S
Etamines
unies
9
E
C
F.
11
S
E
C
P P
S S
S.P.E.C.
adherents
7
C
S
12
Etamines
unies
8

Dichaud Freres Sc. Lyon

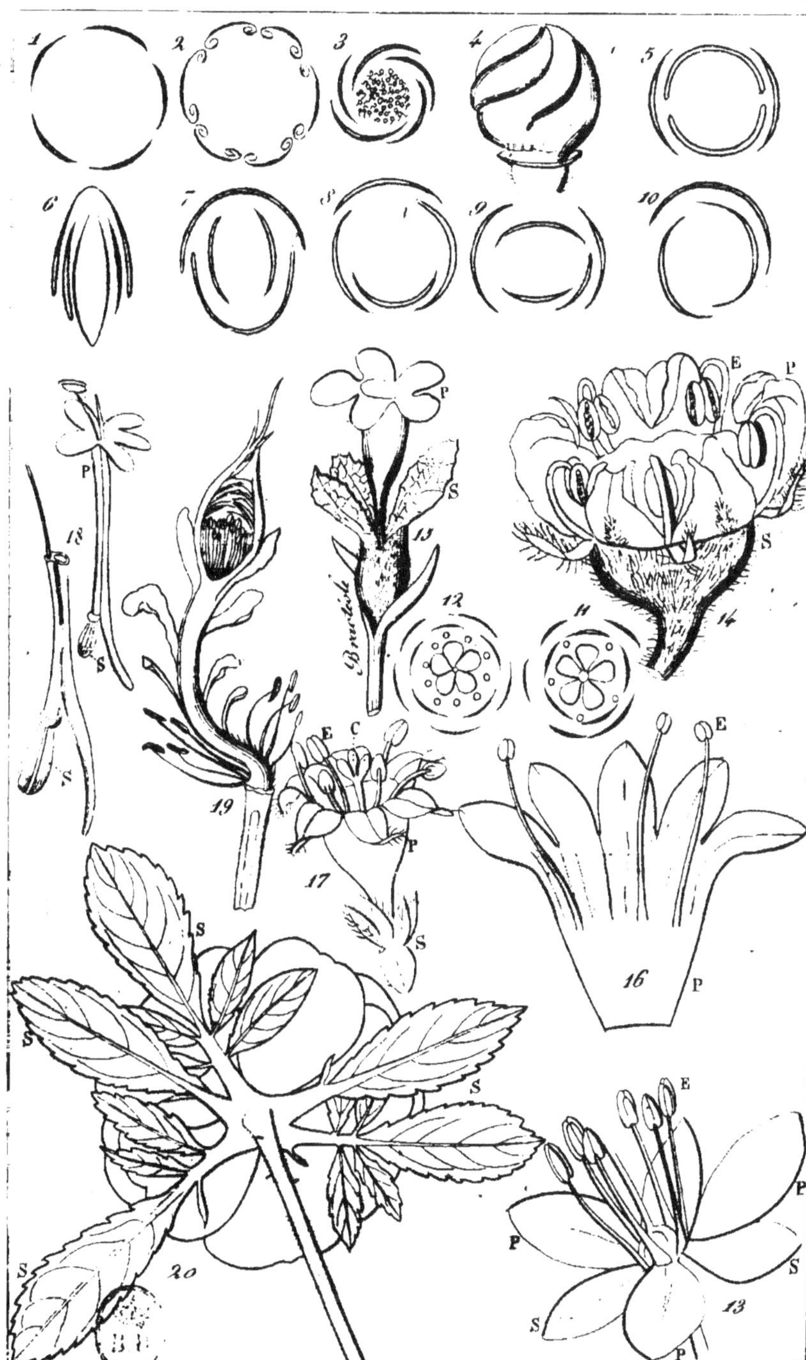
1
2
3
4
5
6
7
8
9
10
18
P
S
S
Bractéole
15
12
14
E P
S
11
19
E C
17
P
S
E
E
16 P
S
S
20
E
P
P
S
S
P
13

—

FLEURS.

1. Préfleuraison régulière des Sépals et des Pétals BORD A BORD.
2. Sépals ou Pétals ROULÉS EN DEDANS.
3 et 4. Préfleuraison régulière BORD SUR BORD des enveloppes floroles.
5. Préfleuraison OPPOSÉE CROISÉE (2 Sépals ou 2 Pétals intérieurs et deux autres extérieurs croisés avec les premiers.)
6. Préfleuraison VEXILLAIRE des LÉGUMINEUSES à Pétals dissemblables : 2 P. intérieurs ou carène, 2 latéraux ou ailes et 1 supérieur ou extérieur, grand, plié sur la dorsale et enveloppant tous les autres.
7. Préfleuraison DAPHNÉENNE. 1 Sépal externe, 1 interne (opposés l'un à l'autre) et les deux autres vis-à-vis l'un de l'autre tout à fait intérieur (*Daphné.*)
8. Préfleuraison des PLANTINS, 1 Pétal extérieur, l'opposé intérieur, et les deux autres organes recouverts par l'un des bords opposés et recouvrants par l'autre.
9. Préfleuraison entuilée irrégulière quinaire.
10. Préfleuraison entuilée irrégulière ternaire.
11. Coupe transversale d'une fleur pour montrer 5 Sépals alternes avec 5 Pétals; 5 Etamines devant les Sépals et enfin 5 Carpels devant les Pétals.
12. Même disposition alterne dans toutes les spires de la fleur, mais la spire des Etamines est double.
13. Fleur de MONOCOTYLÉDONÉ dont les Sépals (S.) et les Pétals (P.) sont presque semblables; 6 Etamines sur 2 rangs ; (E.) libres, ainsi que les Sépals et les Pétals ; (C.) Carpels unis.
14. Fleur d'OMBELLIFÈRE. (S.) Sépals unis à sommets libres; (P.) Pétals infléchis et articulés sur l'intermède, qui fait adhérer toutes les spires de la fleur. (E.) 5 Etamines aussi infléchies.
15. Fleur d'une VALÉRIANÉE. Inférieurement 2 bractéoles; (S.) Sépals unis inférieurement et adhérents; (P.) Pétals unis en un long tube.
16. Pétals unis d'une VALÉRIANÉE, tombés avec les Etamines adhérentes placées devant trois des sinus, (les 2 autres places restent vides.)
17. RUBIACÉE (*Richardsonie rude*). (S.) Sépals unis et adhérents, libres dans leur moitié supérieure; (P.) Pétals unis dans leurs 2/3 infér.; (E.) Etamines; (C.) Carpels.
18. Fleur de *Centrenthe rouge.* (P.) 5 Pétals unis en un long tube prolongé latéralement vers la base en un long éperon, tandis que les parties libres sont disposées en 2 lèvres.(S) Sépals unis et adhérents, formant un tube oblong, dont les parties libres sont encore enroulées ; (E.) une seule Etamine.
19. *Rose* déformée. Prolongation de l'axe de la fleur dont les Etamines sont libres au lieu d'adhérer (comme à l'ordinaire) au tube des Sépals. Au-dessus d'elles le rameau produit des Pétals rudimentaires, et enfin un bouton.
20. *Rose* dont les Sépals, au lieu d'être unis en un long tube, sont presque libres et ramenés à la feuille composée.

—

FLEURS.

1. Coupe verticale d'une fleur de MALVACÉE. (S.) Sépals ; (P.) Pétals ; (E.) Etamines unies par les filets, en un long tube enveloppant les Carpels. (C.)

2. Portion de fleur (grandie) de *Walthérie à grandes feuilles.* (P.) Pétals spatulés libres entre eux, mais adhérents aux filets des Etamines (E.) qui sont dilatés et unis.

3. Fleur régulière carpanthérée (grandie) du centre du capitule d'une SYNANTHÉRÉE. (S.) Sépals dissemblables, unis inférieurement, libres et foliacés en haut (S'); (P.) Pétals semblables entre eux, unis en un long tube et libres au sommet; (E.) Etamines unies par leurs anthères et terminées chacune par un appendice oval lancéolé; (C.) Carpel à deux stigmates.

4. La même privée de ses Sépals et fendue pour montrer les filets adhérents au tube des Pétals (P.), mais libres entre eux (E.) ; anthères unies ; (C.) Deux stigmates.

5. Fleur irrégulière carpellée (grandie) de la circonférence du capitule de la même plante, dont les Sépals (S.) sont unis jusqu'au sommet (S') et prolongés du côté extérieur; (P.) Pétals unis, prolongés en dehors du capitule (C.) Carpel. (La fleur manque d'Etamines.)

6. Fleur carpanthérée régulière de SYNANTHÉRÉE (grossie), prise au centre d'un capitule; (S.) Tube des Sépals ; (S') Partie libre et capillacée des Sépals ; (P.) Pétals unis en un long tube, libres au sommet ; (E.) Etamines dont on ne voit que le sommet des anthères ; (C.) Carpel.

7. Fleur irrégulière, carpellée (de la même plante) prise au bord du capitule (S.) Tube des Sépals; (S') Partie libres et capillacée des Sépals (P.) Pétals unis et prolongés en une lame oblongue (C.) Sommet du Carpel.

8. Capitule de la même plante, entourée de bractées oblongues et présentant dans la circonférence les fleurs carpellées (fig. 7.) et au centre les fleurs carpanthérées. (fig. 6.)

9. Réceptacle d'une SYNANTHÉRÉE, dont on a enlevé une partie des bractées, pour montrer le plateau, dans les excavations duquel naissaient toutes les fleurs du Capitule.

10. Carpe d'une SYNANTHÉRÉE; (S.) Sépals unis en tube, coupé longitudinalement pour montrer l'embryon (S') partie libre capillacée poilue des Sépals.

10* Embryon de la même, retiré du tube des Sépals et du Carpe, qui l'enveloppaient.

11. Autre SYNANTHÉRÉE, dont le tube des Sépals (S.) s'est prolongé bien au-dessus de la graine; (S') Partie capillacée libre et poilue des Sépals.

12. Autre SYNANTHÉRÉE dont le tube des Sépals s'est également prolongé; (S') Partie libres des Sépals converts de pointes réfléchies; (Y.) Embryon.

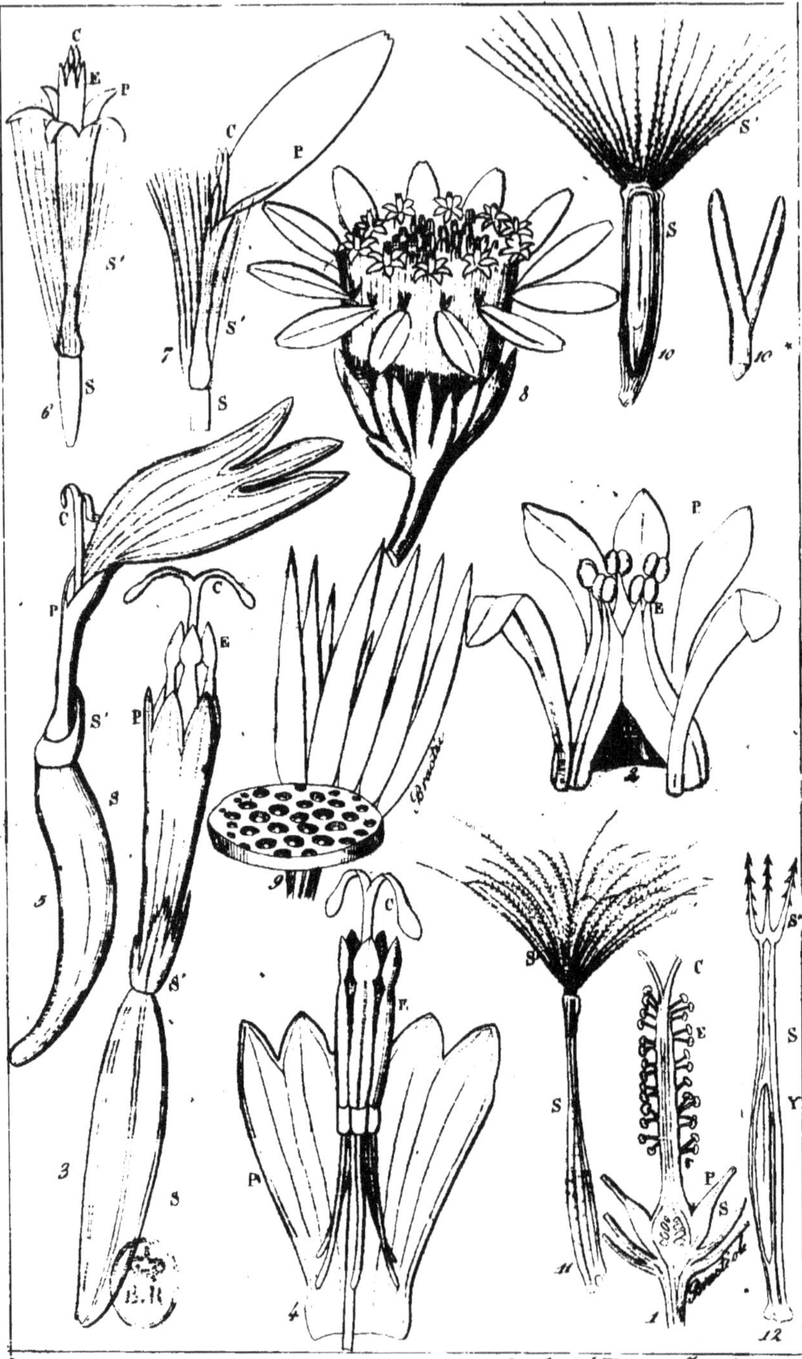

Béchand Frères Sc. Lyon

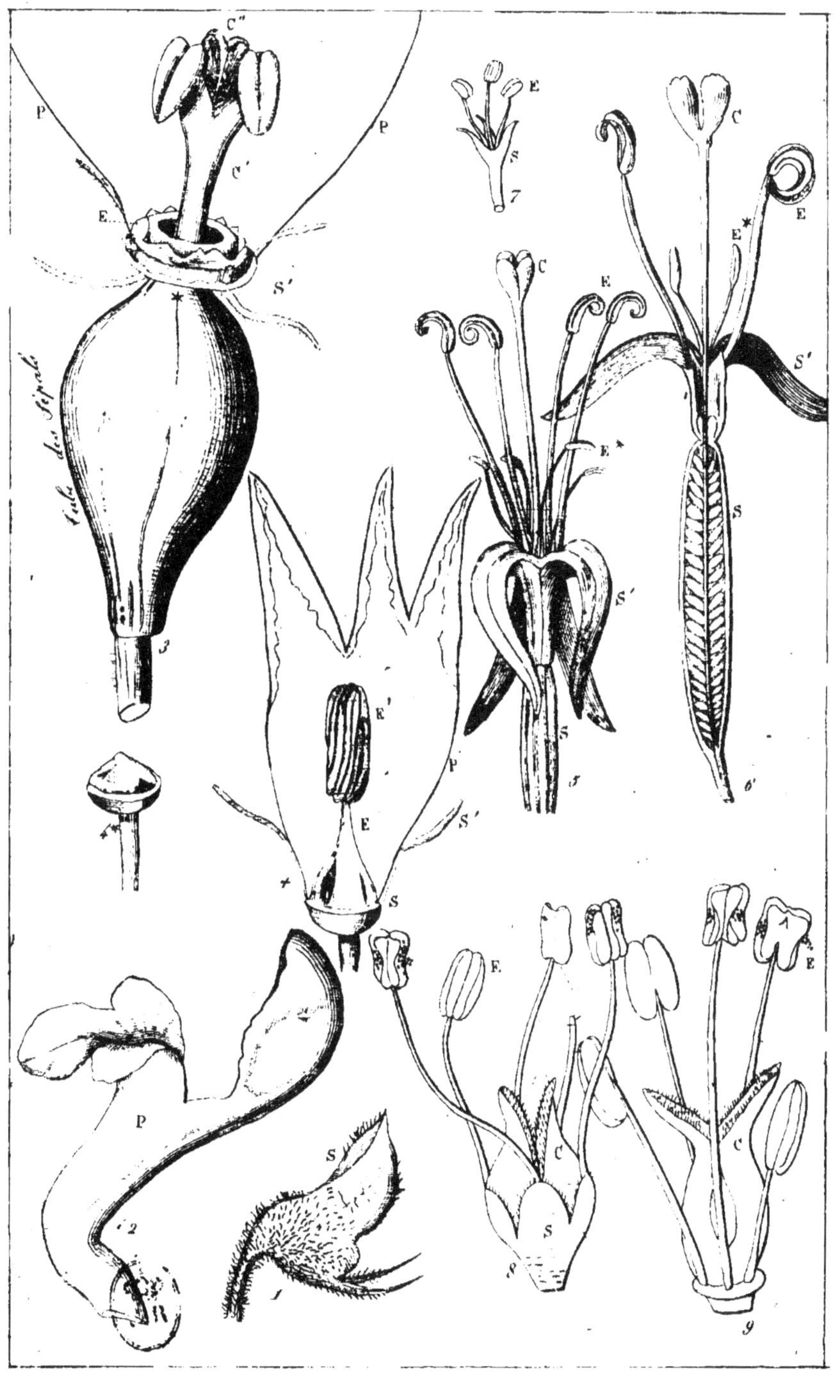
Fleurs
Pl. XXI

—

FLEURS.

1. Sépals unis d'une ʟᴀʙɪᴇ́ᴇ, dont le supérieur est large et creux , les deux latéraux courts et arrondis et les inférieurs linéaires et aigus.

2. Pétals de la même plante, unis, à tube arqué et terminé en deux lèvres; la supérieure de deux Pétals est voutée; l'inférieure de trois , presque semblable. (l'Inférieur plus grand.)

3. Fleur carpellée de *courge*; intérieurement le tube renflé des Sépals qui enveloppe les Carpels; (S') Partie libre des Sépals ; (P.) Coupe longitudinale des Pétals, pour montrer l'intérieur de la fleur. Circulairement on voit la ligne d'où les Pétals ont été enlevés; (E.) Base (non avortée) des Etamines ; (C') Styles des trois carpes unis (C'') Stigmates libres.

4. Fleur anthérée de la même; (S.) Tube très-court des Sépals , dont la partie antérieure a été coupée ainsi qu'une portion du tube des Pétals, afin de mettre à découvert les Etamines; (S') Partie libre de Sépals (E.) Etamines unies deux à deux par les filets ; (E') Anthéres unies.

4* La même dont on a suprimé les Sépals , les Pétals et les Etamines , pour mettre à découvert l'intermède rudimentaire qui tapisse le fond du tube des Sépals.

5. Fleur grossie de *Clarckie* (ᴏɴᴀɢʀᴀʀɪᴇ́ᴇ) (S.) Tube des Sépals adhéreu. aux Carpels ; (S') Partie libre des Sépals. (Les Pétals ont été suprimés, ils alternaient avec les Sépals.) (E.) Première spire d'Etamines bien développée, placée devant les Sépals; (E*) Etamines mal dévelopeées de la seconde spire , placées devant les Pétals. (C.) Carpels unis par leur carpe , leur style; les stigmates sont libres et lamellés.

6. La même, coupée verticalement, pour montrer la position des Graines.

7. Fleur à Etamines du *figuier commun* (S.) Sépals; (E.) Etamines ; (E*) Etamines mal conformées.

8. Fleur grossie de l'*Orme*; (S.) Sépals à peine unis par leur base. (E.) Etamines, ouvrant longitudinalement en dedans. (C.) Carpels unis, bordés dans la portion libre par les stigmates.

9. La même fleur, dont on a enlevé les Sépals, pour montrer la naissance des Etamines (E.) et les Carpels (C.).

—

ÉTAMINES.

1. Étamine à anthère ouvrant par deux fentes longitudinales. — 1* La même vue par le dos, vers le milieu duquel s'engage le filet.
2. Étamine à gros filet, court et cylindrique, lequel s'engage dans le sinus de l'anthère cordiforme; celle-ci s'ouvre par deux fentes longitudinales. — 2* La même vue par le dos.
3. Étamine dont les loges sont très-rapprochées.
4. Étamine à dorsale dilatée, loges arquées très-écartées.
5. Étamine dont la déhiscence est longitudinale et latérale.
6. Étamine dont la dorsale se prolonge au-dessus des loges de l'anthère. Le filet qui le porte est conique et poilu.
7. Étamine à anthère applatie, ouvrant sur les bords; filet très-dilaté pétaloïde et poilu; dorsale prolongée au-dessus de l'échancrure des poches. — 7* La même vue par son autre face.
8. Étamine à filet conique, poilu, prolongé en mucrone au-delà des deux loges arquées.
9. Étamines à poches oblongues, ouvrant en long.
10. Étamine à poches très-allongées, dont le filet s'engage vers le tiers inférieur de l'anthère, échancrée à ses deux extrémités.
11. Étamine à poches très-prolongées, écartées au bas, et fixée très-haut au filet dilaté. — 11* La même vue par la face postérieure
12. Étamine à loges très-allongées et ouvrant au sommet par deux trous.
13. Étamine à filet articulé, avant d'aller former la dorsale de l'anthère,
14. Étamine dont les loges sont très-prolongées et munies à leur base de deux appendices linéaires et aigus.
15. Étamine à filet articulé et à anthère lancéolée.
16. Étamine à filet articulé vers le milieu de sa longueur et présentant à ce point 2 appendices obtus. Anthère oblongue, à 2 deux loges qui s'ouvrent au sommet par un trou commun.
17. Étamine à filet court et portant deux loges arquées et contournées. —
17* Étamine à une seule loge ou poche.
18. Étamine d'une LAURINÉE dont les poches s'ouvrent avec élasticité par des battants inégaux. A la base sont 2 étamines mal développées.
19. Étamine à anthère transversalement oblongue.
20. Anthère à loges séparées par la dorsale. — 20* La même ouverte.
21. Étamine à 2 longues loges courbées et dont le filet va former la dorsale vers le quart de la longueur de l'anthère.
22. Étamine d'une *Violette*, dont le filet est extrêmement court, l'anthère éperonnée et surmontée de la dorsale dilatée. — 22* Autre étamine de la même, vue par la face interne où ses poches s'ouvrent par 2 fentes longitudinales, mais qui n'a point d'éperon.
23. Anthère d'une *Violette*, très-grossie, coupée en travers.
24. Deux étamines unies par leurs filets, mais dont les anthères sont libres.
24* Les mêmes coupées en travers et vues par leur face dorsale.
25. Étamines unies en faisceaux par leurs filets.
26. Globule sphérique de Pollen lisse.
27. Globule elliptique de Pollen, creusé d'un sillon et lisse.
28. Globule de Pollen, sphérique et glanduleux.
29. Globule de Pollen, oblong et réticulé.
30. Globule de Pollen, triangulaire d'une ONAGRARIÉE.

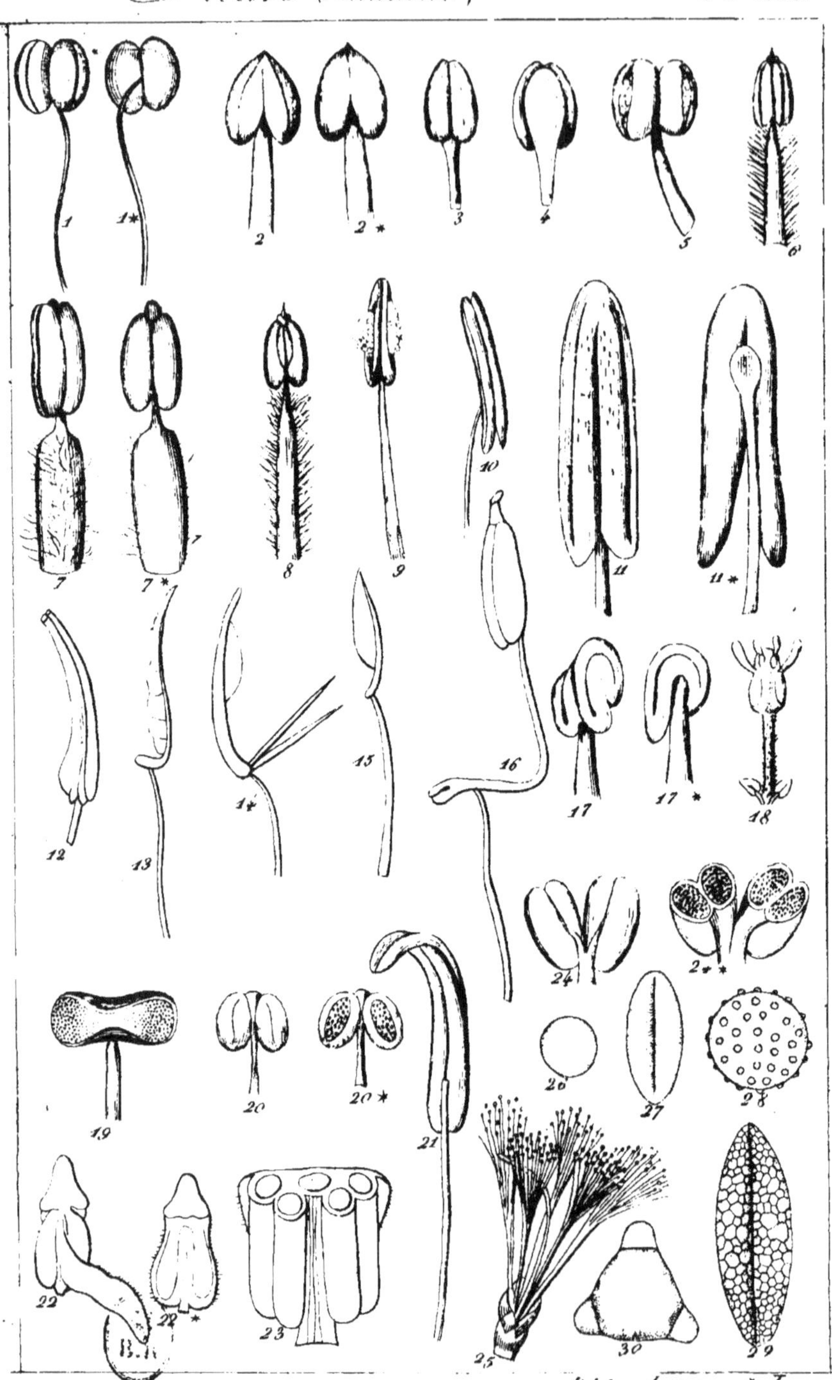

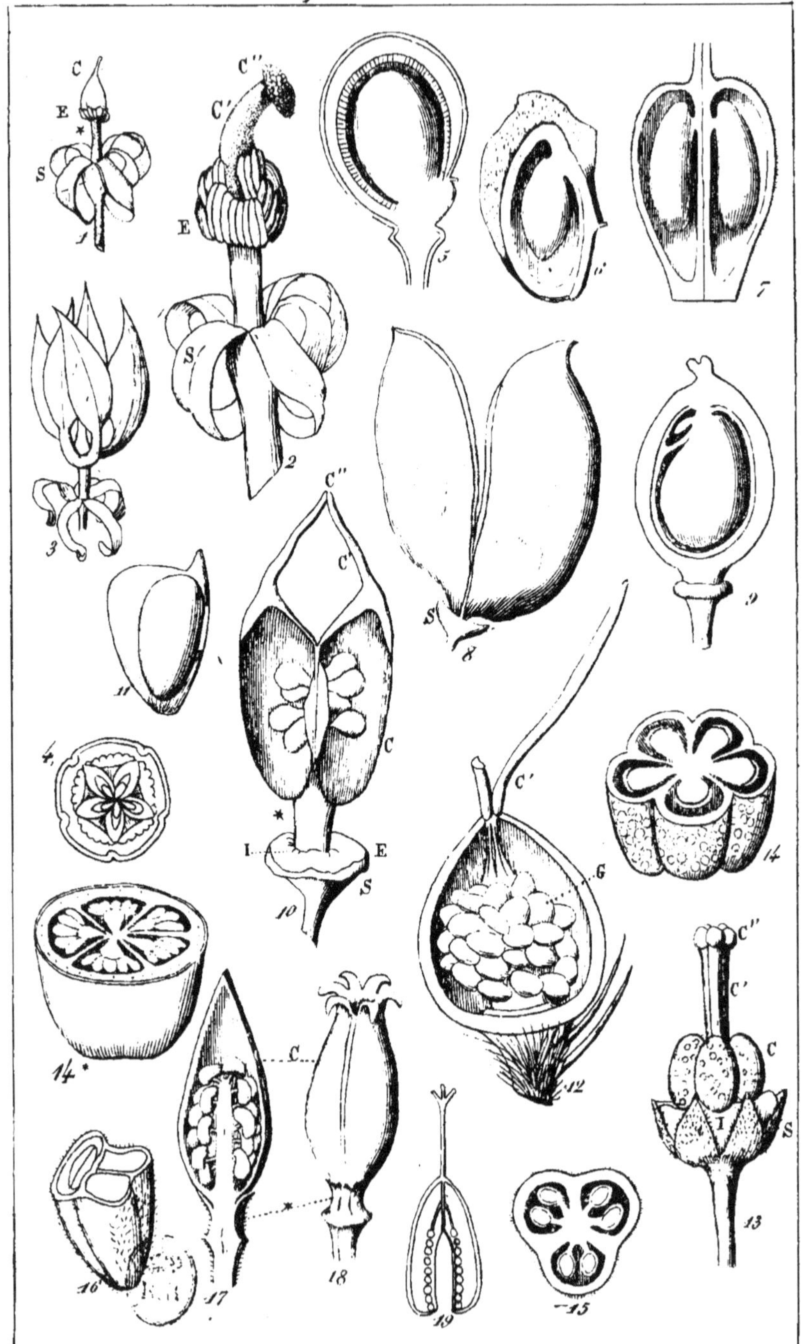

—

CARPES.

1. Fleur jeune de *Sterculier à feuilles de Platane* (S.) Sépals à peine unis par leur base; (*) Axe de la fleur prolongé (E.) Etamines sessiles , entourant la base des Carpels (C.).

2. La même grossie; (S.) Sépals; (E.) Etamines; (S') Styles des carpes unis, qui sont cachés par les Etamines; (S") Stigmates unis.

3. La même plus avancée en âge que dans les deux figures précédentes et dont les Carpes sont désunis, *ainsi que l'axe*, mais non ouverts.

4. Coupe transversale des Carpes collamellaires de la même, au moment de la fleuraison.

5. Coupe longitudinale d'un Carpe co'lamellaire, pour montrer la graine ascendante.

6. Coupe longitudinale d'un Carpe collamellaire, pour montrer une graine pendante.

7. Coupe longitudinale de deux Carpes d'un *Polygale* pour montrer deux graines pendantes.

8. Deux Carpes de Légumineuse, nés de la même fleur , et unis en bas; (S.) Sépals unis dans toute leur longueur.

9. Deux Carpes collamellaires unis; celui de droite présente une graine , bien développée et pendante, tandis que celui de gauche n'a point pris d'accroissement.

10. Carpes collamellaires de *Staphylée pennée*, coupés en long; (S.) Ligne d'où partaient les Sépals; (I.) Intermède; (*) Axe floral prolongé (C.) Carpes. (S') Styles libres; (S") Stigmates rapprochés.

11. Carpel collamellaire de *Riedlérie de Bertero*, pour montrer le point de départ de sa graine.

12. Capitel de Carpels collamellaires (*Lychnis Nielle*) jeune et grossi, coupé en long pour montrer la continuité des bords carpellaires jusqu'aux Styles (S'); au centre sont les graines (G.).

12. Capitel grossi d'*Aptophylle à feuilles aigues*. (S.) Sépals; (I.) Intermède ; (C.) Carpes collamellaires unis; (S') Styles ; (S") Stigmates.

14. Capitel de la même , coupé transversalement et plus grossi.

14* Coupe transversale d'un Capitel d'*Aspatélie lancéolée*, à bords séminifères prolongés dans chaque Carpe collamellaire.

15. Coupe transversale d'un Capitel de trois carpes collamellaires , à funicule presque aussi long que la graine.

16. Coupe transversale d'un Capitel collamellaire de *Valérianelle* , dont deux Carpes sont stériles.

17. Coupe longitudinale d'un Capitel de *Lychnis Nielle*, dont les bords séminifères sont unis au centre, tandis que le reste des bords rentrants des trois carpes est oblitéré. (C.) Carpels unis (*) Axe de la fleur prolongé.

18. Le même , entier, ouvrant par le sommet en six valves.

19. Coupe longitudinale d'un Capitel de *Télèphe d'Impérati*, pour montrer la prolongation des bords carpellaires jusqu'au Style. Ils sont d'abord deux à deux, même un peu au-dessus des graines, puis se réunissent eu un seul.

—

CARPES.

1. Capitel de *Sterculier à feuilles de Platane* à moitié développé et dont les Carpes collamellaires sont désunis naturellement , ainsi que les pédicelles de chacun d'eux.

2. Carpe, presque de grandeur naturelle, isolé du Capitel, et dont les bords sont désunis ; (**G.**) Graines.

3. Carpels de *Gesse*, demi transformés en feuilles simples et dont les bords portent les rudiments des funicules. (**S.**) Sépals déformés.

3* Un Carpel isolé de la même plante.

4. Carpel jeune de *Pois cultivé*; (**S.**) Sépals unis inférieurement ; (**G.**) Carpe ; (**S'**) Style ; (**S"**) Stigmate.

5. Coupe transversale du Carpe collamellaire du même; (**G.**) Graine.

6. Rameau de *Prunier*, dont un Carpel (**C.**) est bien conformé , tandis que les deux autres (surtout celui étiqueté **C***) ont pris (à la suite d'une piquure d'insecte) la forme d'un Carpe de *Haricot*.

7. Carpel d'une CÉLASTRINÉE (*Staphylea Bamalde*) coupé longitudinalement pour montrer la position des Graines d'un Carpe collamellaire.

8. Capitel collamellaire à cinq loges par l'union des cinq Carpels (**S.**); Styles libres (**S'**); Stigmates libres (**S"** (

9. Capitel de Carpes ablamellaires du *Pavot*, qui ouvrent entre les Stigmates , par de petites valves obtuses.

10. Capitel de deux Carpes collamellaires unis , portant sur leurs bords très-élargis, un grand nombre de graines.

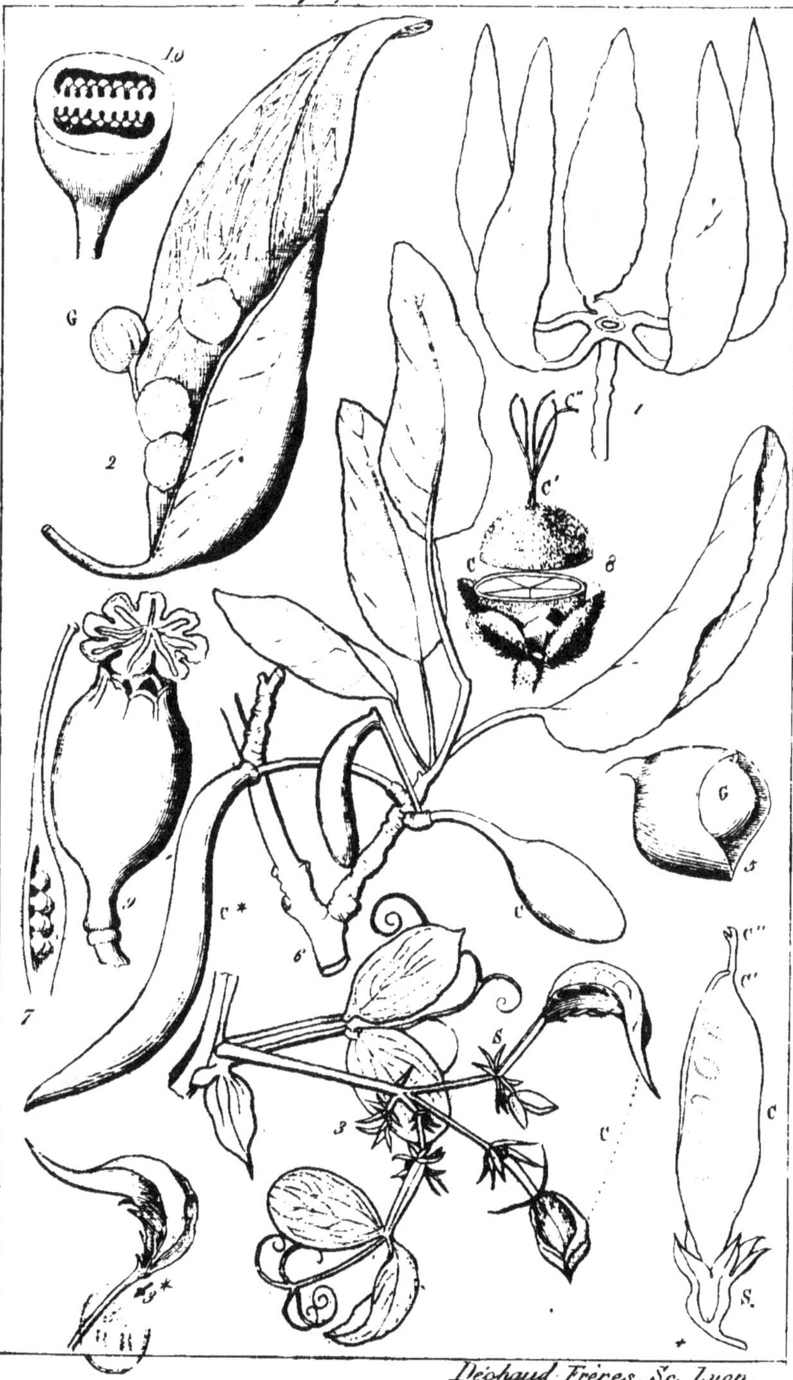

Déchaud Frères. Sc. Lyon.

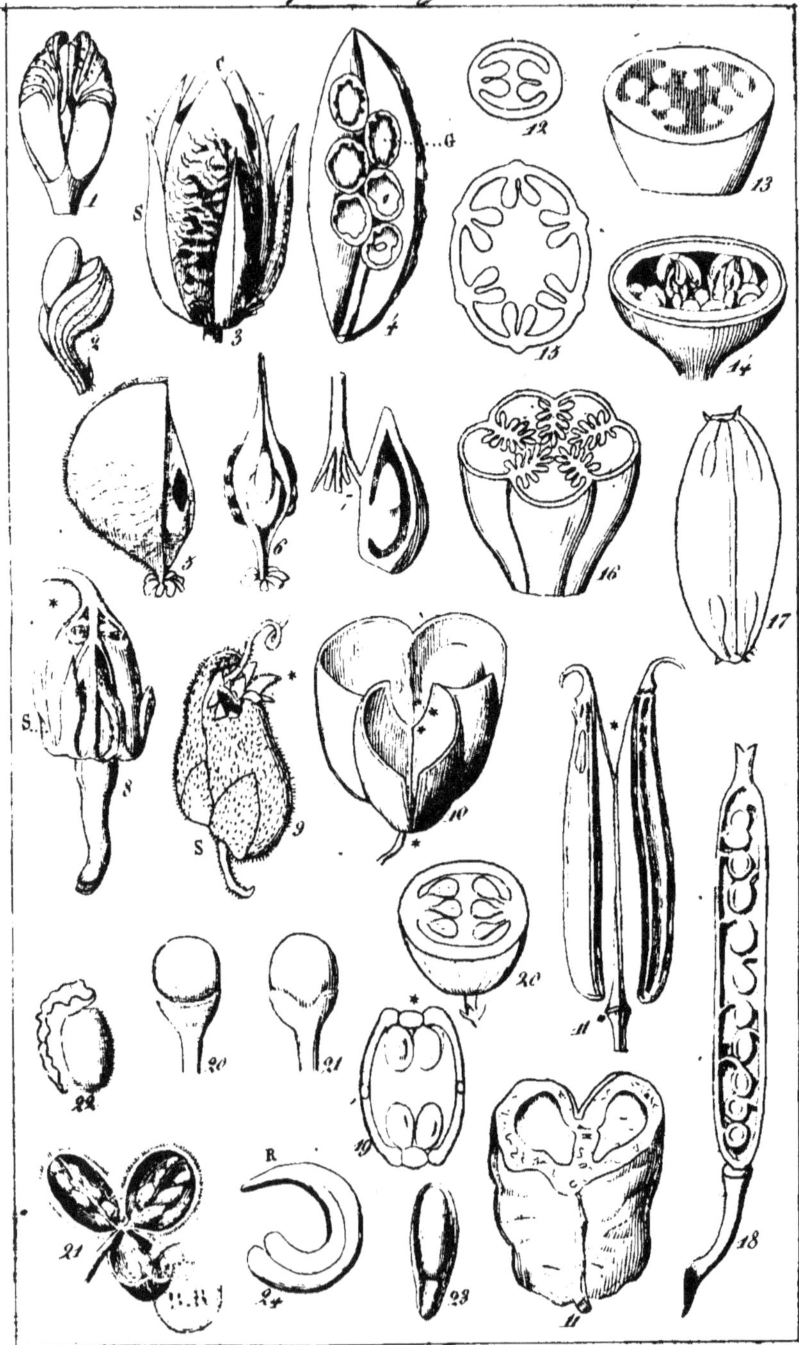

—

CARPES ET GRAINES.

1. Carpe collamellaire d'*Eriostème à feuilles de Saule* (RUTACÉE), entièrement désunis des autres du même capitel, et ouvert par désunion des bords carpellaires.

2. Carpe collamellaire, ouvert par désunion des bords (*Omphalobie velue.*)

3. Capitel grossi de *Patrisie à petites fleurs* ; (S.) Sépals persistants ; (C.) Carpes dont les valves se séparent.

4. La même, privée de ses Sépals et de ses valves, et dont l'un des Carpes ne présente plus qu'une partie de ses bords rentrants, qui portent leurs graines ; (G.) Graines encore munies de leurs funicules développés en arille.

5. Portion de carpe collamellaire ailé de la *Paulinie velue*, dont le reste se trouve uni aux autres carpes (fig. 6.),

6. La même, présentant les bords séminifères et une partie des parois rentrantes.

7. *Eriostème myoporoïde*. Carpe collamellaire d'un capitel, tenant encore à la colonne des styles unis au moyen de la base du style qui est libre, tandis que leurs sommets sont unis.

8. Capitel d'une *Campanule*, encore enveloppé des Sépals (S.) et s'ouvrant par déchirure à la base des Carpes.

9. Capitel de deux carpels collamellaire du *Muflier commun*, ouvrant par déchirure du sommet et dont la base reste entourée de Sépals (S.).

10. Coupe transversale d'un capitel collamellaire de *Kœlreutérie paniculée* ouvrant aux dorsales, tandis que les bords des demi carpes restent unis deux à deux.

11. Coupe transversale d'un Carpe collamellaire grossi de *Lagonychie Stéphanien*, dont la dorsale s'est prolongée jusqu'au bord carpillaire. —

11* Capitel, formé de deux Carpes collamellaires enveloppé et adhérent aux Sépals unis dans toute leur longueur. A la maturité, il ne reste plus que les quatre bords carpellaires des deux Carpes, unis deux à deux et toujours enveloppés de la moitié des Sépals. C'est au sommet des bords carpellaires que pendent les deux Carpes.

12. Coupe transversale d'un capitel formé de deux Carpes ablamellaires.

13. Coupe transversale d'un capitel de trois Carpes ablamellaires.

14. Coupe transversale d'un capitel de *Byrsanthe de Brown*, formé de cinq Carpes ablamellaires.

15. Coupe transversale d'un capitel formé de six Carpes ablamellaires.

16.   Capitel de Carpes ablamellaires de *Millepertuis de Leschenault*, coupé
      transversalement et dont les parties rentrantes couvertes de Graines,
      se prolongent presque jusqu'au centre.

17.   Coupe transversale d'un capitel de deux Carpes ablamellaires, d'une
      CRUCIFÈRE. Ce capitel, quoique ablamellaire, est à deux loges par le
      prolongement membraneux des quatre bords carpellaires, hors de la
      ligne qui porte les graines.

18.   Capitel de deux Carpes ablamellaires (CRUCIFÈRE), dont la chute d'une
      valve (déchirée des bords sémifères, qui restent unis aux deux autres
      bords opposés), laisse à découvert les Graines de l'un des Carpes.

19.   Coupe transversale d'un capitel de deux Carpes ablamellaires, dont les
      valves se déchirent du point *, qui représente deux bords carpellaires
      de deux Carpes différents.

20. 21.   Graines entourées par l'extrémité évasée du funicule.

22.   Graine de *Patrisie à petites fleurs* (grossie) portant un funicule arillé à
      bords ondulés.

23.   Graine complettement entourée du funicule développé en arille.

24.   Embryon dicotylédoné courbé, de la *Cléome nummulaire*, présentant
      en haut la racine, et en bas les Cotylédons.

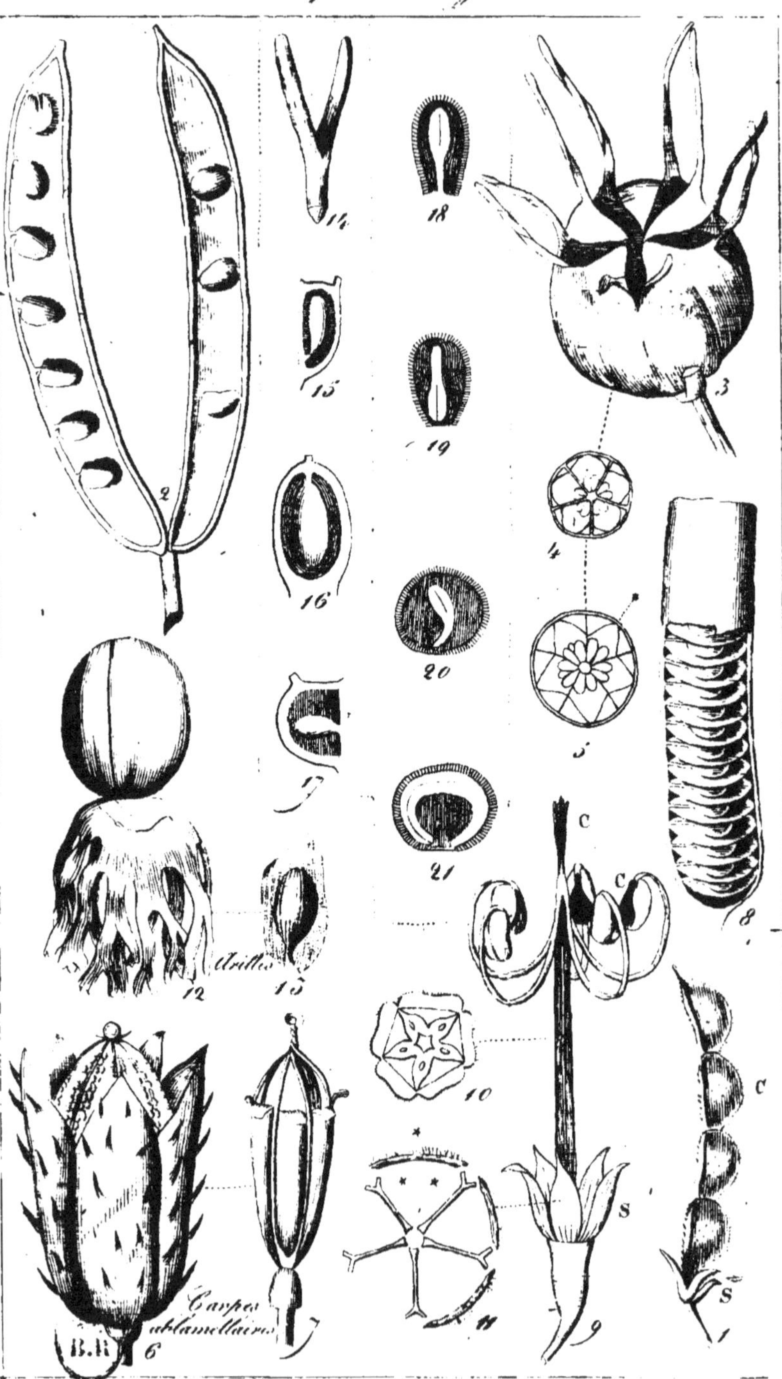

Danteau Frères Sc. Lyon

—

CARPES ET GRAINES.

1. Carpe (**C.**) collamellaire, solitaire de *Desmodie du Canada*. A la maturité il se rompt transversalement aux étranglements, de manière que chaque graine tombe complettement enfermée dans une portion du carpe; (**S.**) Sépals persistants.
2. Carpe collamellaire, dont les bords séminiféres sont désunis et la dorsale déchirée (presque toutes les LÉGUMINEUSES).
3. Capitel vésiculeux de cinq carpes collamellaires unis, ouvrant au sommet des dorsales et des bords séminifères (*Nigelle de Damas*).
4. Coupe d'un capitel jeune de *Nigelle de Damas*, dont les deux membranes extérieures des carpes, en s'étendant, commencent à se désunir de l'endocarpe. qui entoure les graines.
5. La même, plus avancée et dont la désunion des membranes est plus prononcée.
6. Capitel ablamellaire d'*Argémone du Mexique*, dont les valves se déchirent des bords seminifères, qui forment une espèce de cage.
7. Capitel ablamellaire du *Méconopsis*, s'ouvrant comme l'*Argémone*.
8. Carpe solitaire collamellaire de la *Casse en bâton* considérablement diminuée; dont l'endocarpe est replié de manière à former des cloisons transversales, qui sécrètent la pulpe nommée *pulpe de Casse* et dans laquelle sont plongées autant de graines que le carpel présente de loges.
9. Capitel collamellairé d'une GÉRANIACÉE, dont les valves des cinq Carpes se roulent en crosse, et entraînent ordinairement dans chaque poche carpellaire deux Graines. (**S.**) Sépals persistants.
10. Coupe transversale des carpes dans la partie privée de graines. Chaque carpe est triangulaire, vide à cette hauteur, et est la suite du carpe lui-même (non le style).
11. Coupe transversale du capitel de la même plante, dans la partie garnie de graines (*) Valve; qui se détache de la partie voisine des bords Séminifères, et qui forme les rayons du capitel, lesquels sont désignés par **.
12. Graine et funicule arillé et frangé de la *Muscade* (*Macis*).
13. Graine d'une NYMPHÉACÉE, totalement enveloppée par le funicule développé en arille.
14. Embryon Dicotylédoné, droit, dressé et nu sous le derme.
15. Coupe longitudinale d'un carpe collamellaire, pour montrer une graine ascendante ou dressée.
16. Coupe longitudinale d'un Carpe collamellaire dans lequel la Graine est pendante.
17. Coupe longitudinale d'un Carpe, pour montrer une Graine horizontale.
18. Embryon droit et dressé, renfermé dans un Albumen (Racine au Hile).
19. Embryon droit et renversé, renfermé dans un Albumen (Cotylédons au Hile).
20. Embryon courbé, dressé, enveloppé par l'Albumen (Racine au Hile).
21. Embryon en anneau, entourant l'Albumen et dont les Cotylédons et la Racine sont au Hile.

—

PORT DE VÉGÉTAUX.

Ports de VÉGÉTAUX DICOTYLÉDONÉS, (voir les caractères, page 17 à 45, et pl. IV.

      1. *Saule de Babylone*, ou *S. pleureur*.
      2. *Sapin élevé·*
      3. *Dionée attrape mouche.*
      4. *Chêne.*

Ports de VÉGÉTAUX MONOCOTYLÉDONÉS, (voir leurs caractères, page de 26 et 27 et pl. V.

      1. *Palmiers.*
      2. *Bananiers.*
      3. *Agavé.*
      4. *Aloès.*
      5. *Canne à sucre.*

Dicotylédones

Monocotylédones

—

ORGANES ACCESSOIRES.

1. Poil simple grossi.
2. Poil globuleux au sommet et mucroné.
3. Poil fourchu, ou en **Y**.
4. Poil renflé vers son sommet et terminé par une glande sphérique.
4* Poil en navette d'une MALP.GHIACÉE. Le milieu répond à une glande, qui verse par les deux extrémités du poil le liquide acre sécrété.
5. Feuilles de *Vinettier*, qui commence à se transformer en épines.
6. Feuille de la même plante, prise plus bas sur la branche, ces états de la feuille ne s'observent que sur les pousses très-vigoureuses de la première année, lorsque la plante a été rabattue pendant l'hiver.
7. Aiguillons de *Rosier*. En haut se voit une cicatrice oblongue, qui est due à la chute de l'aiguillon.
8. Rameau épineux, garni de feuilles, et sans bourgeon terminal.
9. Rameau épineux de la figure précédente, mais dont les feuilles sont tombées.
10. Tige spiralée ou autrement dit en vrille. (de droite à gauche) (*Liseron.*)
11. Pétiole de *Clématite*, disposé en vrille (de gauche à droite).
12. Transformation des folioles terminales d'une *Vesce* entortillées en vrilles.
13. Stiples de *Smylax*, enroulées en vrilles.
14. Dorsale d'une feuille de *Mutisia* prolongée en vrille.
15. Pédicelle stérile d'une *Passiflore*, allongé en vrille.
16. Pédicelle d'une fleur carpellée de la *Valisnérie spiralée*, enroulé en spirale lâche pendant la fleuraison (la fleur flotte sur l'eau). Pendant la maturation le pédicelle se contracte et le fruit est submergé.
17. Fruit de *chenillette* disposé en crosse.
18. Style de *Clématite*, tortillé irrégulièrement en vrille.
19. Tube des Etamines et Carpels, spiralés avant l'épanouissement du bouton.

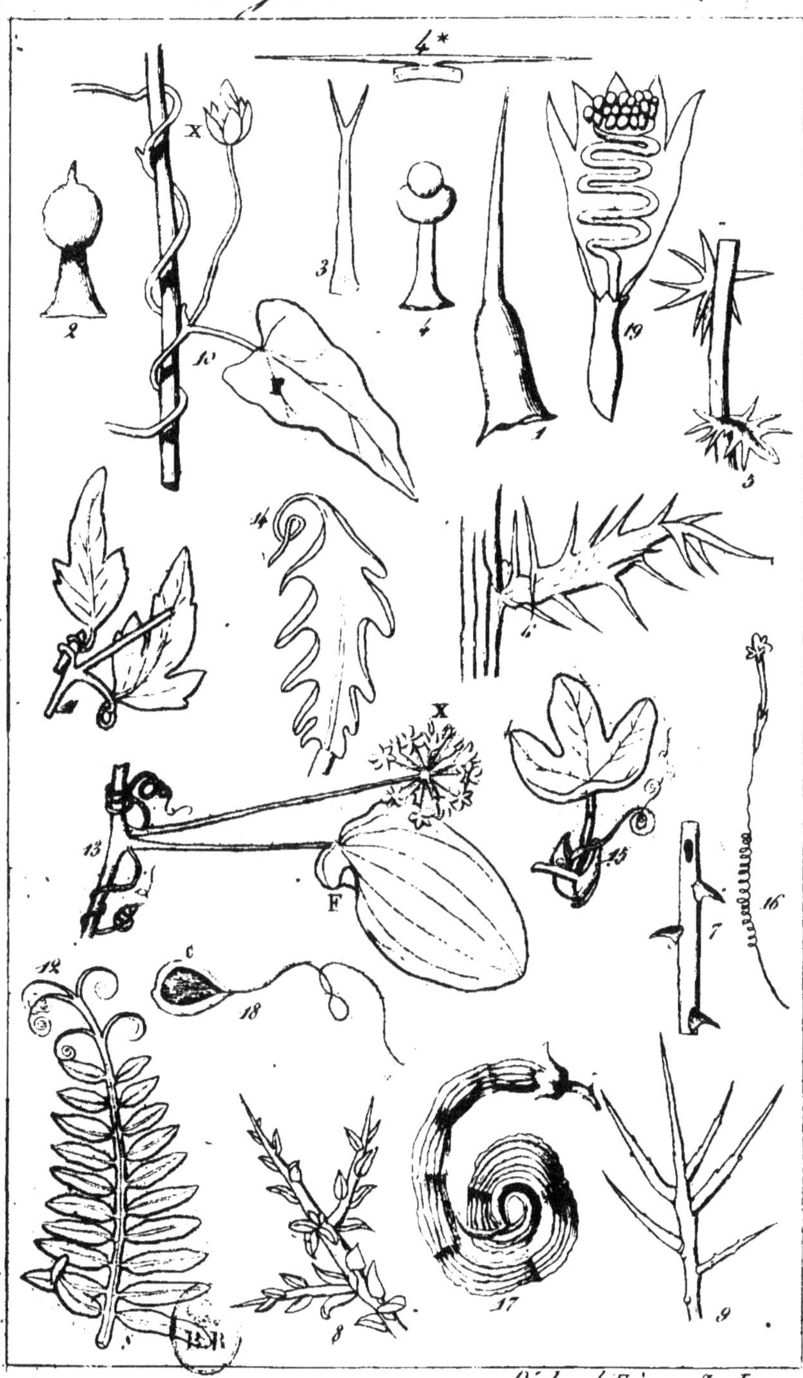

Néchaud Frères Sc. Lyon

AÉRIENNES	CHARRONNAGE.	Frêne, Orme, Charme, Soi
	TEINTURE.	Bois d'Inde, Campêche, Cen Marthe, Bois Jaune, Gl ai
	MÉDECINE.	Gayac, Douce-Amère, Boi de Quinquina, Canelle, G ou
	TANAGE, écorces de	Chêne, Chêne vert, Sapi
	TISSUS.	Écorce de Chanvre, Lin, r

BOURGEONS . . . . Choux, Laitues, Oignons A Lis, Scille, Peuplier, pi

FEUILLES EMPLOYÉES POUR	ALIMENTS.	Chou, Épinard, Oseille, te Cardon, Persil, Cerfe Toutes les plantes fourr er
	MÉDICAMENTS.	Mauve, Guimauve, Ciguë ig the, Mélisse, Germandr de fontaine, Cochléari Capillaire, Cataire, Cl d Joubarbe, Laitue, Lau Marrube blanc, Ményar e taire, Pêcher, Pensée, a Sabine, Saponaire, Sé, Nicotiane, Tanaisie, Th officinale, Verveine off a
	TEINTURE.	Indigo, Gaude, Pastel, F e

ORGANES

UTRICULES.

Papyrus des Anciens. Il était préparé avec le tissu [réticulai...]
Papyrus des Fleuristes. Provient des utricules de l'[échinoc...]
Camellia, des *Roses.* Les papillons peints sur ce papie[r ont été...]

RACINES.		ALIMENTAIRES.	Rave, Navet, Radis, Raifor[t...] Rave, Scorzonère, Salsi[fis...] Terre, Gingembre.
		MÉDICINALES.	Guimauve, Impératoire, M[alva...] de-Lion, Aunée, Bardan[e...] Patte- lique, Aristoloche, Dom[pte-Ven...] Cynoglosse, Dictamne, H[éllébore...] Pyrèthre, Rhubarbe, R[h...]ontic, baret (R et T), Valéria[ne...]
		TINCTORIALES.	Garance, Orcanette.
TIGES	SOUTERRAINES	ALIMENTAIRES.	Pommes-de-Terre, Topinambour, [...]
		MÉDICINALES.	Acore vrai, Iris, Saponair[e...] Souc[...] Dame, Carex fausse Sa[lse]parei[lle...]
	AÉRIENNES. .	ALIMENT.	Asperge, jeunes tiges de [H]ublon
		CHAUFFAGE.	Tous les arbres et arbustes[q]ui so[nt...] Hêtre, Charme, Chênes
		CONSTRUCTION.	Pins, Sapins, Mélèze, Hêtr[e,] Cha[...]
		MEUBLES.	Noyer, Érable, Plane, A[ca]jou, [...] Bois de Ste-Lucie, Chên[e-]Liège,
		CHARRONNAGE.	Frêne, Orme, Charme, S[ap]in, A[...]
		TEINTURE.	Bois d'Inde, Campêche, C[ô]ne, [...] Marthe, Bois Jaune, Ch[a]taigne,
		MÉDECINE.	Gayac, Douce-Amère, Boi[s de R]o[se...] Quinquina, Canelle, G[ir]o[fl]u.
		TANAGE, écor- ces de	Chêne, Chêne vert, Sapi[n,] Pin,
		TISSUS.	Écorce de Chanvre, Lin, [O]rtie, [...]
BOURGEONS			Choux, Laitues, Oignons, [A]il, P[...] Lis, Scille, Peuplier, [Sa]pin.
FEUILLES EMPLOYÉES POUR		ALIMENTS.	Chou, Épinard, Oscille, B[ett]e, C[...] Cardon, Persil, Cerfeu[il,] Cres[son...] Toutes les plantes fourr[ag]ères ([...]
		MÉDICAMENTS.	Mauve, Guimauve, Ciguë, [Ci]guë a[...] the, Mélisse, Germandr[ée,] Basili[c...] de fontaine, Cochléaria, Becca[...] Capillaire, Cataire, Ch[é]doine[...] Joubarbe, Laitue, Laur[i]er, L[...] Marrube blanc, Ményan[the,] Trèf[le...] taire, Pêcher, Pensée, [Pl]antin, Sabine, Saponaire, S[...], Scol[...] Nicotiane, Tanaisie, Th[é,] Thym officinale, Verveine of[fi]cinale, [...]
		TEINTURE.	Indigo, Gaude, Pastel, F[us]tet, Pot[...]

Organes élémentaires.

...US.

...culaire ou *moelle des tiges du Papyrus.*
...inomène des Marais. On en fait les pétals des
...nt d'un charmant effet.

FIBRILLES.

Les fibrilles et les fibres d'un grand nombre de végétaux produisent, par des préparations variées, un grand nombre de tissus, des cordages. Ceux-ci usés et décomposés par une demi putréfaction, forment notre papier, nos cartons, etc.

Organes composés.

...ltivé, Carotte, Panais, Chervi, Betterave, Céleri-
...Raiponce, Patate, Dahlia, Orchis, Amande-de-

...agore, Oseille, Persil, Chicorée, Bryone, Dent-
...Patience, Asperge, Salsepareille, Fraisier, Angé-
...Venin, Benoîte, Bistorte, Panicaut, Consoude,
...pore noir, Filipendule, Fragon, Gentiane, Pivoine,
...ntic, Quassia, Réglisse, Salep, Sassafras, Ca-

...ur, Raifort sauvage.

...Souchet long, Sceau de Salomon, Sceau Notre-
...pareille.

...blon, Chourave, Canne à Sucre.

...i sont aussi réduits en charbons, mais surtout les

...Charme, Chênes, Peupliers, Cèdre, Frênes, etc.

...ou, Sapin, Ébène, Houx, Citronier, Cerisier,
...ège, etc.

...n, Peuplier.

...e, Chêne-Quercitron, Fernambouc, Bois de Sto-
...gne, Fustet, etc.

...e Rose, Santal blanc, Santal rouge, Écorce de
...n.

...Pin, Marronnier d'Inde.

...ie, Mauve, Tilleul, Bois-Dentelle.

...l, Porreaux, Ciboule, Chou-Palmiste, Colchique,
...n.

...e, Chou-Marin, Endive, Chicorée, Mache, Céleri,
...Cresson de fontaine, Cresson Alenois, Pourpier.
...es (pour nos animaux herbivores).

...ue aquatique, Belladone, Napel. Jusquiame, Men-
...Basilic, Hyssope, Romarin et autres Labiées, Cresson
...eccabongue, Bourrache, Raisin d'ours, Buglosse,
...oine, Glaucier jaune, Digitale, Vélar, Gratiole,
..., Laurier cerise, Laurier rose, Lierre terrestre,
...Trèfle d'eau, Mercuriale, Morelle, Oranger, Parié-
...ntin, Pulmonaire, Ronce, Rue, Rue de muraille,
...Scolopendre, Dature Pomme épineuse, Sumac,
...Thym, Serpolet, Vermiculaire brûlante, Véronique
...e, Aigremoine, Armoise, Absinthe, Basilic.

...e, Polygone des teinturiers, Genet.

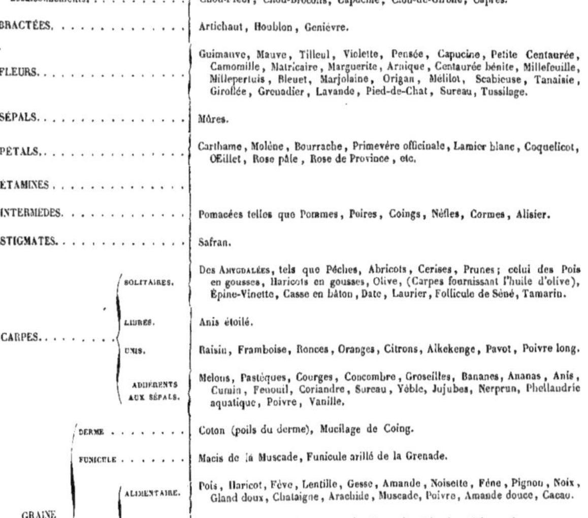

		Exemples
PÉDONCULES employés comme aliments.		Pomme-d'Acajou, Figue, Arbre à Pain, Réceptacle de l'Artichaut, Fraise.
BOUTONS employés comme aliments ou assaisonnements.		Chou-Fleur, Chou-Brocolis, Capucine, Clou-de-Girofle, Capres.
BRACTÉES.		Artichaut, Houblon, Genièvre.
FLEURS.		Guimauve, Mauve, Tilleul, Violette, Pensée, Capucine, Petite Centaurée, Camomille, Matricaire, Marguerite, Arnique, Centaurée bénite, Millefeuille, Millepertuis, Bleuet, Marjolaine, Origan, Mélilot, Scabieuse, Tanaisie, Giroflée, Grenadier, Lavande, Pied-de-Chat, Sureau, Tussilage.
SÉPALS.		Mûres.
PÉTALS.		Carthame, Molène, Bourrache, Primevère officinale, Lamier blanc, Coquelicot, OEillet, Rose pâle, Rose de Province, etc.
ÉTAMINES.		
INTERMÈDES.		Pomacées telles que Pommes, Poires, Coings, Nèfles, Cormes, Alisier.
STIGMATES.		Safran.
CARPES.	SOLITAIRES.	Des Amygdalées, tels que Pêches, Abricots, Cerises, Prunes; celui des Pois en gousses, Haricots en gousses, Olive, (Carpes fournissant l'huile d'olive), Épine-Vinette, Casse en bâton, Date, Laurier, Follicule de Séné, Tamarin.
	LIBRES.	Anis étoilé.
	UNIS.	Raisin, Framboise, Ronces, Oranges, Citrons, Alkekenge, Pavot, Poivre long.
	ADHÉRENTS AUX SÉPALS.	Melons, Pastèques, Courges, Concombre, Groseilles, Bananes, Ananas, Anis, Cumin, Fenouil, Coriandre, Sureau, Yèble, Jujubes, Nerprun, Phellandrie aquatique, Poivre, Vanille.
GRAINE considérée relativement à son	DERME	Coton (poils du derme), Mucilage de Coing.
	FUNICULE	Macis de la Muscade, Funicule arillé de la Grenade.
	EMBRYON — ALIMENTAIRE.	Pois, Haricot, Fève, Lentille, Gesse, Amande, Noisette, Fêne, Pignon, Noix, Gland doux, Chataigne, Arachide, Muscade, Poivre, Amande douce, Cacau.
	EMBRYON — MÉDICINAL.	Fenugrec, Lin, Lupin, Moutarde, Muscade, Plantin, Noix vomique.
	EMBRYON — HUILEUX.	Noix, Amande et tous les Embryons des autres Amygdalées; Colza, Moutarde, Caméline, Lin, Chanvre, Soleil, Carthame, Courge, Madic, Conifères.
	ALBUMEN — HUILEUX.	Ricin, Pavot, Palmier (Lait de Coco lorsque l'albumen est jeune).
	ALBUMEN — FARINEUX.	Blé, Orge, Seigle, Avoine, Riz, Maïs, Sorgho, Sarazin.
	ALBUMEN — CORNÉ.	Café.

COLLAMELLAIRES

DÉHISCENTS			**INDÉ[HISCENTS]**	
			DICOTYLÉDONÉS A S[ÉPALES...]	
Hippocastanées.	Zygophyllées.	*Isopyre*	Renonculacées.	[éliac]
Magnoliacées.	Balsaminées.	*Dauphinelle.*	Berbéridées.	
Droséracées.	Tropéolées.		Amygdalées.	[liac]
Polygalées.	*Nigelle* (1).		*Fumeterre.*	[me.]
			MONOCOTYLÉDONÉS A [PALES...]	
Liliacées.	Colchicacées.			
			DICOTYLÉDONÉS A[PÉ]PA[LES...]	
Acérinées.	Paronychiées.	Campanulacées.	Rosées.	[reli]
Légumineuses.	Malvacées.	Lobéliacées.	Potentillacées.	[llac]
Géraniacées.	Crassulacées.	Apocynées.	Aurantiacées.	[obu]
Caryophyllées.	Ficoïdes.	Gentianées.	Sanguisorbacées.	[oml]
Linées.	Labiées.	Polémoniacées.	Eléagnées.	[cta]
Oxalidées.	Scrofulariées.	Convolvulacées.	Urticées.	[yg]
Rutacées.	Primulacées.	Borraginées.	Platanées.	[ym]
Spiréacées.	Ericinées.	quelq. Solanées.	Conifères.	[nta]
Portulacées.	Epacridées.		Jasminées.	
			MONOCOTYLÉDONÉS [SÉ...]	
Joncées.			Graminées.	[pa]
			Alismacées.	[tar]
			DICOTYLÉDONÉS A [É]P[...]	
Saxifragacées.	Companulacées.		Caprifoliacées.	[ma]
Ombellifères.	Lobéliacées.		Cucurbitacées.	[an]
Onagrariées.	Ericinées.		Myrtacées.	[lé]
Lythrariées.			Granatées.	[na]
			MONOCOTYLÉDONÉS [SÉ...]	
Iridées.			*Vallisnerie.*	[m]

...X FIBRÉS

...IRES, ET LA CADUCITÉ OU LA PERSISTANCE DES SÉPALS.

CARPES

ABLAMELLAIRES

...CENTS		DÉHISCENTS	INDÉHISCENTS
...LS NON PERSISTANTS.			
...liacées.	Ampélidées.	Crucifères.	Capparidées.
	Bétulinées.	Papavéracées.	
...iacées.		*Corydalis.*	
...ne.		Salicinées.	
...PALS NON PERSISTANTS.			
...PALS PERSISTANTS.			
...relle.		Violariées.	Passiflorées.
...ladone.		Cistinées.	Nymphéacées.
...obulariées.		Résédacées.	
...mbaginées.		Frankéniacées.	
...ctaginées.		Hypéricinées.	
...ygonées.		Tamariscinées.	
...ymélées.		Orobanchées.	
...talacées.			
...SÉPALS PERSISTANTS.			
...paragées.	Aroïdées.		
...amées.	Typhacées.		
...PALS ADHÉRENTS.			
...nacées.	Dipsacées.	Aristolochiées.	Grossulariées.
...amnées.	Loranthacées.	Cytinées.	Cactées.
...érianées.	Vacciniées.		
...anthérées.			
...SÉPALS ADHÉRENTS.			
...miers.	Broméliacées.	Orchidées.	

[illegible]

COLLAMELLAIRES

DÉHISCENTS

INDÉHISCENT

DICOTYLÉDONÉS **MONOCOTYLÉDONÉS** **DICOT. ÉDONÉ**

1° PAR DÉSUNION DES BORDS SÉMINIFÈRES.

Helléborées.	Dictamne.	Colchicacées.	Renoncul. ées
Pœoniacées.	Saxifragacées.	Gloriosa.	Berbéride.
Pomacées.	Spiréacées.		Fumeterr
Illicie.	Gentianées.		Méliacées
Crassulacées.	Apocynées.		Tiliacées.

2° PAR DÉCHIREMENT DE LA DORSALE.

Nigelle.	Acanthacées.	Ampélidé
Hippocastanées.	Pittosporées.	Amygdale.
Calcéolaire.	Polygale.	Potentillaées.
Véronique.	Thé.	Granatées
		Rosées.

3° PAR DÉCHIREMENT DE LA DORSALE ET DÉSUNION DES BORDS SÉMINIFÈRES

Légumineuses.	Sésamées.	Lis.	Anthéric.	Pomacées
(la plupart)	Célastrinées.	Crinum.	Ail.	Myrtacées
Magnoliacées.	Acanthacées.	Hémérocalle.	Tulipe.	Caprifoliées.
Michelia.	Euphraise.	Tradescantie.	Ornithogale.	Valériane.
		Camméline.	Vératre.	Synanthées.

Dipsacée

Nyctagine.

4° PAR DÉCHIREMENT PRÈS DES BORDS SÉMINIFÈRES QUI RESTENT UNIS.

Acérinées.	Capucine.	Morée.	Conifères
Liriodendron.	Ombellifères.		Querciné
Balsamine.			Ulmacées

5° PAR DÉCHIREMENT VERS LE SOMMET, A LA DORSALE ET AUX BORDS.

Caryophyllées.

MONOCO. LÉDO

6° PAR DÉCHIREMENT EN LONG DANS LES LAMELLES.

Géraniacées.	Campêche.	Graminé
Onagrariées.	Cobéacées.	Cypéracé.

Aroïdées.

Broméliaés.

Asparagé.

7° PAR DÉCHIREMENT CIRCULAIRE.

Jusquiame.	Centoncule.
Plantin.	Coronille.
Pourpier.	Sainfoin.
Anagallis.	

8° PAR DÉCHIREMENT IRRÉGULIER D'UNE PARTIE DES LAMELLES.

Scrofulaire.	Linaire.
Muflier.	Campanulacées.

ABLAMELLAIRES

...HISENTS	DÉHISCENTS		INDÉHISCENTS
...TYDONÉS	DICOTYLÉDONÉS	MONOCOTYLÉDONÉS	
...ula.es (vraies).	1º PAR DÉSUNION DES BORDS SÉMINIFÈRES.		O
...dée			
...rre			
...es.			
...es.			
...lée	2º PAR DÉCHIREMENT DE LA DORSALE.		
...llée	Violariées. Droséracées.		
...lacs.	Cistinées.		
...es	Résédacées.		
	Orobanchées.		
...es	3º PAR DÉCHIREMENT DE LA DORSALE ET DÉSUNION DES BORDS SÉMINIFÈRES.		
...es			
...lacs.			
...née			
...nérs.			
...ées			
...lné	4º PAR DÉCHIREMENT PRÈS DES BORDS SÉMINIFÈRES QUI RESTENT UNIS.		
...es.	Corydalis. Méconopse.		
...née	Crucifères. Chélidoine.		
...es.	Argémone. Glaucier.		
...COTYLÉDONÉS	5º PAR DÉCHIREMENT VERS LE SOMMET A LA DORSALE ET AUX BORDS.		
...née			
...céé	6º PAR DÉCHIREMENT EN LONG DANS LES LAMELLES.		
...es,			
...lacs.			
...gée	7º PAR DÉCHIREMENT CIRCULAIRE.		
	8º PAR DÉCHIREMENT IRRÉGULIER D'UNE PARTIE DES LAMELLES.		

...res ...t au singulier.

FILETS	Familles	(1)
LIBRES.	Renonculacées. Magnoliacées. Berbéridées. Nymphéacées. Papavéracées. Crucifères.	Ca[...] Cis[...] Vi[...] Dr[...] Ca[...] Li[...]
UNIS.	Fumariacées. Polygalées. Malvacées. Tiliacées. Camelliées.	Au[...] Hy[...] Ace[...] Hé[...] Gé[...]
SÉPALS. Filets adhérents aux S.	Tropéolées. Géraniacées. Térébinthacées. Légumineuses. Amygdalées. Spiréacées. Potentillacées. Rosées.	Tar[...] Pas[...] Por[...] Cra[...] Par[...] Fic[...] ?Cl[...] ?Po[...]
CARPOSÉPALS. Filets et S adhérens aux C. ; P. libres.	Pomacées. Granatées. Rhamnées. Calycanthées. Onagrariées. Lythrariées.	Mél[...] Phil[...] Myr[...] Cac[...] Gra[...] San[...]
PÉTALOSÉPALS. Filets adhérents aux S. et aux P. unis.	Cucurbitacées. Loranthacées. Caprifoliacées. Rubiacées.	Vale[...] Dipsa[...] Sma[...] Camp[...]
PÉTALS. Filets adhérents aux P. unis. S. non adhérents.	Primulacées. Oléacées. Jasminées. Apocynées. Gentianées. Bignoniacées. Cobéacées.	Prim[...] Couv[...] Borra[...] Labié[...] Verb[...] Acant[...] Globu[...]
CARPELS.	Aristolochiées.	

(1) Les noms de genres s[...]

Manière d'être

...IVEMENT AUX AUTRES ORGANES FLORAUX.

DICOTYLÉDONÉS.		MONOCOTYLÉDONÉS.	
Capparidées.	Hippocastanées.	Potamées.	Cypéracées.
Cistinées.	Ampélidées.	Asparagées.	Graminées.
Violariées.	Balsaminées.	*Tulipies.* (1)	
Droséracées.	? Euphorbiacées.	Joncées.	
Caryophyllées.	? Salicinées.	Aroidées.	
Linées.		Typhacées.	
Aurantiacées.	Rutacées.		
Hypéricinées.			
Acérinées.			
Méliacées.			
Géraniacées.			
Tamariscinées.	?Thymélées.	Alismacées.	*Ornithogale.*
Passiflorées.	?Laurinées.	*Convallaire*	*Hémérocalle.*
Portulacées.	?Urticées.	*Mayanthème.*	Palmiers.
Crassulacées.	?Juglandées.	*Houx frelon.*	*Ail.*
Paronychiées.	?Bétulinées.	*Phalangère.*	*Asphodèle.*
Ficoïdes.	?Quercinées.	*Scille.*	
?Chénopodées.	?Conifères.	*Jacinthe.*	
?Polygonées.		*Muscari.*	
Mélastomacées.	Ombellifères.	Hydrocharidées.	
Philadelphées.	Araliacées.	Orchidées.	
Myrtacées.	Cornées.	Iridées.	
Cactées.	?Santalacées	Amaryllidées.	
Grossulariées.	?Éléagnées.		
Saxifragacées.	?Cytinées.		
Valérianées.	Lobéliacées.	Broméliacées.	
Dipsacées.	Vacciniées.	Colchicacées.	
Synanthérées,	Éricacées.		
Campanulacées.	Monotropées.		
Polémoniacées.	Solanées.		
Convolvulacées.	Personées.		
Borraginées.	Lentibulariées.		
Labiées.	?*Staticé.*		
Verbénacées.	?*Plantago.*		
Acanthacées.	?Nyctaginées.		
Globulariées.	?Amaranthacées.		

...n italiques.